高职高专国家示范性院校"十三五"规划教材

现场总线技术及应用

主　编　林向华　陈志青

副主编　魏鑫磊　王哲禄

西安电子科技大学出版社

内 容 简 介

现场总线技术是基于计算机技术、通信技术的自动控制技术。随着智能化和网络化技术的快速发展，现场总线技术促进了自动化领域结构的重大变革，在自动化领域中逐步形成了以网络集成自动化系统为基础的企业信息系统。现场总线技术加快了新技术的开发和应用，改善了产品质量，降低了成本，极大提高了市场竞争力。

本书以现场总线网络为基线，重点分析了广泛应用于制造业自动化、流程工业自动化和楼宇自动化等领域的 PROFIBUS 和 CC-Link 总线基本原理和主从站设备，在此基础上详细剖析了 PROFIBUS 和 CC-Link 网络系统的构建、运行和数据通信。此外，本书较全面地介绍了目前很有影响力的基金会现场总线、Modbus 现场总线、CAN 现场总线和 LonWorks 现场总线的概念、协议标准和应用等。

本书以实践导向为理念，将"理实一体化"贯穿于全书中，追踪自动化技术的新发展与新应用，在知识层面和实践应用上具有一定的前瞻性和延伸性，可作为高等院校自动化专业的教材，也可作为工程技术人员的参考用书。

图书在版编目(CIP)数据

现场总线技术及应用 / 林向华，陈志青主编. —西安：西安电子科技大学出版社，2019.8
ISBN 978-7-5606-5378-5

Ⅰ. ① 现… Ⅱ. ① 林… ② 陈… Ⅲ. ① 总线—技术 Ⅳ. ① TP336

中国版本图书馆 CIP 数据核字(2019)第 140105 号

策划编辑　高　樱
责任编辑　武伟婵
出版发行　西安电子科技大学出版社(西安市太白南路 2 号)
电　　话　(029)88242885　88201467　　邮　编　710071
网　　址　www.xduph.com　　　　　　电子邮箱　xdupfxb001@163.com
经　　销　新华书店
印刷单位　陕西天意印务有限责任公司
版　　次　2019 年 8 月第 1 版　　2019 年 8 月第 1 次印刷
开　　本　787 毫米×1092 毫米　1/16　印 张　18.5
字　　数　438 千字
印　　数　1～3000 册
定　　价　40.00 元
ISBN 978-7-5606-5378-5 / TP
XDUP 5680001-1
如有印装问题可调换

前　言

工业现代化是使整个国家的工业生产和生产技术达到当前世界先进水平的过程。工业现代化很大程度体现在工业生产过程的自动化，其中信息的传输和数据的交换成为评判工业自动化水平的重要因素。自动化系统与设备朝着现场总线体系结构的方向前进是发展的总趋势。

由于现场总线技术给工业自动控制领域及相关产业带来了必然性变革，所以世界上所有大的电气设备及系统制造商都投入了大量的人力、财力和物力，加入了这场激烈的围绕现场总线标准和技术的竞争。随着现场总线思想的日益深入人心，现场总线控制系统体系结构日益清晰，目前达成共识的是三层设备和两层网络结构。三层设备包括位于底层的现场设备，如微小型PLC、驱动器、变送器、执行器以及各种分布式 I/O 设备等；位于中间的控制设备，如大中型 PLC、工业控制计算机、专用控制器等；位于上层的操作设备，如数据服务器、一般工作站等。两层网络结构是现场设备与控制设备之间的现场总线控制网以及控制设备与操作设备之间的数据管理网。目前，由以太网一通到底的一网结构已经开始大量应用。

本书力求反映电气自动化的最新技术及应用，坚持以能力为本，编写形式上采用了理论和技能全面兼顾的模式，涵盖了 PLC、单片机、变频器、网络技术、传感器等现代工业支柱内容。

本书共 8 章。第 1 章介绍自动控制系统的发展及现场总线技术的有关概念，简单阐述几种常用的现场总线。第 2 章介绍网络与通信技术基础知识，分析了数据通信技术、网络拓扑结构、有线传输介质、OSI 的七层协议模型和差错控制等。第 3 章主要介绍三菱现场总线 CC-Link，并在实践层次上探讨了 CC-Link 现场总线控制系统的运行。第 4 章详细介绍 PROFIBUS 现场总线，讨论了 PROFIBUS 站点的开发与实现，并在实践层次上探讨了 PROFIBUS现场总线控制系统的运行。第 5 章介绍了基金会现场总线的技术特点、协议模型、通信设备类型和通信控制器与网卡等。第 6 章介绍 Modbus 协议以及Modbus 协议在 TCP/IP 上的实现。第 7 章介绍 CAN 现场总线的发展历史、协议标准及其有关器件与应用。第 8 章讲述 LonWorks 现场总线技术及应用。

本书第 1 章由魏鑫磊编写，第 2、3 章和第 4 章的部分内容由林向华编写，第 5~8 章和第 4 章的部分内容由陈志青编写，温州职业技术学院王哲禄老师、章丽芙老师和浙江亚龙教育装备股份有限公司陈昌安工程师参与了编写。全书由林向华统稿。

本书的编写与出版得到了温州职业技术学院的资助及西安电子科技大学出版社的大力支持，在此表示衷心的感谢。

本书在编写过程中参考了一些书籍、文献和手册资料，在此向相关作者表示感谢。

虽然经过认真仔细的修改和校对，但由于作者水平有限，而且现场总线技术发展非常迅速，所以书中可能还存在不足之处，恳请读者给予批评指正，以便再版时改正。

林向华

2019 年 3 月

目　录

第1章　现场总线技术概述

现场总线(Fieldbus)是 20 世纪 80 年代末、90 年代初发展形成的，用于连接智能现场设备和自动化系统的全数字、双向、多站的通信系统，主要解决工业现场的智能化仪器仪表、控制器、执行机构等现场设备间的数字通信以及这些现场控制设备和高级控制系统之间的信息传递问题。它是一种工业控制网络，是自动化领域中的底层数据通信网络。

1.1　现场总线技术的发展

国际电工委员会 IEC 在 2000 年 1 月 4 日公布了现场总线国际标准 IEC61158，标志着现场总线的正式诞生。

一般把现场总线控制系统 (Fieldbus Control System，FCS)称为第五代控制系统。它是继基地式气动仪表控制系统、模拟控制系统、数字控制系统、集散控制系统后的新一代控制系统。

1. 基地式气动仪表控制系统

在 20 世纪 50 年代以前，企业生产规模小，测控仪表处于发展的初级阶段，出现了具有简单检测与控制功能的基地式气动仪表，其信号采用 0.02～0.1 MPa 的气动信号标准。基地式气动仪表控制系统的各测控仪表自成体系，既不能与其他仪表或系统连接，也不能与外界进行信息沟通，操作人员只能通过现场巡视来了解生产情况，这就是第一代过程控制系统。

2. 模拟控制系统

模拟控制系统是由常规模拟式调节仪表构成的过程控制系统，这些仪表采用统一的模拟信号，如 0～10 mA 或 4～20 mA 的直流电流信号，1～5 V 的直流电压信号等，将生产现场各处的参数送往集中控制室。此系统成本低、可靠性高，容易维护和操作，但是随着生产技术的发展，控制系统中的仪表越来越多，模拟仪表的局限性越来越明显，如控制精度不高，易受干扰，难以实现集中操作和显示等。

3. 数字控制系统

由于模拟信号精度低、信号传输的抗干扰能力较差，所以人们开始探索用数字信号代替模拟信号。数字控制系统出现于 20 世纪 60 年代，它采用单片机、计算机或 PLC(Programmable Logic Controller)作为控制器，控制器采用数字信号进行交换和传输。数字控制系统克服了模拟控制系统中模拟信号精度低的缺陷，显著提高了系统的抗干扰能力。

4. 集散控制系统

1975 年，美国霍尼韦尔(HoneyWell)公司率先推出了世界上首套集散控制系统

(Distributed Control System，DCS，又称分布式控制系统)——TDC200，该公司也是首位提出集散控制系统设计思想的开发商。随后，相关的仪表设备企业相继研制出各式各样的集散控制系统。目前，国外影响力较大的有美国福克斯波罗公司开发的 SPECTRUM 系统、英国肯特公司的 P4000 系统、德国西门子(SIMENS)公司的 TELEPERM 及日本横河(YOKOGAWA)公司的 CENTUM 等。相比国外，我国在集散控制系统技术研发与应用方面起步较晚。直至 20 世纪 80 年代初，吉化公司化肥厂分别引入日本横河的 CENTUM 和美国霍尼韦尔的 TDC200，并应用于实际生产中。与此同时，国内一些企业坚持自主研发与技术引进，在 DCS 国产化系列产品开发方面取得了一定的成绩，例如浙江中控技术股份有限公司研发了 WebField ESC-100 系统，北京和利时系统工程股份有限公司研发了 MACS 系统。

20 世纪八九十年代，集散控制系统占据了比较重要的地位，它包括一个由过程控制级与过程监控级所组成，并以通信网络作为核心枢纽的计算机控制系统。该系统的关键内容是集中管理与分散控制，通过上位机实现集中监视管理功能，通过下位机分散下放至现场来实现分布式控制，两者再通过控制网络实现互联与信息传递。该分布式的控制系统可有效提高数字控制系统在控制器处理方面的能力，在工业生产制造领域应用比较广泛。

作为世界上首套 DCS 控制系统，TDC200(初代 DCS)功能简单，包括四个组成部分：过程控制站、现场监视站、CRT(Cathode Ray Tube)操作站、数据高速公路。此外，部分系统配备了上层监督，以便更好地监视和控制计算机。20 世纪 80 年代中期，美国霍尼韦尔公司又推出了第二代产品，该产品在配置上采用了多功能的过程控制站、增强型操作站、局部网络及系统管理模件，采用标准化、模块化设计，使分散控制更彻底，抗干扰性更强。丰富的功能使控制系统的通用性、安全性和可靠性有了极大的提升。最值得关注的是，第二代系统引入了组态概念，设计人员和工程人员便不用在编程上耗费大量精力，极大提升了工作效率。随着微处理机技术的进一步发展以及企业对信息的强烈需求，第三代 DCS 于 20 世纪 80 年代末一经推出，便得到了迅速发展，其功能变得更加完善。第三代 DCS 在硬件方面采用 32 位高档微处理机和表面安装技术，体积进一步缩小，可靠性大大提高；在软件方面，丰富而灵活的控制软件使过程的反应更加快速，图形显示、窗口技术、触屏功能的增强使操作更加简单。CAD(Computer Aided Design)设计组态的应用，缩短了组态工作的时间；更开放的通信，使得系统既能与更高级的管理系统、上位机相连接，又能与其他过程监控设备相连接，被称为综合控制系统。20 世纪 90 年代末，迅猛发展的计算机网络技术、日趋成熟的现场总线技术、智能仪表和现场总线仪表的接连现世，使得企业对信息集成的需求进一步增强。目前采用的第四代 DCS 有以下特点：

(1) 开放性。高性能工业微机、工作站大量普及，传统的专用网络被通用性更好的网络产品取代，网络通信规约向国际及行业标准进一步靠拢。

(2) 分散化和智能化。使用了智能仪表、智能电子设备和现场总线仪表的 DCS 体系结构进一步实现分散化，数字控制技术应用到了每一个控制回路、现场设备及工位点。

(3) 系统构成多样化。如今传统的 DCS 几乎已绝迹，当前的 DCS 也只是一种广义上的定义，包括传统 DCS 制造商的新一代系统以及 PLC、高速总线网和专业厂商的组态软件构成的系统。不同的构成形成了各自不同的应用领域。

(4) 综合自动化。DCS 系统不是单独的过程控制系统,通过与 Internet 和 Intranet 的集成,在相关硬件和软件的支撑下,它具有更为丰富的功能、更为宽广的应用范围,满足了企业对信息集成的需求。

(5) 标准化。无论是操作系统还是计算机硬件或是网络通信及接口,在开放性和通用性两方面都同步增强。

DCS 分散程度的持续提高以及更加普及的无线网络,使得系统对网络的需求不断增加。随着现场总线技术的迅速发展,使用数字传输技术取代传统的模拟信号传输技术已经成了必然趋势。只要实现了从控制处理单元到现场执行器的数字化信号传输,整个 DCS 的数字化就将完全实现,这是当前没有被攻克的部分。只要这一步实现数字化,DCS 所得到的信息会更丰富,其精细化程度、深入程度等方面也会有同步提升。更大的意义是,由于数字化技术拓展到现场端,DCS 在形态上也会产生革命性的变化。未来的 DCS 将会在数量众多的智能检测设备、控制器等嵌入式智能设备的基础上形成一个巨大的网络系统。每一个测量控制点都有强大的网络通信能力,成为了控制系统网络上的智能节点。数量众多的智能节点在实现局部控制的同时,又不会影响整体的协调动作,这与之前分散的基地式气动仪表控制系统、紧密结合的被控生产装置有本质的区别。DCS 系统的结构如图 1-1 所示。

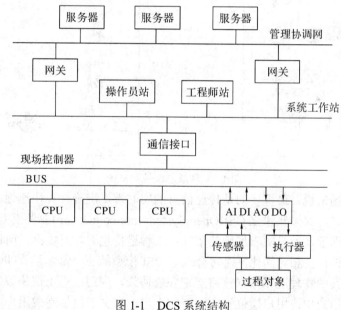

图 1-1　DCS 系统结构

5. 现场总线控制系统

现场总线控制系统(见图 1-2)是分布式控制系统(DCS)的更新换代产品,并且已经成为工业生产过程自动化领域中一个新的热点。现场总线技术是 20 世纪 90 年代兴起的一种先进的工业控制技术,它将网络通信与管理的概念引入工业控制领域。从本质上说,现场总线技术是一种数字通信协议,是连接智能现场设备和自动化系统的数字式、全分散、双向传输、多分支结构的通信网络。它是控制技术、仪表工业技术和计算机网络技术三者的结合，不仅保证了现场总线控制系统完全可以适应目前工业界对数字通信和自动控制的需求，而且使它与 Internet 互联构成不同层次的复杂网络成为可能。现场总线技术成为工业控制体系结构发展的一个方向。

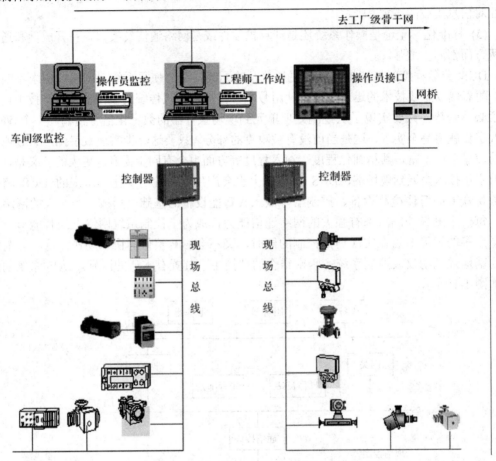

图 1-2　现场总线控制系统

对于生产现场来说，最重要的是传递信息的实时性、准确性和快速性。因此，在对现场总线建立模型时，如果要建立 OSI(Open System Interconnection)参考模型的所有七个层，则其实时性很难保证，而且随着层数的增加，工程造价也要相对提高。所以，在实际现场中，总线结构的设计会相对简化，通常会保留 OSI 模型的三个基本层，即物理层、数据链路层和应用层，其中物理层和数据链路层是底层协议，应用层是上层协议。除此之外，现场总线还会增加用户层。用户层位于应用层的上层，定义了包括完成用户所需的功能块应用进程以及设备描述技术，用于完成对系统的控制，而且这样更易于操作。正是由于现场总线的这种结构特点，使底层的控制部件、设备更加智能化，把在传统 DCS 中的控制功能下移到现场仪表，现场仪表可以与电厂执行机构直接进行信息传输。这样，控制命令可以直接传输到现场各个设备，从而实现对现场各设备的分散控制。现场总线的另一个特点是可实现全面的数字化，能够实现多个信号在一条线上的传输，而且这也使得现场设备外不再需要数/模、模/数转换元件。同时，多台设备又可以共用一个电源，既节约了安装及维护费用，又简化了系统结构。

1.2　现场总线的结构、本质及特点

1.2.1　现场总线的结构

在原有的自动控制系统中，现场设备、控制器及一些执行元件是通过一对一的方式连接的，众多的控制器元件导致接线十分复杂，极易造成后期的运维问题。

现场总线系统作为一种全新的结构形式，代替了原有的传统控制系统，它采用了"工作站—现场总线智能装备"的双层结构模式。利用单根电缆实现现场设备中的 DCS 系统控制模块与各个输入/输出模块的连接，通过采用数字信号代替模拟信号，获得多个传输信号。

现场总线系统利用数字信号代替模拟信号或者开关量信号，无需进行 A/D 转换(Analog to Digital Converter)和 D/A 转换(Digital to Analog Converter)，使用单根电缆连接现有现场设备即可实现在一对传输线上传输现场设备运行状态、故障信息等多个信号，使得系统结构更为精简，节约了硬件资源和电缆使用及各种安装、维护费用。FCS 与 DCS 性能对比分析见表 1-1。

表 1-1　FCS 与 DCS 性能对比分析

项目	FCS	DCS
控制结构	整体分布，不再使用控制站，在网络节点的智能仪表和设备中加入控制功能	半分布，现场控制依靠控制站
信号类型	数字信号	模拟信号、数字信号
通信方式	半双工	单工
可靠性	无转换误差，抗干扰能力强，精度高	模拟信号，传输精度低
状态监控	远程监控，参数调节，自诊断等	无法了解设备工况，不能进行参数调整，无自诊断功能
开放性	通信协议公开，用户可自主进行设备选型、互换、系统配置等	大部分技术参数由制造厂自定，导致无法互换不同品牌的设备和仪表
现场仪表	智能仪表具有通信、测量、计算、执行和报警等功能	模拟仪表只有检测、变换和补偿等功能

1.2.2　现场总线的本质特征

根据国际电工委员会标准和现场总线基金会的定义，现场总线的本质特征主要体现在以下几个方面：

(1) 现场通信网络(或称广义的现场总线)，广泛应用于计算机测控领域，其功能主要是实现管控设备对现场(或底层)数据的收集、对现场(或底层)执行设备的控制，完成系统管控设备与现场设备之间及设备与设备之间的信息交换。

(2) 各种现场设备(传感器、变送器、执行器、智能仪表和 PLC 等)通过一对传输线互连，成为现场总线的各个节点。

(3) 具备互操作性与互用性。现场总线作为一种数字式通信网络，一直延伸到生产现场设备，使得现场设备之间、现场设备与外界网络互联与互用，从而构成企业信息网络。

(4) 具有分散功能块结构。FCS 是由分散安装在各现场的仪器仪表来实现控制功能的。因此，FCS 实现了现场设备的全分散控制，而由于分散控制的特点，使控制功能没有再集中于某一台机器，主机的工作量被分散，从而避免了风险。

(5) 由通信线供电。现场总线允许现场仪表直接从通信线上获得电量。

(6) 属于开放式系统。现场总线为开放式互联网络，它既可与同层网络互联，也可与不同层网络互联，还可以实现网络数据库共享。

(7) 对现场环境的适应性强。工作在生产现场前端，作为工厂网络底层的现场总线，是专为现场环境而设计的，可支持使用双绞线、同轴电缆、光纤、射频、红外线、电力线等连接方式，具有较强的抗干扰能力。现场总线采用两线制实现供电与通信，并可满足本质安全防爆要求等。

1.3　现场总线标准的发展历程

1.3.1　现场总线的国际标准制定过程

现场总线是近年来迅速发展起来的一种工业数据总线，它主要用于工业现场的智能化仪器仪表、控制器、执行机构等现场设备间的数字通信，同时解决这些现场控制设备和高级控制系统之间的信息传递问题，所以现场总线既是自动控制系统，又是通信网络。

现场总线的发展过程与微电子技术、通信和网络技术及自动化控制技术的发展息息相关。1983 年，Honeywell 公司开发出 Smart 智能变送器，通过在模拟仪表的基础上添加计算功能，并利用数模信号叠加的手段，将现场与控制室之间的传输方式由模拟信号过渡到数字信号，为现场总线仪表的发展指明了方向。

数字技术的发展完全不同于模拟技术，数字技术标准的制定往往早于产品的开发，技术标准决定着新兴产业的发展速度。正因为如此，国际电工委员会极为重视现场总线标准的制定，早在 1985 年就筹备成立了 IEC/TC65/SC65C/WG6 工作组，开始起草现场总线标准。由于各国意见很不一致，所以工作进展十分缓慢。经过近十年的努力，IEC61158.2 现场总线物理层规范于 1993 年正式成为国际标准；IEC61158.3 和 IEC61158.4 链路服务定义和协议规范经过五轮投票于 1998 年 2 月成为 FDIS(Final Draft International Standard)，并且 IEC61158.5 和 IEC61158.6 应用层服务定义与协议规范于 1997 年 10 月成为 FDIS。

1998 年 9 月，对 IEC61158FDIS 草案进行最后一轮投票，决定其是否成为国际标准，投票结果是支持率 68%，反对率 32%。由于反对率大于 25%，所以现场总线标准未获通过。在随后的 10 月，IEC/TC65 在美国休斯敦(Houston)召开年会，对投票结果进行了讨论。经过充分协商，SC65C/WG6 工作组决定将 FDIS 于 1999 年第一季度作为技术规范出版，于是产生了 IEC61158 第一版现场总线标准。

长期的争论并未到此结束，各国代表为了各自的利益，随后提出了各种修改 IEC61158 第一版现场总线标准的动议。为此，SC65C/WG6 工作组于 1999 年 7 月 21 日至 23 日在加拿大渥太华(Ottawa)召开了工作会议，讨论制定单一标准的、多功能的现场总线标准。2000 年 1 月 4 日，经 IEC 各国家委员会投票表决，修改后的 IEC61158 第二版标准最终获得通过。至此，IEC/TC65/SC65C/WG6 现场总线工作组的工作告一段落，IEC61158 标准的修订和维护由新成立的 MT9 维护工作组负责。

为了反映现场总线与工业以太网技术的最新发展，IEC/SC65C/MT9 小组对 IEC61158 第二版标准进行了扩充和修订。新版标准规定了 10 种类型的现场总线，除原有的八种类型，还增加了 Type9FFH1 现场总线和 Type10PROFINET 现场总线。2003 年 4 月，IEC61158Ed.3(IEC61158 第三版)正式成为国际标准。

长期以来，由于针对现场总线标准的争论不休，互连、互通与互操作问题很难解决，于是现场总线开始转向以太网。经过近几年的努力，以太网技术已经被工业自动化系统广泛接受。为了满足高实时性能应用的需要，各大公司和标准组织纷纷提出各种提升工业以太网实时性的技术解决方案，从而产生了实时以太网(Real-Time Ethernet，RTE)。为了规范这部分工作，2003 年 5 月，IEC/SC65C 专门成立了 WG11 实时以太网工作组，负责制定 IEC61784-2 "基于 ISO/IEC8802.3 的实时应用系统中工业通信网络行规" 国际标准，该标准包括 Communication Profile Family(CPF)2 Ethernet /IP、CPF3PROFINET、CPF4P-NET、CPF6INTERB-US、CPF10Vnet/IP、CPF11TC-net、CPF12EtherCAT、CPF13EthernetPowerlink、CPF14EPA(中国)、CPF15Modbus /TCP 和 CPF16 SERCOS 等 11 种实时以太网行规集。其中，包括我国 EPA(Ethernet for Plant Automation)实时以太网标准的七个新增实时以太网将以公共可用规范(The International Electrotechnical Commission, Public Available Specifications，IEC/PAS)同时予以发表，若两年后没有提出异议，则这些实时以太网规范将进入 IEC61158 标准，从而构成了 IEC61158Ed.4(IEC61158 第四版)。

1.3.2　IEC61158Ed.4 标准的构成

IEC61158 第四版是由多部分组成的、长达 8100 页的系列标准，它包括：IEC/TR61158-1 总论与导则；IEC61158-2 物理层服务定义与协议规范；IEC61158-300 数据链路层服务定义；IEC61158-400 数据链路层协议规范；IEC61158-500 应用层服务定义；IEC61158-600 应用层协议规范。

从整个标准的构成来看，该系列标准是经过长期技术争论而逐步走向合作的产物，标准采纳了经过市场考验的 20 种主要类型的现场总线、工业以太网和实时以太网。

1.3.3　我国现场总线标准的制定

《用于工业测量与控制系统的 EPA 系统结构与通信规范》(简称 EPA 标准)是由浙江大学、浙江中控技术有限公司、中科院沈阳自动化研究所、重庆邮电学院、清华大学、大连理工大学等单位联合制定的，用于工厂自动化的实时以太网通信标准。EPA 标准在 2005 年 2 月经国际电工委员会 IEC/SC65C 投票通过，已作为公共可用规范(Publicavailable Specification)IEC/PAS62409 标准化文件正式发布，并作为公共行规 CPF14(Common Profile

Family14)列入实时以太网行规集国际标准 IEC61784-2，2005 年 12 月正式进入 IEC61158 第四版标准，成为 IEC61158-314/414/514/614 规范。

　　EPA 标准定义了基于 ISO/IEC8802.3、RFC791、RFC768 和 RFC793 等协议的 EPA 系统结构、数据链路层协议、应用层服务定义与协议规范以及基于 XML(Extensible Markup Language)的设备描述规范。该标准面向控制工程师的实际应用，在关键技术攻关的基础上，结合工程应用实践，形成了微网段化系统结构、确定性通信调度、总线供电、分级网络安全控制策略、冗余管理、三级式链路访问关系、基于 XML 的设备描述等方面的特色，并拥有完全的自主知识产权。目前，20 多种常用仪表、两种基于 EPA 的控制系统已被研制成功，包括压力变送器、温度变送器、流量变送器、物位变送器、电动执行机构、气动执行机构、气体分析仪以及数据采集器等。EPA 技术与产品陆续在 30 多个生产装置上应用成功。

1.4　现场总线对自动控制系统的作用及意义

　　现场总线的发展与应用对自动控制系统具有极大的推动作用和划时代的意义，具体如下：

　　(1) 现场总线控制系统控制信号模式。现场总线信号由传统模式的模拟输出信号转换为数字通信信号。

　　(2) 自动控制系统的结构发生变化。现场总线将数字模拟信号的混合控制系统转变为全数字现场总线控制系统。

　　(3) 对应的自动控制系统的产品结构更加智能化。现场自动控制设备变得更加智能化，可在现场实现程序和参数存储、现场总线接口及其智能控制功能一体化操作。

　　(4) 现场总线提供了企业综合自动化应用基础。为避免传统现场控制设备发生信息孤岛等问题，现场总线将自动控制设备和系统引入到信息网络中，伴随着设备的智能自动化，有效地提高了现场信息的集成能力。

　　(5) 现场总线技术突破传统技术壁垒。通过标准化、开放性的解决措施，现场总线突破传统技术在自动控制系统产品方面的技术壁垒，实现了用户自主开发能力，使用户针对系统配置和设备选型有了一定的自主权。

1.5　常见的现场总线

　　常见的现场总线包括 CC-Link 总线、PROFIBUS 总线、基金会现场总线、Modbus 协议、CAN 总线及 LonWorks 总线。

1. CC-Link 总线

　　CC-Link(Control &Communication Link，控制与通信链路系统)是三菱电机推出的开放式现场总线，其数据容量大，通信速率多级供选择，而且它是一个以设备层为主的网络，同时也可覆盖较高层次的控制层和较低层次的传感层。一般情况下，CC-Link 整个一层网

络由一个主站和 64 个从站组成。网络中的主站由 PLC 担当，从站可以是远程
I/O(Input/Output)模块、特殊功能模块、带有 CPU(Central Processing Unit)和 PLC 的本地站、
人机界面、变频器及各种测量仪表、阀门等现场仪表设备。CC-Link 具有较高的数据传输
速率，其速率最高可达 10 Mb/s。CC-Link 的底层通信协议遵循 RS485。一般情况下，CC-Link
主要采用广播-轮询的方式进行通信，CC-Link 也支持主站与本地站、智能设备站之间的瞬
间通信。

2. PROFIBUS 总线

PROFIBUS 是一种国际化、开放式且不依赖于设备生产商的现场总线标准。PROFIBUS
的传送速率在 9.6 kb/s～12 Mb/s 范围内，且当总线系统启动时，所有连接到总线上的装置
应被设成相同的速率。PROFIBUS 广泛适用于制造业自动化、流程工业自动化和楼宇、交
通电力等其他自动化领域。PROFIBUS 是一种用于工厂自动化车间级监控和现场设备层数
据通信与控制的现场总线技术，可实现现场设备层到车间级监控的分散式数字控制和现场
通信，从而为实现工厂综合自动化和现场设备智能化提供了可行的解决方案。

3. 基金会现场总线

基金会现场总线(Fieldbus Foundation，FF)以 ISO/OSI 开放系统互联模式为基础，取其
物理层、数据链路层、应用层为 FF 通信模型的相应层次，并在应用层上增加了用户层。
用户层主要为了满足自动化测控应用的需要，定义了信息存取的统一规则，采用设备描述
语言规定了通用的功能块集。基金会现场总线的主要技术内容包括：(1) FF 通信协议；(2)
用于完成开放互联模式中第二～七层通信协议的通信栈；(3) 用于描述设备特性、参数、
属性及操作接口的 DDL(Device Description Language)设备描述语言、设备描述字典；(4) 用
于实现测量、控制、工程量转换等功能的功能块；(5) 实现系统组态、调度、管理等功能
的系统软件技术；(6) 构筑的集成自动化系统、网络系统。

基金会现场总线有低速 H1 和高速 H2 两种通信速率。H1 的传输速率为 31.25 kb/s，通
信距离可达 1900 m(可加中继器延长)，可支持总线供电防爆环境。H2 的传输速率分为
1 Mb/s 和 2.5 Mb/s 两种，其通信距离分别为 750 m 和 500 m，物理传输介质可支持双绞线、
光缆和无线发射，协议符合 IEC1158-2 标准，其物理媒介的传输信号采用曼彻斯特编码。

4. Modbus 协议

Modbus 协议是应用于电子控制器上的一种通用语言。通过此协议，控制器之间、控
制器经由网络(例如以太网)和其他设备之间可以通信。Modbus 协议已经成为一种通用工业
标准。有了它，不同厂商生产的控制设备可以联成工业网络，进行集中监控。此协议定义
了一个控制器能识别并使用的消息结构，而不管它们是通过何种网络进行通信的。Modbus
协议描述了一个控制器请求访问其他设备的过程，该过程包括如何回应来自其他设备的请
求以及怎样侦测错误并记录。它制定了消息域格局和内容的公共格式。

5. CAN 总线

CAN(Controller Area Network)总线是 ISO 国际标准化的串行通信协议。在汽车产业中，
为了满足安全性、舒适性、方便性、低公害、低成本的要求，各种各样的电子控制系统被
开发了出来。这些系统之间通信所用的数据类型及对可靠性的要求不尽相同，由多条总线

构成的情况很多,线束的数量也随之增加。为适应"减少线束的数量"、"通过多个 LAN(Local Area Network),进行大量数据的高速通信"的需要,1986 年德国电气商博世公司开发出面向汽车的 CAN 通信协议。此后,CAN 通过 ISO11898 及 ISO11519 进行了标准化,在欧洲已是汽车网络的标准协议。

6. LonWorks 总线

LonWorks 总线是由美国 Echelon 公司于 1991 年推出的一种全面的现场总线测控网络,又称作局部操作网(Local Operating Network,LON)。LonWorks 技术具有完整的开发控制网络系统的平台,包括所有设计、配置安装和维护控制网络所需的硬件和软件。LonWorks 网络的基本单元是节点,一个网络节点包括神经元芯片(Neuron Chip)、电源、收发器和有监控设备接口的 I/O 电路。

思考题与练习题

1. 自动控制系统经历了哪几代?
2. 现场总线的本质特征是什么?
3. 什么是现场总线技术?
4. 比较 FCS 与 DCS 的性能,说明它们各自的优缺点。
5. 现场总线有什么优点?
6. 常用的现场总线有哪几种? 它们各有什么特点?

第 2 章 网络与通信技术基础

现场总线是企业的底层数字通信网络，可以说现场总线系统实际上就是控制领域的计算机局域网络。因此，在讨论现场总线之前，有必要介绍一些关于网络与通信技术的知识。

2.1 数据通信技术

2.1.1 总线基础

1. 总线的概念

总线是指依据一定的管理规则，为多个功能部件服务的公共信息传送线路，其主要目的如下：

(1) 简化硬件、软件的系统设计。从硬件角度上看，接口设计人员只需按总线约定设计插件板，而不必考虑其他，而且所设计的插件板具有通用性，这可使软件测试更方便，并能实现模块化设计，使之为多个用户重复使用。

(2) 使系统结构简单、清晰，便于扩充和更新。显然，采用总线结构可以大大减少互连线的数目，简化机器的结构，提高系统的可靠性。

(3) 总线的标准化为计算机系统的系列化、标准化打下了基础。通过总线连在一起的设备称为总线段，通过总线段间的连接可以把两个以上总线段连接成网络系统。

管理主、从设备使用总线的规则称为总线协议。

2. 总线操作

总线的主设备与从设备间建立连接、数据传送、接收数据和断开的操作过程，为一次总线操作过程。按数据传输的方向来分，总线操作分为读操作和写操作两种类型。

3. 总线寻址

总线寻址过程是命令者与一个或多个从设备建立起联系的一种总线操作，通常有三种寻址方式，即物理寻址、逻辑寻址与广播寻址。

(1) 物理寻址：用于选择某一总线段上某一特定位置的从设备作为响应者。由于大多数从设备都包含多个寄存器，因此物理寻址常常有辅助寻址，以选择响应者的特定寄存器或某一功能。

(2) 逻辑寻址：用于指定存储单元的某一个通用区，而并不顾及这些存储单元在设备中的物理分布。当某一设备监测到总线上的地址信号时，判断其是否与分配给它的逻辑地址相符，如果相符，则该设备成为响应者。

(3) 广播寻址：用于选择多个响应者。命令者把地址信息放在总线上，从设备将总线上的地址信息与其内部的有效地址进行比较，如果相符，则该从设备被连上。

每一种寻址方法都有其优点和使用范围。逻辑寻址一般用于系统总线，而现场总线则较多采用物理寻址和广播寻址。

2.1.2　数据与信息

1. 模拟数据和数字数据

数据是有意义的实体，数据可分为模拟数据和数字数据。模拟数据和数字数据都可以用模拟信号或数字信号来表示，如图 2-1 所示。因此无论信源产生的是模拟数据还是数字数据，在传输过程中都可以用适合于信道传输的某种信号形式来传输。

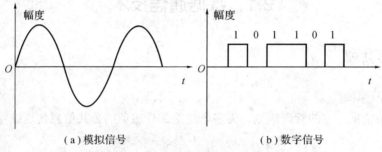

图 2-1　模拟信号和数字信号的表示

(1) 模拟数据可以用模拟信号来表示。模拟数据是时间的函数，并占有一定的频率范围，即频带。这种数据可以直接用占有相同频带的电信号，即用对应的模拟信号来表示。模拟电话通信是这种表示方式的一个应用模型。

(2) 数字数据可以用模拟信号来表示。如 Modem 可以把数字数据调制成模拟信号，也可以把模拟信号解调成数字数据。用 Modem 拨号上网是这种表示方式的一个应用模型。

(3) 模拟数据也可以用数字信号来表示。对于声音数据来说，完成模拟数据和数字信号转换功能的设施是编码解码器 CODEC。它将直接表示声音数据的模拟信号，编码转换成二进制流近似表示的数字信号；而在线路另一端的 CODEC，则将二进制流恢复成原来的模拟数据。数字电话通信是这种表示方式的一个应用模型。

(4) 数字数据可以用数字信号来表示。数字数据可直接用二进制数字脉冲信号来表示，但为了改善其传播特性，一般先要对二进制数据进行编码。数字数据专线网 DDN(Digital Data Network)网络通信是这种表示方式的一个应用模型。

2. 数据通信的技术指标

(1) 数据传输速率：每秒传输二进制信息的位数，单位为位/秒(b/s)。

(2) 信道容量：表示一个信道的最大数据传输速率，单位为位/秒(b/s)。

信道容量与数据传输速率的区别是，前者表示信道的最大数据传输速率，是信道传输数据能力的极限，而后者是实际的数据传输速率，类似于公路上的最大限速与汽车实际速度的关系。

(3) 误码率：二进制数据位传输时出错的概率。它是衡量数据通信系统在正常工作情况下的传输可靠性的指标。在计算机网络中，一般要求误码率低于 10^{-6}，若误码率高于 10^{-6}，则可通过差错控制方法检错和纠错。

3. 数据的编码技术

1) 数字数据的模拟信号编码

为了利用廉价的公共电话交换网实现计算机之间的远程通信，必须将发送端的数字信号变换成能够在公共电话网上传输的音频信号，经传输后再在接收端将音频信号逆变换成对应的数字信号，如图 2-2 所示。实现数字信号与模拟信号互换的设备称作调制解调器(Modem)。

图 2-2　远程系统中的调制解调器

模拟信号传输的基础是载波，载波具有三大要素，即幅度、频率和相位。数字数据可以针对载波的不同要素或它们的组合进行调制。

2) 数字数据的数字信号编码

数字信号可以直接采用基带传输。基带传输就是在线路中直接传送数字信号的电脉冲，它是一种最简单的传输方式，近距离通信的局域网都采用基带传输。进行基带传输时，需要解决的问题是数字数据的数字信号表示及收、发端之间的信号同步两个方面。最普遍的做法是用两个电平值来表示二进制数字的两个取值：单极性不归零码，零电平表示"0"，正电平表示"1"；双极性不归零码，负电平表示"0"，正电平表示"1"；单极性归零码，无脉冲表示"0"，正脉冲表示"1"；双极性归零码，负脉冲表示"0"，正脉冲表示"1"。

曼彻斯特编码也称相位编码，它的特点是每位数据中间有一个跳变。位中间的跳变既可为时钟信号，也可为数字信号，由低电平跳变至高电平为"1"，由高电平跳变至低电平为"0"，也可以相反。

4. 数据的传输技术

1) 并行传输和串行传输

并行通信传输中有多个数据位同时在两个设备之间传输，发送设备将这些数据位通过对应的数据线传送给接收设备，还可附加一位数据校验位，接收设备可同时接收到这些数据，不需要做任何变换就可直接使用。串行数据传输时，数据是一位一位地在通信线上传输的，先由具有几位总线的计算机内的发送设备，将几位并行数据经"并—串转换"硬件转换成串行方式，再逐位经传输线到达接收站的设备中，并在接收端将数据从串行方式重新转换成并行方式，以供接收方使用。并行方式主要用于近距离通信，串行数据传输的速率要比并行传输慢得多。

2) 异步传输和同步传输

异步传输一次只传输一个字符，每个字符由一位起始位引导、一位停止位结束。在没有数据发送时，发送方可发送连续的停止位，接收方根据"1"至"0"的跳变来判断一个新字符的开始，再接收字符中的所有位。同步传输时，为使接收双方能判别数据块的开始和结束，还需要在每个数据块的开始处和结束处各加一个帧头和一个帧尾，加有帧头、帧尾的数据称为一帧。

2.1.3　拓扑结构和传输介质

1. 拓扑结构

通信系统的结构确定后，要考虑的是每个通信子网的网络拓扑结构。分散控制系统中应用较多的拓扑结构有星型、总线型和环型，如图 2-3 所示。

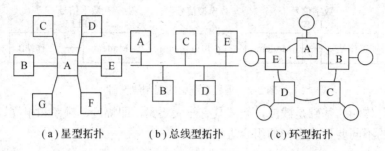

（a）星型拓扑　　　（b）总线型拓扑　　　（c）环型拓扑

图 2-3　通信网络的拓扑结构

(1) 星型拓扑。在星型拓扑结构中，网络中的各节点通过点到点的方式连接到一个中央节点上，由该中央节点向目的节点传送信息。中央节点执行集中式通信控制策略，因此中央节点相当复杂，负担比各节点重得多。在星型网中任何两个节点要进行通信都必须经过中央节点控制。

(2) 总线型拓扑。将所有的节点都连接到一条电缆上，这条电缆称为总线。总线型网络是最为普及的网络拓扑结构之一。它的连接形式简单，易于安装，成本低，增加和撤销网络设备都比较灵活。但由于总线型的拓扑结构中，任意的节点发生故障，都会导致网络的阻塞。同时，这种拓扑结构还难以查找故障位置。

(3) 环型拓扑。环型拓扑是使用公共电缆组成一个封闭的环，各节点直接连到环上，信息沿着环按一定方向从一个节点传送到另一个节点。环接口一般由发送器、接收器、控制器、线控制器和线接收器组成。在环型拓扑结构中，有一个控制发送数据权力的"令牌"，它在后边按一定的方向单向环绕传送，每经过一个节点都要被接收并进行一次判断，若是发给该节点的则接收，否则就将数据送回到环中继续往下传送。

2. 传输介质

传输介质是通信网络中发送方和接收方之间的物理通路，现场总线网络中采用的传输介质分有线传输介质和无线传输介质两大类，下面仅介绍有线传输介质。

1) 双绞线(Twisted Pair，TP)

双绞线由螺旋状扭在一起的两根绝缘导线组成，一般分为非屏蔽双绞线(Unshielded Twisted Pair，UTP)和屏蔽双绞线(Shielded Twisted Pair，STP)。

(1) 物理特性：铜质线芯，传导性能良好。

(2) 传输特性：可用于传输模拟信号和数字信号，对于模拟信号，约 5～6 km 需要一个放大器；对于数字信号，约 2～3 km 需要一个中继器。

(3) 连通性：可用于点到点连接或多点连接。

(4) 抗干扰性：低频(10 kHz 以下)抗干扰性能强于同轴电缆，高频(10～100 kHz)抗干扰性能弱于同轴电缆。

(5) 价格：比同轴电缆和光纤便宜得多。

2) 同轴电缆

同轴电缆由绕同一轴线的两个导体组成，如图 2-4 所示，被广泛用于局域网中。为保持同轴电缆正确的电气特性，电缆必须接地，同时两头需有端接器来削弱信号的反射作用。

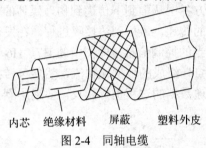

内芯　绝缘材料　屏蔽　塑料外皮

图 2-4　同轴电缆

(1) 物理特性：单根同轴电缆直径约为 1.02～2.54 cm，可在较宽频率范围内工作。

(2) 传输特性：基带同轴电缆仅用于数字传输，阻抗为 50 Ω，并使用曼彻斯特编码，数据传输速率最高可达 10 Mb/s。宽带同轴电缆可用于模拟信号和数字信号传输，阻抗为 75 Ω，对于模拟信号，带宽可达 300～450 MHz。在 CATV(Community Antenna Television) 电缆上，每个电视通道分配 6 MHz 带宽，而广播通道的带宽要窄得多。因此，在同轴电缆上使用频分多路复用技术可以支持大量的视、音频通道。

(3) 连通性：可用于点到点连接或多点连接。

(4) 抗干扰性：抗干扰能力优于双绞线。

(5) 相对价格：价格比同轴电缆贵，比光纤便宜。

3) 光纤

光纤由能传导光波的石英玻璃纤维外加保护层构成，具有宽带及数据传输率高、抗干扰能力强、传输距离远等特性。按使用的波长区的不同，光纤分为单模光纤通信和多模光纤通信两种通信方式。

2.2　通信系统的协议模型

计算机网络系统是一个十分复杂的系统。将一个复杂系统分解为若干个容易处理的子系统，这种结构化设计方法是工程设计中常见的手段。分层就是系统分解的最好方法之一，分层结构的好处在于使每一层实现一种相对独立的功能，分层结构还有利于交流、理解和标准化。

2.2.1　ISO/OSI 基本参考模型

开放系统互联(OSI)基本参考模型是由国际标准化组织(ISO)制定的标准化开放式计算

机网络层次结构模型，OSI 的体系结构定义了一个七层模型，用以进行进程间的通信，并作为一个框架来协调各层标准的制定；OSI 的服务定义描述了各层所提供的服务以及层与层之间的抽象接口和交互用的服务原语；OSI 各层的协议规范，精确地定义了应当发送何种控制信息及何种过程来解释该控制信息。

如图 2-5 所示，OSI 七层模型从下到上分别为物理层、数据链路层、网络层、传输层、会话层、表示层和应用层。

七层结构模型中数据的实际传送过程如图 2-6 所示。图中发送进程给接收进程发送数据，实际上数据是经过发送方各层从上到下传递到物理媒体的，通过物理媒体传输到接收方后，再经过从下到上各层的传递，最后到达接收进程。在发送方从上到下逐层传递数据的过程中，每层都要加上适当的控制信息，即图中的 H7，H6，…，H1，统称为报头。到最底层数据成为由"0"或"1"组成的数据比特流，然后再转换为电信号在物理媒体上传输至接收方。接收方向上传递数据的过程正好相反，要逐层剥去发送方相应层加上的控制信息。

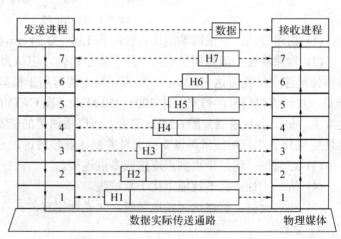

图 2-5　OSI 的七层参考模型　　　　图 2-6　层次结构模型中数据的实际传送过程

(1) 物理层：定义了为建立、维护和拆除物理链路所需的机械特性、电气特性、功能特性和规程特性，其作用是使原始的数据比特流能在物理媒体上传输。具体涉及接插件的规格、"0"和"1"信号的电平表示、收、发双方的协调等内容。

(2) 数据链路层：比特流被组织成数据链路协议数据单元(通常称为帧)，并以其为单位进行传输，帧中包含地址、控制、数据及校验码等信息。数据链路层的主要作用是通过校验、确认和反馈重发等手段，将不可靠的物理链路改造成对网络层来说无差错的数据链路。数据链路层还要协调收、发双方的数据传输速率，即进行流量控制，以防止接收方因来不及处理发送方传输的高速数据而导致缓冲器溢出及线路阻塞等问题。

(3) 网络层：数据以网络协议数据单元(分组)为单位进行传输。网络层关系到通信子网的运行控制，主要解决如何使数据分组跨越通信子网从源传送到目的地的问题，这就需要在通信子网中进行路由选择。另外，为避免通信子网中出现过多的分组而造成网络阻塞，需要对流入的分组数量进行控制。当分组要跨越多个通信子网才能到达目的地时，还要解决网际互联的问题。

(4) 运输层：是第一个端—端，也即主机—主机的层次。运输层提供的端到端的透明数据运输服务，使高层用户不必关心通信子网的存在，由此用统一的运输原语书写的高层软件便可运行于任何通信子网上。运输层还要处理端到端的差错控制和流量控制问题。

(5) 会话层：是进程—进程的层次，其主要功能是组织和同步不同的主机上各种进程间的通信(也称为对话)。会话层负责在两个会话层实体之间进行对话连接的建立和拆除。在半双工情况下，会话层提供一种数据权标来控制某一方何时有权发送数据。会话层还提供在数据流中插入同步点的机制，使得数据传输因网络故障而中断后，可以不必从头开始而仅重传最近一个同步点以后的数据。

(6) 表示层：为上层用户提供共同的数据或信息的语法表示变换。为了使采用不同编码方式的计算机在通信中能相互理解数据的内容，可以采用抽象的标准方法来定义数据结构，并采用标准的编码表示形式。表示层管理这些抽象的数据结构，并将计算机内部的表示形式转换成网络通信中采用的标准表示形式。数据压缩和加密也是表示层可提供的表示变换功能。

(7) 应用层：是开放系统互联环境的最高层。不同的应用层为特定类型的网络应用提供访问 OSI 环境的手段。网络环境下不同主机间的文件传送访问和管理(File Transfer Access and Management，FTAM)、传送标准电子邮件的文电处理系统(Message Handling System，MHS)、使不同类型的终端和主机通过网络交互访问的虚拟终端(Virtual Terminal，VT)协议等都属于应用层的范畴。

现场总线网络一般采用七层模型的物理层和数据链路层。

2.2.2　物理层特性及接口标准

1) 物理层接口与协议

物理层位于 OSI 参考模型的最底层，它直接面向实际承担数据传输的物理媒体(即信道)，传输单位为比特。物理层是指在物理媒体之上为数据链路层提供一个原始比特流的物理连接。

ISO 对 OSI 模型的物理层所做的定义为：在物理信道实体之间合理地通过中间系统，为比特传输所需的物理连接的激活、保持和去除提供机械性、电气性、功能性和规程性的手段。比特流传输可以采用异步传输，也可以采用同步传输完成。

物理层接口协议实际上是 DTE(Data Terminal Equipment)和 DCE(Data Communication Equipment)或其他通信设备之间的一组约定，主要解决网络节点与物理信道连接的问题，DTE-DCE 的接口框如图 2-7 所示。物理层协议规定了标准接口的机械连接特性、电气信号特性、信号功能特性以及交换电路的规程特性，这样做是为了便于不同的制造厂家能够根据公认的标准各自独立地制造设备。

图 2-7　DTE-DCE 接口框图

(1) 机械特性：规定了物理连接时使用的插头和插座的几何尺寸、插针或插孔芯数及排列方式、锁定装置形式等。

图 2-8 列出了各类已被 ISO 标准化的 DCE 连接器的几何尺寸、插孔芯数和排列方式。一般来说，DTE 的连接器常用插针形式，其几何尺寸与 DCE 连接器相配合，插针芯数和排列方式与 DCE 连接器成镜像对称。

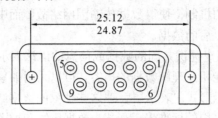

图 2-8　常用连接机械特性

(2) 电气特性：规定了在物理连接上，导线的电气连接及有关电路的特性，一般包括：接收器和发送器电路特性的说明、表示信号状态的电压/电流电平的识别、最大传输速率的说明以及与连接电缆相关的规则等。物理层的电气特性还规定了 DTE-DCE 接口线的信号电平、发送器的输出阻抗、接收器的输入阻抗等电器参数。

(3) 功能特性：规定了接口信号的来源、作用以及与其他信号之间的关系。

(4) 规程特性：规定了使用交换电路进行数据交换的控制步骤，这些控制步骤的应用使得比特流传输得以完成。

2) RS232C 接口标准

RS232C 是一种目前使用最广泛的串行标准物理层接口，它规定了连接电缆与机械特性、电气特性、信号功能及传送的过程。例如，目前在 PC 上的 COM1、COM2 接口，就是 RS232C 接口。

RS232C 的电气特性规定逻辑 "1" 的电平为 –15～–5 V，逻辑 "0" 的电平为 +5～+15 V，也即 RS232C 采用 +15 V 和 –15 V 的负逻辑电平，+5 V 和 –5 V 之间为过渡区域不作定义。

RS232C 接口连接器一般使用型号为 DB-25 的 25 芯插头座，通常插头在 DCE 端，插座在 DTE 端。一些设备与计算机连接的 RS232C 接口，因为不使用对方的传送控制信号，只需三条接口线，即 "发送数据"、"接收数据" 和 "信号地"，所以采用 DB-9 的 9 芯插头座，传输线采用屏蔽双绞线。

3) RS485 接口标准

由于 RS232C 标准信号电平过高，采用非平衡发送和接收方式，所以存在最大传输速率为 20 kb/s，最大传输距离为 15 m，串扰信号较大等缺点。

在电气特性上，RS485 的逻辑 "1" 以两线间的电压差为 +2～+6 V 表示，逻辑 "0" 以两线间的电压差为 –6～–2 V 表示。RS485 有四线制和两线制两种接线，四线制采用全双工通信方式，两线制采用半双工通信方式。在 RS485 通信网络中，一般采用主从通信方式，即一个主机带多个从机。很多情况下，连接 RS485 通信链路时只是简单地用一对双绞线将各个接口的 "A"、"B" 端连接起来，而忽略了信号地的连接，这种连接方法在许多场合是能正常工作的，但却埋下了很大的隐患。

由于计算机默认接口为 RS232 接口，所以需要通过 RS232/RS485 转换电路将计算机串口 RS232 信号转换成 RS485 信号。RS485 设备与设备之间的连接需采用屏蔽双绞线，手拉手串接方式为最佳。根据采用的波特率和连接线的距离可适当增加信号中继器。

2.2.3　数据链路层的功能

数据链路层最基本的功能是向该层用户提供透明、可靠的数据传送基本服务。透明性是指该层传输的数据内容、格式及编码没有限制，也没有必要解释信息结构的意义；可靠的传输使用户免去对丢失信息、干扰信息及顺序不正确等的担心。在物理层中这些情况都可能发生，在数据链路层中必须用纠错码来检错与纠错。数据链路层是对物理层传输原始比特流的功能的加强，将物理层提供的可能出错的物理连接改造成逻辑上无差错的数据链路，使之对网络层表现为一无差错的线路。

1) 帧同步功能

为了使传输中发生差错后只将有错的有限数据进行重发，数据链路层将比特流组合成以帧为单位传送。每个帧除了有要传送的数据外，还包括校验码，以使接收方能发现传输中的差错。帧的组织结构必须设计成使接收方能够明确地从物理层收到的比特流中对其进行识别，即能从比特流中区分出帧的起始与终止，这就是帧同步要解决的问题。由于网络传输中很难保证计时的正确和一致，所以不可采用依靠时间间隔关系来确定一帧的起始与终止的方法。

2) 差错控制功能

一个实用的通信系统必须具备发现(即检测)差错的能力，并采取某种措施纠正之，使差错被控制在系统所能允许的尽可能小的范围内，这就是差错控制过程，也是数据链路层的主要功能之一。对差错编码(如奇偶校验码或 CRC 码(Cyclic Redundancy Check))的检查，可以判定一帧在传输过程中是否发生了错误。一旦发现错误，则一般可以采用反馈重发的方法来纠正。这就要求接收方收完一帧后，向发送方反馈一个是否正确接收的信息，使发送方作出是否需要重新发送的决定，即发送方仅当收到接收方已正确接收的反馈信号后才能认为该帧已经正确发送完毕，否则需重发直至正确为止。 物理信道的突发噪声可能完全“淹没”一帧，即使得整个数据帧或反馈信息帧丢失，这将导致发送方永远收不到接收方发来的反馈信息，从而使传输过程停滞。为了避免出现这种情况，通常引入计时器(Timer)来限定接收方发回反馈信息的时间间隔，当发送方发送一帧的同时也启动计时器，若在限定时间间隔内未收到接收方的反馈信息，即计时器超时(Timeout)，则可认为传输的帧已出错或丢失，继而要重新发送。由于同一帧数据可能被重复发送多次，所以可能出现接收方多次收到同一帧并将其递交给网络层的状况。为了防止发生这种状况的发生，可以采用对发送的帧进行编号的方法，即赋予每帧一个序号，从而使接收方能从该序号来区分是新发送来的帧还是已经接收但又重新发送来的帧，以此来确定是否要将接收到的帧递交给网络层。数据链路层通过使用计数器和序号来保证每帧最终都被正确地递交给目标网络层一次。

3) 流量控制功能

流量控制并不是数据链路层所特有的功能，许多高层协议也提供流量控制功能，只不过流量控制的对象不同。比如，对于数据链路层来说，控制的对象是相邻两节点之间数据链路上的流量；而对于运输层来说，控制的对象则是从源到最终目的之间端对端的流量。由于收、发双方各自使用的设备工作速率和缓冲存储空间的差异，可能出现发送方发送能力大于接收方接收能力的现象，若此时不对发送方的发送速率作适当的限制，则接收方来不及接收的帧将被后面不断发送来的帧"淹没"，从而造成帧的丢失而出错。由此可见，流量控制实际上是对发送方数据流量的控制，使其发送能力不超过接收方所能接收的能力。这个过程需要通过某种反馈机制使发送方知道接收方是否能跟上发送方，即需要有一些规则使得发送方知道在什么情况下可以接着发送下一帧，而在什么情况下必须暂停发送，以等待收到某种反馈信息后再继续发送。

4) 链路管理功能

链路管理功能主要用于面向连接的服务。当链路两端的节点要进行通信前，必须确认对方已处于就绪状态，并交换一些必要的信息以对帧序号初始化，然后才能建立连接，在传输过程中要能维持该连接。如果出现差错，则需重新初始化，重新自动建立连接，传输完毕后要释放连接。数据链路层连接的建立、维持和释放称作链路管理。在多个站点共享同一物理信道的情况下，如何在要求通信的站点间分配和管理信道也属于数据链路层管理的范畴。

2.3　差错控制技术

差错控制技术是在数字通信中，利用编码方式对传输中产生的差错进行控制，以提高传输正确性和有效性的技术。

信号在物理信道中传输时，线路本身电气特性造成的随机噪声、信号幅度的衰减、频率和相位的畸变、电气信号在线路上产生反射造成的回音效应、相邻线路间的串扰以及各种外界因素都会造成信号的失真。在数据通信中，信号的失真会使接收端收到的二进制数位和发送端实际发送的二进制数位不一致，从而造成由"0"变成"1"或由"1"变成"0"的差错。

最常用的差错控制方法是差错控制编码。在向信道发送数据信息位之前，先按照某种关系附加上一定的冗余位，构成一个码字后再发送，这个过程称为差错控制编码过程。接收端收到该码字后，检查信息位和附加的冗余位之间的关系，以确定传输过程中是否有差错发生，这个过程称为检验过程。下面介绍几种常用的差错控制码。

2.3.1　奇偶校验码

奇偶校验码是一种通过增加冗余位使得码字中"1"的个数为奇数或偶数的编码方法，它是一种检错码。其规则可以表示为：

奇校验　　　　　　$x_1 + x_2 + x_3 + \cdots + x_c = 1$　　　　　　　(2-1)

偶校验　　　　　　$x_1 + x_2 + x_3 + \cdots + x_c = 0$　　　　　　　(2-2)

式中：$x_i(i = 1, 2, 3, \cdots)$为数据位，x_c为校验位；加法采用模2加规则，即 $0+0=0$，$0+1=1$，$1+0=1$，$1+1=0$。

1. 垂直奇偶校验

垂直奇偶校验又称纵向奇偶校验，它能检测出每个字符中所有奇数个的错，但检测不出偶数个的错，因而对差错的漏检率接近 1/2。

检查可根据所采用的奇校验或偶校验按式(2-1)或式(2-2)进行。假设有 10 个以 ASCII(American Standard Code for Information Interchange)表示的字符 A，B，…，J 排为一组，它们的校验位是按偶校验的规则求出，见表 2-1。

表 2-1　垂直奇偶校验编码

字符 位	A	B	C	D	E	F	G	H	I	J
x_1	1	0	1	0	1	0	1	0	1	0
x_2	0	1	1	0	0	1	1	0	0	1
x_3	0	0	0	1	1	1	1	0	0	0
x_4	0	0	0	0	0	0	0	1	1	1
x_5	0	0	0	0	0	0	0	0	0	0
x_6	1	1	1	1	1	1	1	1	1	1
x_7	1	1	1	1	1	1	1	1	1	1
x_c	1	1	0	1	0	0	1	1	0	0

2. 水平奇偶校验

水平奇偶校验又称横向奇偶校验，它不但能检测出各段同一位上的奇数个错，而且还能检测出突发长度 $\leq k$ 的所有突发错误。水平奇偶校验的漏检率要比垂直奇偶校验方法低，但实现水平奇偶校验时，一定要使用数据缓冲器。仍以垂直奇偶校验的 10 个字符说明水平偶校验，见表 2-2。

表 2-2　水平奇偶校验编码

字符 位	A	B	C	D	E	F	G	H	I	J	xc
x_1	1	0	1	0	1	0	1	0	1	0	1
x_2	0	1	1	0	0	1	1	0	0	1	1
x_3	0	0	0	1	1	1	1	0	0	0	0
x_4	0	0	0	0	0	0	0	1	1	1	1
x_5	0	0	0	0	0	0	0	0	0	0	0
x_6	1	1	1	1	1	1	1	1	1	0	0
x_7	1	1	1	1	1	1	1	1	1	1	0

2.3.2　循环冗余码(CRC)

1. CRC 的工作方法

在发送端产生一个循环冗余码，附加在信息位后一起发送到接收端，接收端收到的信息按发送端形成循环冗余码同样的算法进行校验，若有错，则需重发。

2. 循环冗余码的工作原理

循环冗余码 CRC 在发送端编码和接收端校验时，都可以利用事先约定的生成多项式 $G(X)$ 来得到，k 位要发送的信息位可对应于一个 $(k-1)$ 次多项式 $K(X)$，r 位冗余位则对应于一个 $(r-1)$ 次多项式 $R(X)$，由 r 位冗余位组成的 $n = k + r$ 位码字则对应于一个 $(n-1)$ 次多项式 $T(X) = Xr * K(X) + R(X)$。

3. 循环冗余校验码的特点

(1) 可检测出所有奇数位错；

(2) 可检测出所有双比特的错；

(3) 可检测出所有小于或等于校验位长度的突发错。

思考题与练习题

1. 什么是总线？总线有几种寻址方式？

2. 试用单极性不归零码和曼彻斯特码对数据 10011001 进行数字信号编码。

3. 什么是并行传输和串行传输？什么是异步传输和同步传输？

4. 现场总线一般有几种网络拓扑结构？每种拓扑结构有什么特点？

5. 试举例两种有线传输介质，说明它们的物理特性和传输特性。

6. 简述 ISO/OSI 七层模型结构及每层的功能。

7. 试说明通信接口 RS232C 和 RS485 的电气特性。

8. 将 10 个 ASCII 码表示的字符 0，1，…，9 排为一组，试用垂直奇校验法求校验位 x_c。

第 3 章　CC-Link 现场总线

CC-Link(Control & Communication Link，控制与通信链路)是一种数据链接系统，是三菱电机 1996 年推出的开放式现场总线，通过它可以建立成本低廉的分散系统。

3.1　CC-Link 概述

CC-Link 是一种省配线、信息化的网络，它不但具备高实时性、分散控制、可与智能设备通信、RAS 等功能，而且依靠与诸多现场设备制造厂商的紧密联系，提供开放式的环境。Q 系统 PLC 的 CC-Link 模块 QJ61BT11，在继承 A/QnA 系列特点的同时，还采用了远程设备站初始设定等便捷功能。

CC-Link 具有以下特点：

(1) 省配线。控制器与现场设备的一对一物理连接如图 3-1 所示，整个系统的线路显得十分复杂，施工和维护都十分不便。采用 CC-Link 的现场设备每个模块都可以被分配或安装在设备装置中，如图 3-2 所示，如传输器线缆或机器设备，可以实现整个系统的线路有效化。

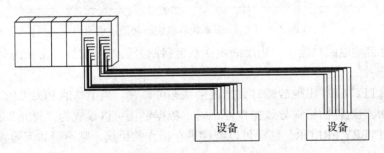

图 3-1　控制器与现场设备一对一物理连接的控制系统

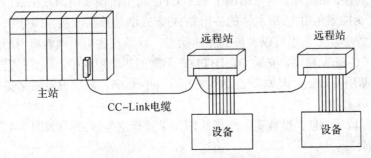

图 3-2　采用 CC-Link 连接的控制系统

(2) 速率高及传送距离远。CC-Link 具有较高的数据传输速率，最高可达 10 Mb/s。传送距离取决于传输速率，传送距离可以达到 100 m(传输速率为 10 Mb/s 时)到 1200 m(传输速率为 156 kb/s 时)。

(3) 链接点的数目多。每个系统可以执行远程输入(RX)2048 点，远程输出(RY)2048 点和 512 个远程寄存器(RW)点的传送。每个远程站或本地站的链接点的个数有：远程输入(RX)32 点，远程输出(RY)32 点和远程寄存器(RW)8 点。

(4) 具有宕机预防功能(从站切断功能)。因为系统采用总线连接方法，所以即使一个模块系统由于断电而出现故障，也不会影响其他正常模块的通信，如图 3-3 所示。对于使用两个端子排的模块，可以在数据链接的过程中更换该模块(切断模块电源然后更换该模块)。但如果切断电缆，则禁止了与所有站的数据连接。

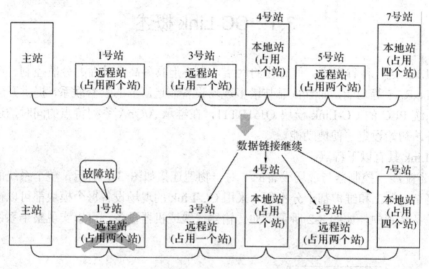

图 3-3　CC-Link 系统宕机预防功能示意图

(5) 具有自动返回功能。当由于断电而从链接断开的站复位到正常状态时，该站会自动加入数据链接。

(6) 主站 PLC CPU 出现故障时数据链接状态可设置。当主站的 PLC CPU 产生像 "SP UNIT ERROR" 这样的错误导致操作停止时，数据链接可以设置为 "停止" 或 "继续"。如果是 "BATTERY ERROR" 这样可以继续进行操作的错误，则不管如何设置，数据链接都会继续。

(7) 具有备用主站功能。当主站由于 PLC CPU 发生错误或电源发生故障时，备用主站功能可以通过切换到备用主站(主站的备用站)的方式继续数据链接。即使在备用主站控制数据链接的过程中，主站也可以复位到在线状态，以备在备用主站宕机时启用。

(8) 自动 CC-Link 启动。安装 QJ61BT11，不需创建顺控程序，只要打开电源，就启动 CC-Link 并刷新所有数据。但如果链接模块的数目小于 64，则应设定网络参数以优化链接扫描时间。

(9) 具有保留站功能。没有实际连接的站如果被指定为保留站(如图 3-4 所示)，就不会被当做故障站处理。

(10) 具有扫描同步功能。扫描同步功能使链接扫描和顺控程序扫描同步。

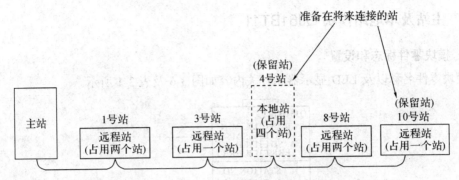

图 3-4　有保留站的 CC-Link 控制系统

3.2　Q 系列 CC-Link 现场总线系统的构建

3.2.1　Q 系列 CC-Link 的基本结构

在 CC-Link 中，站类型可以分为以下四种类型：

(1) 主站：安装在基板上，控制整个 CC-Link 系统。

(2) 本地站：安装在基板上，与主站或其他本地站通信。本地站网络模块与主站网络模块相同。主站和本地站的选择，由网络参数设置决定。

(3) 远程站：分为远程 I/O 站(如远程 I/O 模块)和远程设备站(如特殊功能模块、变频器、显示板、感应器等)。

(4) 智能设备站：能够通过瞬时传送或信息传送来执行数据通信的站，如 RS232 接口模块、显示器等。

CC-Link 控制系统的基本结构如图 3-5 所示。

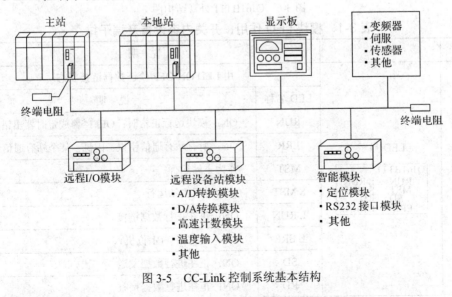

图 3-5　CC-Link 控制系统基本结构

3.2.2　主站及本地站模块 QJ61BT11

1. 模块零件标志和设置

模块零件名称以及 LED 显示器和开关内容如图 3-6 及表 3-1 所示。

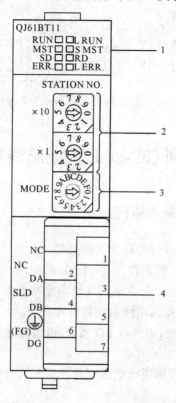

1—LED显示；2—站号设置开关；3—传送速率/模式设置开关；4—端子排

图 3-6　QJ61BT11 外观结构图

表 3-1　模块 LED 作用、开关内容设置及端子排

编号	名　称	说　明		
1	LED 显示 QJ61BT11 RUN L RUN MST S MST SD RD ERR. L ERR.	用 LED ON/OFF 验证数据链接状态		
		LED 名称	说　明	
		RUN	ON：模块运行正常时；OFF：警戒定时器出错时	
		ERR	ON：所有站有通信错误；闪烁：某个站有通信错误	
		MST	作为主站运行	
		S MST	作为备用主站运行	
		L RUN	ON：进在正行数据链接	
		L ERR	ON：通信错误(上位机)	
		SD	ON：正在进行数据发送	
		RD	ON：正在进行数据接收	

续表

编号	名 称	说 明
2	站号设置开关	设置模块站号： 主站：0 本地站：1～64

		编号	传送速率设置	模式
3	传送速率/模式设置开关	0	传送速率 156 kb/s	在线
		1	传送速率 625 kb/s	
		2	传送速率 2.5 Mb/s	
		3	传送速率 5 Mb/s	
		4	传送速率 10 Mb/s	
		5	传送速率 156 kb/s	线路测试： 站号设为 0 时，使用线路测试 1； 站号设为 1～64 时使用线路测试 2。
		6	传送速率 625 kb/s	
		7	传送速率 2.5 Mb/s	
		8	传送速率 5 Mb/s	
		9	传送速率 10 Mb/s	
		A	传送速率 156 kb/s	硬件测试
		B	传送速率 625 kb/s	
		C	传送速率 2.5 Mb/s	
		D	传送速率 5 Mb/s	
		E	传送速率 10 Mb/s	
		F	不允许设置	

编号	名 称	说 明
4	端子排 NC NC DA SLD DB (FG) DG	连接用于数据链接的专用 CC-Link 电缆

2. QJ61BT11 的 I/O 信号

表 3-2 是 I/O 信号一览表，表中的 "n" 是指主站模块/本地站模块的第一个 I/O 地址，这是由安装位置和安装在主站模块/本地站模块前面的模块决定。

表 3-2　I/O 信号一览表

信号方向：PLC CPU←主站模块/本地模块		信号方向：PLC CPU→主站模块/本地模块	
输入地址	信号名称	输出地址	信号名称
Xn0	模块出错	Yn0	
Xn1	上位机数据链接状态	Yn1	
Xn2	禁止使用	Yn2	
Xn3	其他站数据链接状态	Yn3	
Xn4		Yn4	
Xn5		Yn5	
Xn6		Yn6	
Xn7		Yn7	
Xn8		Yn8	
Xn9	禁止使用	Yn9	
XnA		YnA	
XnB		YnB	
XnC		YnC	
XnD		YnD	
XnE		YnE	
XnF	模块准备好	YnF	
X(n+1)0		Y(n+1)0	禁止使用
X(n+1)1		Y(n+1)1	
X(n+1)2		Y(n+1)2	
X(n+1)3		Y(n+1)3	
X(n+1)4		Y(n+1)4	
X(n+1)5		Y(n+1)5	
X(n+1)6		Y(n+1)6	
X(n+1)7		Y(n+1)7	
X(n+1)8	禁止使用	Y(n+1)8	
X(n+1)9		Y(n+1)9	
X(n+1)A		Y(n+1)A	
X(n+1)B		Y(n+1)B	
X(n+1)C		Y(n+1)C	
X(n+1)D		Y(n+1)D	
X(n+1)E		Y(n+1)E	
X(n+1)F		Y(n+1)F	

3. 缓冲存储器

缓冲存储器在主站模块/本地模块和 PLC CPU 之间传送数据，用三菱编程软件

GX-Works2 通过参数设置或专用指令执行数据的读写。缓冲存储器一览表如表 3-3 所示。

表 3-3　缓冲存储器一览表

地　址		项　目	说　明
十六进制	十进制		
0H～DFH	0～223	禁止使用	
E0H～15FH	224～351	远程输入(RX)	
160H～1DFH	352～479	远程输入(RY)	
1E0H～2DFH	480～735	远程寄存器(RWw) 主站/本地站: 用于发送	
2E0H～3DFH	736～991	远程寄存器(RWr) 主站/本地站: 用于接收	
3E0H～5DFH	992～1503	禁止使用	
5E0H～5FFH	1504～1535	链接特殊继电器(SB)	存储数据链接状态
600H～7FFH	1536～2047	链接特殊寄存器(SW)	存储数据链接状态
800H～9FFH	2048～2559	禁止使用	
A00H～FFFH	2560～4095	随机访问缓冲区	
1000H～1FFFH	4096～8191	通信缓冲区	
2000H～2FFFH	8192～12287	自动更新缓冲区	
3000H～4FFFH	12288～20479	禁止使用	

3.2.3　从站模块 FX$_{2N}$-32CCL

1. FX$_{2N}$-32CCL 模块的认识

FX$_{2N}$-32CCL 是三菱 FX 系列 PLC 连接到 CC-Link 的接口模块,可作为 CC-Link 的一个远程设备站进行连接。使用 FROM/TO 指令对 FX$_{2N}$-32CCL 的缓冲储存器进行读写。

FX$_{2N}$-32CCL 接口模块的结构如图 3-7 所示。其中 24 V 直流电源规格为 DC 24 V +/ −10%, 50 mA; 站号设置由旋转开关设置, 编号为 1～64, 占用站数由旋转开关设置, 设置情况为:

0: 占一个站; 1: 占两个站; 2: 占三个站; 3: 占四个站。

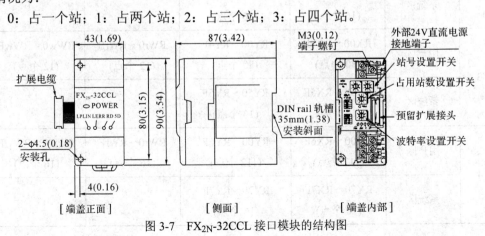

图 3-7　FX$_{2N}$-32CCL 接口模块的结构图

传送速率(波特率)由旋转开关设置，其设置参数见表 3-4。

表 3-4 传输速率设置

旋转开关位置	对应的传输速率
0	156 kb/s
1	625 kb/s
2	2.5 Mb/s
3	5 Mb/s
4	10 Mb/s
5～9	错误设置

2. FX$_{2N}$-32CCL 模块的性能

FX$_{2N}$-32CCL 占用 FX 系列 PLC 中八个 I/O 点数(包括输入和输出)，传输速率为 156 kb/s～10 Mb/s，传输距离为 100～1200 m，传输速率越高，传输距离越近。

在 FX$_{2N}$-32CCL 中，远程点数由所选的站数(1～4)决定。每站的远程 I/O 占用 32 个输入点和 32 个输出点，但是最终站的高 16 点作为系统区由 CC-Link 系统专用。每站的远程寄存器数目为四个点 RW 写区域和四个点 RW 读区域。

对应于所选站数的远程点数和远程寄存器编号见表 3-5。

表 3-5 所选站数的远程点数和远程寄存器编号表

站数	类型	远程输入	远程输出	写远程寄存器	读远程寄存器
1	用户区	RX00～RXOF (16 个点)	RY00～RYOF (16 个点)	RWr0～RWr3 (四个点)	RWw0～RWw3 (四个点)
	系统区	RX10～RX1F (16 个点)	RY10～RY1F (16 个点)		
2	用户区	RX00～RX2F (48 个点)	RY00～RY2F (48 个点)	RWr0～RWr7 (八个点)	RWw0～RWw7 (八个点)
	系统区	RX30～RX3F (16 个点)	RY30～RY3F (16 个点)		
3	用户区	RX00～RX4F (80 个点)	RY00～RY4F (80 个点)	RWr0～RWrB (12 个点)	RWw0～RWwB (12 个点)
	系统区	RX50～RX5F (16 个点)	RY50～RY5F (16 个点)		
4	用户区	RX00～RX6F (112 个点)	RY00～RY6F (112 个点)	RWr0～RWrF (16 个点)	RWw0～RWwF (16 个点)
	系统区	RX70～RX7F (16 个点)	RY70～RY7F (16 个点)		

3. FX$_{2N}$-32CCL 模块的缓冲存储器

FX$_{2N}$-32CCL 接口模块通过有 16 位 RAM(Random Access Memory)存储支持的内置缓冲存储器(Buffer Memory，BFM)在 PLC 与 CC-Link 系统的主站之间传送数据，缓冲存储器由写专用缓冲存储器和读专用缓冲存储器组成，编号 0～31 分别被分配给每一种缓冲存储器。通过 TO 指令，PLC 可将数据写入写专用缓冲存储器中，然后将数据传送给主站；通过 FROM 指令，PLC 可以从读专用缓冲存储器中将由主站传来的数据读到 PLC 中。

1) 读专用缓冲存储器

使用在 FX$_{2N}$-32CCL 中的读专用缓冲存储器保存主站写进来的数据以及 FX$_{2N}$-32CCL 的系统信息。读专用缓冲存储器中的内容见表 3-6。

表 3-6　读专用缓冲存储器中的内容

BFM 编号	功　能	BFM 编号	功　能
#0	远程输出 RY00～RY0F(设定站)	#16	远程寄存器 RWw8(设定站+2)
#1	远程输出 RY10～RY1F(设定站)	#17	远程寄存器 RWw9(设定站+2)
#2	远程输出 RY20～RY2F(设定站+1)	#18	远程寄存器 RWwA(设定站+2)
#3	远程输出 RY30～RY3F(设定站+1)	#19	远程寄存器 RWwB(设定站+2)
#4	远程输出 RY40～RY4F(设定站+2)	#20	远程寄存器 RWwC(设定站+3)
#5	远程输出 RY50～RY5F(设定站+2)	#21	远程寄存器 RWwD(设定站+3)
#6	远程输出 RY60～RY6F(设定站+3)	#22	远程寄存器 RWwE(设定站+3)
#7	远程输出 RY70～RY7F(设定站+3)	#23	远程寄存器 RWwF(设定站+3)
#8	远程寄存器 RWw0(设定站)	#24	波特率设定值
#9	远程寄存器 RWw1(设定站)	#25	通信状态
#10	远程寄存器 RWw2(设定站)	#26	CC-Link 模块代码
#11	远程寄存器 RWw3(设定站)	#27	本站编号
#12	远程寄存器 RWw4(设定站+1)	#28	占用站数的设定值
#13	远程寄存器 RWw5(设定站+1)	#29	出错代码
#14	远程寄存器 RWw6(设定站+1)	#30	FX 系列模块代码
#15	远程寄存器 RWw7(设定站+1)	#31	保留

(1) BFM#24(波特率设定值)。保存 FX$_{2N}$-32CCL 上波特率(传输传送速度)设定开关的设定值，取值 0～4。只有当 PLC 上电时，该设定才起作用。如果是在带电情况下改变设定值，则改变的值只有在下次通电时才有效。

(2) BFM#25(通信状态)。CC-Link 系统主站 PLC 信息之间的通信状态以及主站 PLC 的信息以 ON/OFF 的形式保存在该寄存器的 b0～b15 位(b0：CRC 错误；b1：超时出错；b2～b6：保留；b7：链接正执行；b8：主站 PLC 正运行；b9：主站 PLC 出错；b10～b15：保留)。仅当执行链接通信执行时，主站 PLC 的信息才有效。

(3) BFM#27(本站编号)。保存 FX$_{2N}$-32CCL 模块站号设定开关的设定值，取值为 1～

64。只有当 PLC 上电时，该设定值才起作用。如果是在带电情况下改变设定值，则改变值只有在下次重新上电才会起作用。

(4) BFM#28(占用站数的设定值)。保存 FX$_{2N}$-32CCL 模块占用站数设定开关的设定值，取值为 0～3，分别对应占用一个站、两个站、三个站和四个站。

(5) BFM#29(出错代码)。出错内容以 ON/OFF 形式保存在 b0～b15 位(b0：站号设置错误；b1：波特率设置错误；b2、b3：保留；b4：站号改变错误；b5：波特率改变错误；b6、b7：保留；b8：无外部 24 V 供电；b9～b15：保留)。

2) 写专用缓冲存储器

使用在 FX$_{2N}$-32CCL 中的写专用缓冲存储器保存 PLC 写给主站的数据，PLC 可以通过 TO 指令将 PLC 中位和字元件的内容写入写专用缓冲存储器中。写专用缓冲存储器中的内容见表 3-7。

表 3-7　写专用缓冲存储器中的内容

BFM 编号	功　能	BFM 编号	功　能
#0	远程输出 RX00～RX0F(设定站)	#16	远程寄存器 RWr8(设定站+2)
#1	远程输出 RX10～RX1F(设定站)	#17	远程寄存器 RWr9(设定站+2)
#2	远程输出 RX20～RX2F(设定站+1)	#18	远程寄存器 RWrA(设定站+2)
#3	远程输出 RX30～RX3F(设定站+1)	#19	远程寄存器 RWrB(设定站+2)
#4	远程输出 RX40～RX4F(设定站+2)	#20	远程寄存器 RWrC(设定站+3)
#5	远程输出 RX50～RX5F(设定站+2)	#21	远程寄存器 RWrD(设定站+3)
#6	远程输出 RX60～RX6F(设定站+3)	#22	远程寄存器 RWrE(设定站+3)
#7	远程输出 RX70～RX7F(设定站+3)	#23	远程寄存器 RWrF(设定站+3)
#8	远程寄存器 RWr0(设定站)	#24	未定义(禁止写)
#9	远程寄存器 RWr1(设定站)	#25	未定义(禁止写)
#10	远程寄存器 RWr2(设定站)	#26	未定义(禁止写)
#11	远程寄存器 RWr3(设定站)	#27	未定义(禁止写)
#12	远程寄存器 RWr4(设定站+1)	#28	未定义(禁止写)
#13	远程寄存器 RWr5(设定站+1)	#29	未定义(禁止写)
#14	远程寄存器 RWr6(设定站+1)	#30	未定义(禁止写)
#15	远程寄存器 RWr7(设定站+1)	#31	保留

3.2.4　远程 I/O 模块

在 CC-Link 中，每个主站最多可连接 64 个远程 I/O 模块，每一个远程 I/O 模块占 32 个点，所以最多可设置 2048 个链接点。

1. 远程 I/O 模块的型号

远程 I/O 模块型号命名方式如图 3-8 所示。

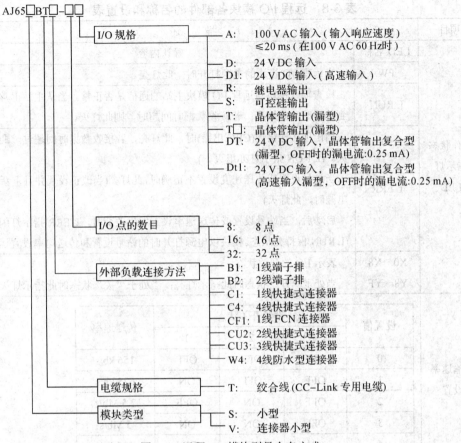

图 3-8　远程 I/O 模块型号命名方式

2. 远程 I/O 模块零件名及设置

远程 I/O 模块各部件的名称和设置如图 3-9 所示和见表 3-8。

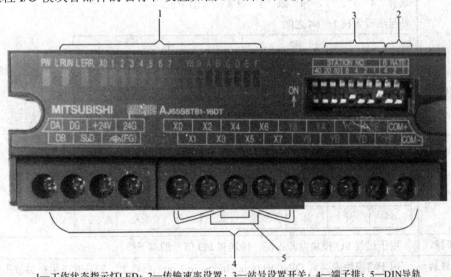

1—工作状态指示灯LED；2—传输速率设置；3—站号设置开关；4—端子排；5—DIN导轨

图 3-9　远程 I/O 模块各部件设置图

表 3-8　远程 I/O 模块各部件的名称和设置表

项目	描　　述	
工作状态指示灯 LED	LED 名称	确认内容
	PW	当远程 I/O 模块的电源打开时，此灯亮。
	L RUN	检查输入模块与远程 I/O 模块主站的通信是否正常。当从主站正常接收到数据时，此灯亮；若接收数据时间超时，则此灯灭。
	L ERR	当出现传送错误(CRC 出错)时，此灯亮，若接收数据时间超过，则此灯灭。(L RUN 指示灯亦熄灭。) 当站号设置或传送速度设置不正确时，此灯亮(当改正设置并且重新打开电源时，此灯灭)。 启动后，当站号设置或传送速率设置发生改变时，L ERR 指示灯闪烁。(L RUN 保持亮状态。模块以电源打开时的站号设置和传送速率设置运行。)
	X0～X8 Y8～YF	表示 I/O 的开关状态。 当处于"开"状态时此指示灯亮；当处于"关"状态时此指示灯灭。

传输速率设置

设置值	设置开关状态			传送速率
	4	2	1	
0	OFF	OFF	OFF	156 kb/s
1	OFF	OFF	ON	625 kb/s
2	OFF	ON	OFF	2.5 Mb/s
3	OFF	ON	ON	5 Mb/s
4	ON	OFF	OFF	10 Mb/s

站号设置开关

选择"10"、"20"或"40"设置站号的十位。

选择"1"、"2"、"4"或"8"设置站号的个位。

站号应设置在 1～64 之间。

站号	十　位			个　位			
	40	20	10	8	4	2	1
1	关	关	关	关	关	关	开
2	关	关	关	关	关	开	关
3	关	关	关	关	关	开	开
⋮	⋮	⋮	⋮	⋮	⋮	⋮	⋮
10	关	关	开	关	关	关	关
⋮	⋮	⋮	⋮	⋮	⋮	⋮	⋮
64	开	开	关	开	关	关	关

端子排	用于远程 I/O 模块电源连接、传送和 I/O 信号的端子排。
DIN 导轨所用夹具	用于将模块安装到 DIN(Deutsche Industrie-Norm)导轨上。安装时，用指尖按压 DIN 导轨所用夹具的中心线直到听到一声喀哒响。

3.2.5　具有 CC-Link 功能的变频器内置选件

FR-A7NC 是具有 CC-Link 通讯功能的三菱变频器内置选件，作为远程设备站时可最多连接 42 个单元。安装有五只运行状态显示指示灯：L RUN，正确接收到更新数据时点亮，数据传输停止一段时间后熄灭；LERR，自站发生通信异常时点亮，电源开启时修改开关设定等时闪烁，当 Pr.542 或 Pr.543 设定更改时闪烁；RUN，正常运行时点亮；SD，无数据传输时熄灭；RD，载波检测到接收数据时点亮。

1. 变频器参数设置

当 FR-A7NC 用于通信功能的内置选件连接到变频器选件接口后，变频器需要设置的参数见表 3-9。

表 3-9　变频器参数设置表

参数号	名　称	设定范围	最小设定单位	初始值
79	运行模式选择	0～4，6，7	1	0
313	DO0 输出选择	0～8，10～20，25～28，	1	9999
314	DO1 输出选择	30～36，39，41～47，64，	1	0
315	DO2 输出选择	70，85～99，100～108 等	1	0
338	通信运行指令权	0，1	1	0
339	通信速率指令权	0，1，2	1	0
340	通信启动模式选择	0，1，2，10，12	1	0
342	通信 EEPROM 写入选择	0，1	1	0
349	通信复位选择	0，1	1	0
500	通信异常执行等待时间	0～999.8 s	0.1s	0
501	通信异常发生次数显示	0	1	0
502	通信异常停止模式选择	0～3	1	0
541	频率指令符号选择	0，1	1	0
542	通信站号	0～64	1	1
543	速率选择	0～4	1	0
544	CC-Link 扩展设定	0，1，12，14，18 等	1	0
550	网络模式操作权选择	0，1，9999	1	9999
804	转矩指令权选择	0，1，3，4，5，6	1	0

在表 3-9 中，当通过通信选件频繁写入变频器参数时，可将 Pr.342 设定值设定为 1，并写入到 RAM 中，如果设定为 0(参数 Pr.342 初始值)，则写入到 EEPROM 中，频繁进行参数写入会缩短 EEPROM 的寿命。

2. FR-A7NC 内置选件 I/O 信号表

1) 远程 I/O 信号表

内置 FR-A7NC 的变频器作为远程设备站使用时，可占用 1 站，其远程 I/O 占 32 个点，信号表见表 3-10。

表 3-10　FR-A7NC 远程 I/O 信号表

设备编号	信　　号	设备编号	信　　号
RYn0	正转指令	RXn0	正转中
RYn1	反转指令	RXn1	反转中
RYn2	高速运行指令(端子 RH 功能)	RXn2	运行中(端子 RUN 功能)
RYn3	中速运行指令(端子 RM 功能)	RXn3	频率到达(端子 SU 功能)
RYn4	低速运行指令(端子 RL 功能)	RXn4	过负荷报警(端子 OL 功能)
RYn5	点动运行指令(端子 JOG 功能)	RXn5	瞬时停电(端子 IPF 功能)
RYn6	第 2 功能选择(端子 RT 功能)	RXn6	频率检测(端子 FU 功能)
RYn7	电流输入选择(端子 AU 功能)	RXn7	异常(端子 ABC1 功能)
RYn8	瞬间停止再启动选择(CS 功能)	RXn8	一(端子 ABC2 功能)
RYn9	输出停止	RXn9	Pr.313 分配功能(DO0)
RYnA	启动自动保持选择(STOP 功能)	RXnA	Pr.314 分配功能(DO1)
RYnB	复位(端子 RES 功能)	RXnB	Pr.315 分配功能(DO2)
RYnC	监视器指令	RXnC	监视
RYnD	频率设定指令(RAM)	RXnD	频率设定完成(RAM)
RYnE	频率设定指令(RAM、EEPROM)	RXnE	频率设定完成(RAM、EEPROM)
RYnF	命令代码执行请求	RXnF	命令代码执行完成
RY(n+1)0～RY(n+1)7	保留	RX(n+1)0～RX(n+1)7	保留
RY(n+1)8	未使用	RX(n+1)8	未使用
RY(n+1)9	未使用	RX(n+1)9	未使用
RY(n+1)A	异常复位请求标志	RX(n+1)A	异常状态标志
RY(n+1)B～RY(n+1)F	保留	RX(n+1)B	远程站就绪
		RX(n+1)C～RX(n+1)F	保留

2) 远程寄存器信号表

内置 FR-A7NC 的变频器作为远程设备站使用时,可占用 1 站,其远程寄存器占四个点,信号表见表 3-11。

表 3-11　FR-A7NC 远程寄存器信号表

地　　址	说　明		地　　址	说　明
	高 8 位	低 8 位		
RWwn	监视器代码 2	监视器代码 1	RWrn	第一监视器
RWwn+1	设定频率(以 0.01 Hz 为单位)		RWrn+1	第二监视器
RWwn+2	命令代码		RWrn+2	应答代码
RWwn+3	写入数据		RWrn+3	读取数据

表 3-11 中监视器代码(RWwn)分为两部分,低 8 位选择第一监视器(RWrn)说明,高 8 位选择第二监视器(RWrn+1)说明,其监视器代码见表 3-12。

表 3-12　FR-A7NC 监视器代码

代码编号	第二监视器说明(高 8 位)	第一监视器说明(低 8 位)	单位
00H	输出频率	无监视(监视器值为 0)	0.01 Hz
01H	输出频率		0.01 Hz
02H	输出电流		0.01 A、0.1 A
03H	输出电压		0.1 V
05H	频率设定值		0.01 Hz
06H	运行速率		1 r/min、0.1 r/min
07H	电机转矩		0.1%
08H	直流侧输出电压		0.1 V
09H	再生制动使用率		0.1%
0AH	电子过电流负载率		0.1%
0BH	输出电流峰值		0.01 A、0.1 A
0CH	直流侧输出电压峰值		0.1 V
0DH	输入功率		0.01 kW、0.1 kW
0EH	输出功率		0.01 kW、0.1 kW
0FH	输入端子状态 *1		—
10H	输出端子状态 *2		—
11H	负载仪表		0.1%
12H	电机励磁电流		0.01 A、0.1 A
13H	位置脉冲		—
14H	累计通电时间		1 h
16H	定向状态		1
17H	实际运行时间		1 h
18H	电机负载率		0.1%
19H	累计消耗电量		1 kWh
20H	转矩指令		0.1%
21H	转矩电流指令		0.1%
22H	电机输出		0.01 kW、0.1 kW
23H	反馈脉冲		—
32H	节能力效果		可变
33H	节能力累计		可变
34H	PID 目标值		0.1%
35H	PID 测量值		0.1%
36H	PID 偏差值		0.1%
3AH	选件输入端子状态 1		—
3BH	选件输入端子状态 2		—
3CH	选件输入端子状态		—

*1 输入端子监视器详情：

B15 ... b0

—	—	—	—	CS	RES	STOP	MRS	JOG	RH	RM	RL	RT	AU	STR	STF

*2 输出端子监视器详情：

B15 ... b0

—	—	—	—	—	—	—	—	ABC2	ABC1	FU	OL	IPF	SU	RUN

表 3-11 中，使用远程寄存器 RWwn+2 设定命令代码，命令代码指定的数据设定在远程寄存器 RWwn+3 中。在远程寄存器 RWrn+3 中读取命令代码的数据，寄存器设定完成后，由 RYnF 执行相应的指令，指令执行完成后 RXnF 启动。命令代码内容见表 3-13。

表 3-13　FR-A7NC 远程寄存器命令代码内容

项　目		读取/写入	代码编号	数　据　内　容
运行模式		读取	007BH	0000H：网络运行 0000H：外部运行 0000H：PU 运行
		写入	00FBH	0000H：网络运行 0000H：外部运行 0000H：PU 运行(Pr.79 = 6)
监视器	输出频率	读取	006FH	0000H～FFFFH；输出频率单位：0.01 Hz；转速单位：1 r/min
	输出电流	读取	0070H	0000H～FFFFH；输出电流单位：0.01 A/0.1 A
	输出电压	读取	0071H	0000H～FFFFH；输出电压单位：0.1 V
	特殊监视器	读取	0072H	0000H～FFFFH；根据命令代码 00F3H 选择的监视器数据
	特殊监视器选择代码	读取	0073H	01H～3CH；监视器选择数据
		写入	00F3H	
	异常内容	读取	0074H～0077H	0000H～FFFFH；过去两次的异常内容
设定频率(RAM)		读取	006DH	在 RAM 或 EEPROM 中读取设定频率/转速 0000H～FFFFH；设定频率单位：0.01 Hz；转速单位：1 r/min
设定频率(EEPROM)			006EH	
设定频率(RAM)		写入	00EDH	在 RAM 或 EEPROM 中写入设定频率/转速 0000H～9C40H(0～400.00 Hz)； 频率单位：0.01 Hz； 0000H～270EH(0～9998)；转速单位：1 r/min
设定频率(RAM 和 EEPROM)		写入	00EEH	
参数		读取	0000H～0063H	禁止写入 Pr.77 和 Pr.79
		写入	0080H～00E3H	频繁更改参数值时，将 Pr.342 设为 1 以写入 RAM
批量清除异常内容		写入	00F4H	9696H；批量清除异常记录
参数全部清除		写入	00FCH	根据 9696H，9966H，5A5AH 和 55AAH，有四种类型的清除
变频器复位		写入	00FDH	9696H；将变频器复位

3.3　CC-Link 现场总线控制系统通信结构

3.3.1　主站与远程 I/O 的通信结构

1. CC-Link 线路连接

远程 I/O 站与主站模块用 CC-Link 双绞屏蔽电缆连接，如图 3-10 所示，在连接前一定要断开电源。

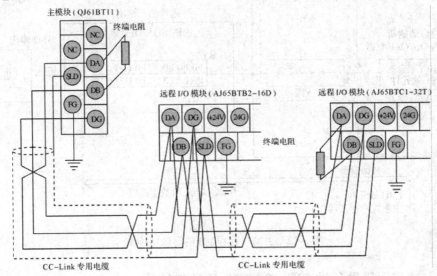

图 3-10　远程 I/O 与主站模块的 CC-Link 连接图

远程 I/O 站的 24 V 电源线连接如图 3-11 所示，在连接前一定要断开电源。

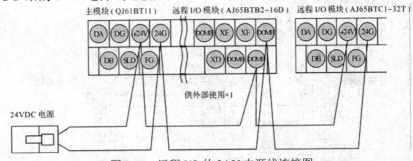

图 3-11　远程 I/O 的 24 V 电源线连接图

2. 主站与远程 I/O 的通信结构

主站与远程 I/O 的通信仅为开关信息通信，RX 为远程输入，RY 为远程输出，其基本通信结构如图 3-12 所示，其按钮控制指示灯的通信过程如下：

(1) 信号从输入设备(按钮)输入到远程 I/O 站。

(2) 远程 I/O 站的输入状态自动存储在主站的 RX 缓冲存储器中。

(3) 存储在主站 RX 缓冲存储器的输入状态存储在自动刷新参数的 CPU 软元件中。

(4) 自动刷新参数的 RY 开关数据存储在 RY 缓冲存储器中。

(5) 存储在 RY 缓冲存储器中的输出状态自动输出到远程 I/O 站。

(6) 信号从远程 I/O 站输出到外部设备(指示灯)中。

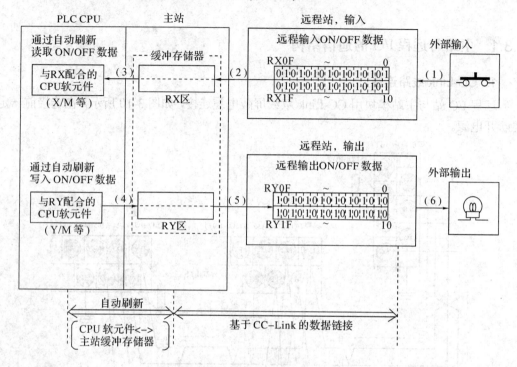

图 3-12 主站与远程 I/O 的通信结构图

3.3.2 主站与远程设备站 FX$_{2N}$-32CCL 的通信结构

1. CC-Link 线路连接

使用 CC-Link 双绞屏蔽电缆将 FX$_{2N}$-32CCL 与 CC-Link 连接，如图 3-13 所示。

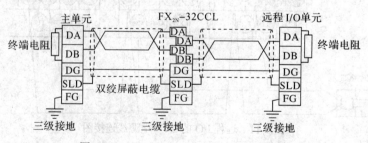

图 3-13 FX$_{2N}$-32CCL 与 CC-Link 连接图

(1) 用双绞屏蔽电缆将各站的 DA 与 DA 端子，DB 与 DB 端子，DG 与 DG 端子连接，由于 FX$_{2N}$-32CCL 有两个 DA 端子和两个 DB 端子，所以连接下一个站就非常方便。

(2) 将每站的 SLD 端子与双绞屏蔽电缆的屏蔽层相连。

(3) 每站的 FG 端子采用三级接地。

(4) 各站的连线可从任何一点进行，与编号、站号无关。

(5) 若 FX$_{2N}$-32CCL 作为最终站，则需在 DA 和 DB 端子间接上一个终端电阻，终端电阻接在 FX$_{2N}$-32CCL 的包装内。

(6) CC-Link 系统中，最大传输传送距离和各站间的距离取决于选择的传输传送速率。

2. 主站与远程设备站 FX$_{2N}$-32CCL 的通信结构

主站与 FX$_{2N}$-32CCL 的通信不仅为开关信息通信(RX 为远程位输入，RY 为远程位输出)，而且可以为数据(字)软元件信息通信(RWr 为远程写专用寄存器，RWw 为远程读专用寄存器)，其基本通信结构如图 3-14 所示。

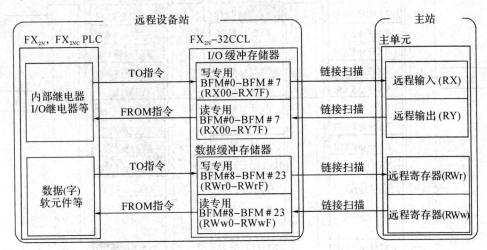

图 3-14 主站与远程设备站 FX$_{2N}$-32CCL 的通信结构图

3.3.3 主站与本地站的通信结构

1. CC-Link 线路连接

主站模块与本地站模块用 CC-Link 双绞屏蔽电缆连接，如图 3-15 所示。

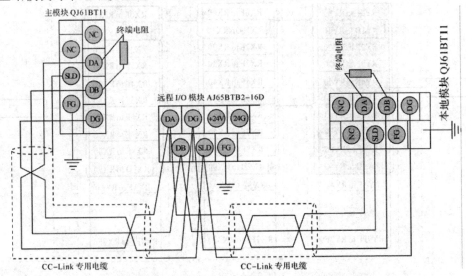

图 3-15 主站模块与本地站模块的 CC-Link 连线图

2. 主站与本地站的通信结构

主站 PLC 和本地站 PLC 的 CPU 之间的通信可以使用远程输入 RX 和远程输出 RY 以及远程寄存器 RWw 和 RWr 以 N∶N 的模式进行，如图 3-16～图 3-19 所示。

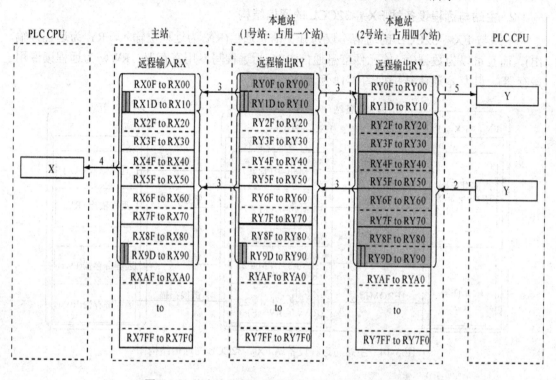

图 3-16　从本地站到主站或其他本地站的开/关数据

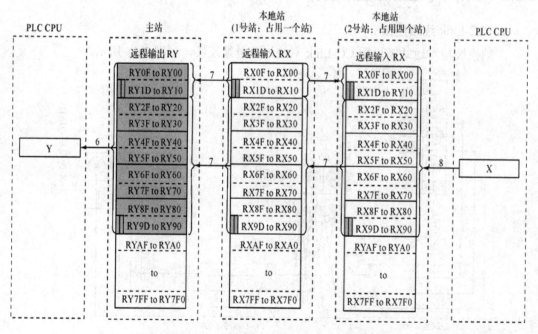

图 3-17　从主站到本地站的开/关数据

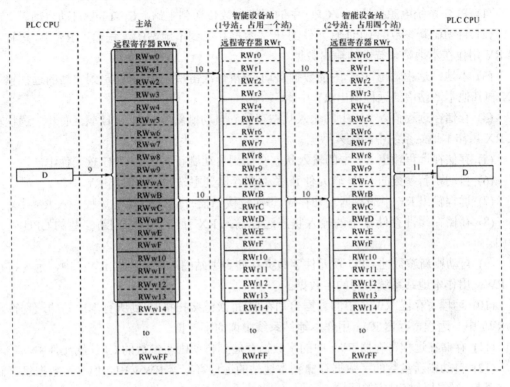

图 3-18   从主站到本地站的字数据

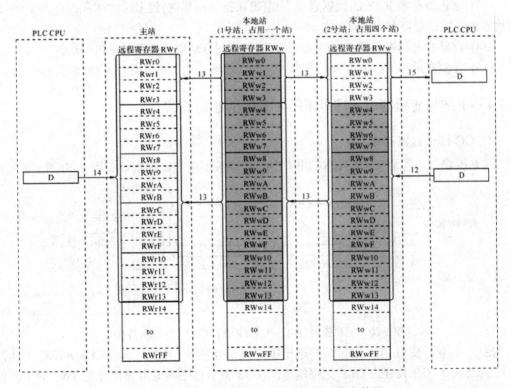

图 3-19   从本地站到主站和其他本地站的字数据

(1) PLC 系统电源接通时，CPU 中的网络参数传送到主站，CC-Link 自动启动。

(2) 自动刷新参数的 CPU 软元件的开/关数据存储到本地站的远程输出 RY 中，远程输出 RY 用作在本地站系统中的输出数据。

(3) 本地站远程输出 RY 中的数据自动存储(每次链接扫描的时候)到主站的远程输入 RX 和其他本地站中的远程输出 RY 中。

(4) 存储在远程输入 RX 中的输入状态存储到自动刷新参数的 CPU 软元件中，远程输入 RX 用作本地站系统中的输入数据。

(5) 存储在远程输出 RY 中的输入状态存储到自动刷新参数的 CPU 软元件中。

(6) 自动刷新参数的 CPU 软元件开/关数据存储到主站的远程输出 RY 中。

(7) 远程输出 RY 中的数据自动存储(每次链接扫描时)到本地站的远程输入 RX 中。

(8) 存储在缓冲存储器中的输入状态远程输入 RX 存储到自动刷新参数的 CPU 软元件中。

(9) 自动刷新参数的 CPU 软元件字数据存储到主站的远程寄存器 RWw 中，远程寄存器 RWw 用作本地站系统中写的字数据。

(10) 远程寄存器 RWw 中的数据自动存储(每次链接扫描时)到所有本地站的远程寄存器 RWr 中，远程寄存器 RWr 用作本地站系统中读的字数据。

(11) 存储在远程寄存器 RWr 中的字数据存储到自动刷新参数的 CPU 软元件中。

(12) 自动刷新参数的字数据存储到本地站的远程寄存器 RWw 中，但是，数据仅存储在与其自己的站号相对应的区域。

(13) 远程寄存器 RWr 的数据自动存储(每次链接扫描时)到主站的远程寄存器 RWr 和其他本地站的远程寄存器 RWw 中。

(14) 存储在远程寄存器 RWr 中的字数据存储到自动刷新参数的 CPU 软元件中。

(15) 存储在远程寄存器 RWw 中的字数据存储到自动刷新参数的 CPU 软元件中。

3.3.4　主站与变频器内置选件 FR-A7NC 的通信结构

1. CC-Link 线路连接

主站模块与内置选件 FR-A7NC 用 CC-Link 双绞屏蔽电缆连接，如图 3-20 所示。

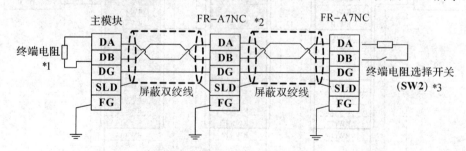

图 3-20　主站模块与内置选件 FR-A7NC 的 CC-Link 连接

图中 *1 表示使用 PLC 附带的终端电阻；*2 表示对于中间单元，将 FR-A7NC 上选择开关 SW2 的 1 和 2 设置为 OFF(无终端电阻)；*3 表示将终端电阻选择开关 SW2 的 1 设置为 OFF 同时将 SW2 的 2 设置 ON 且终端电阻为 130 Ω；将终端电阻选择开关 SW2 的 1 设置为 ON，同时将 SW2 的 2 设置为 ON 且终端电阻为 110 Ω。

2. 主站与变频器内置选件 FR-A7NC 的通信结构

CC-Link 通信启动后，通过自动刷新功能访问缓冲存储器。分配给 CC-Link 系统的 I/O 位(字)数据用来在系统主站 PLC 和变频器间进行通信，如图 3-21 所示。

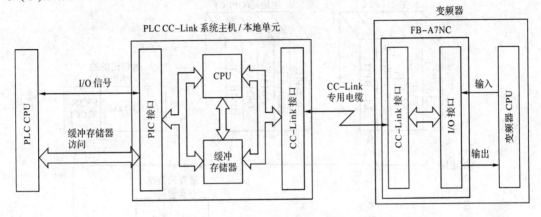

图 3-21　主站与 FR-A7NC 通信结构图

3.4　基于 LPLC 和 QPLC 的 CC-Link 现场总线应用

图 3-22 是设计有 CC-Link 现场总线网络系统的实训箱，实训箱内的设备有 LPLC、QPLC、FX-PLC、三菱变频器 FR-E720、远程 I/O、输出直流 24 V 的开关电源、连接变频器三相电压输出的三相异步电动机和通断电源的断路器。

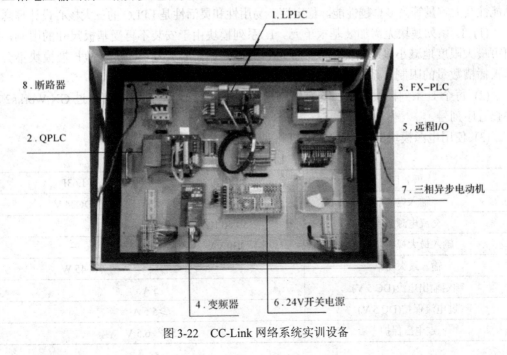

图 3-22　CC-Link 网络系统实训设备

3.4.1　实训箱中 CC-Link 现场总线网络系统

CC-Link 总线网络系统结构如图 3-23 所示，系统由主站 LPLC、本地站 QPLC、远程设备站 FX-PLC、远程设备站(变频器)和远程 I/O 组成。

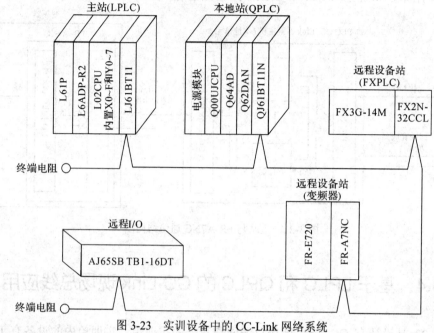

图 3-23　实训设备中的 CC-Link 网络系统

1. 配置主站/本地站模块 LJ61BT11 的 LPLC

新型 L 系列 PLC(LPLC)是三菱大中型 PLC 系列产品在小巧的机身中集成了高性能、多功能性及大容量等诸多卓越性能。稳定性、易用性和灵活性是 LPLC 的三大核心设计理念。

(1) L 系列模块无需加装基板单元。L 系列模块由于安装不再受基板尺寸的限制，因而可最大限度地减小系统所需的安装空间；此外，由于省去基板单元，故扩展模块不会受基板插槽数量的限制，系统成本有所下降。

(2) 每个 L 系列模块的正面均有序列号。即使在系统运行期间也可通过 GX Works2 软件查看序列号。

(3) 使用电源模块 L61P 或 L63P 规格见表 3-14。

表 3-14　LPLC 电源模块规格

项　目	L61P	L63P
输入电源	AC100～240 V	DC24 V
交流电源频率	50/60 Hz	—
输入最大视在功率	130 VA	—
输入最大功率		45 W
额定输出电流(DC 5 V)	5 A	
过电流保护(DC 5 V)	≥5.5 A	
过电压保护	5.5～6.5 V	

(4) 使用 RS232 适配器。适配器 L6ADP-R2 可以与 RS232 兼容的外围设备连接，最大传送速率为 115.2 kb/s，重量为 0.1 kg。

(5) LCPU 内置 USB 和以太网接口。采用内置 USB2.0 或以太网接口即可实现与安装站点的直接连接，该以太网接口支持通过交叉型或直连型 LAN 电缆实现直接连接，无需对 PLC 或个人计算机进行任何配置即可运行。内置以太网功能见表 3-15。

表 3-15　内置以太网功能规格

项　目		规　格
传送规格	数据传送速率	100/10 Mb/s
	通信模式	全双工/半双工
	传送方法	基带
	路由器与节点间的最大距离	100 m
	节点最大连接数　10BASE-T	连接级数最大 4 段
	100BASE-TX	连接级数最大 2 段
连接数	TCP/IP	总共 16 个，用于串行通信、MELSOFT 连接及 MC 协议，FTP 占用一个连接数
	UDP/IP	
使用的电缆	对于 10BASE-T 连接	符合以太网标准的三类或三类以上电缆
	对于 100BASE-TX 连接	符合以太网标准的五类或五类以上电缆

(6) LCPU 内置 I/O 功能。LCPU 均标配了 24 点内置 I/O，这些 I/O 相当于单独模块，通过编程软件 GX Works2 的参数设定可轻松设置内置 I/O 功能。LCPU 的内置 I/O 功能见表 3-16。

表 3-16　LCPU 的内置 I/O 功能

功　能	控 制 范 围
定位	0～2 轴 输入信号：0～6 点(点/轴)(根据设置而定) 输出信号：2～3 点(点/轴)(根据设置而定)
高速计数器	0～2 通道 输入信号：0～5 点(点/轴)(根据设置而定) 输出信号：0～2 点(点/轴)(根据设置而定)
脉冲捕捉	0～16 点(输入信号)
中断信号	0～16 点(输入信号)
通用输入	0～16 点(输入信号)
通用输出	0～8 点(输出信号)

CPU 内置 I/O 功能中的输入信号、输出信号分配分别见表 3-17 和表 3-18。

表 3-17　LCPU 内置 I/O 输入信号分配

外部输入信号	功　能				
	通用输入	中断输入	输入脉冲捕捉	高速计数器	定　位
X0(高速)	k	k	k	通道 1A 相	×
X1(高速)	k	k	k	通道 1B 相	×
X2(高速)	k	k	k	通道 2A 相	×
X3(高速)	k	k	k	通道 2B 相	×
X4(高速)	k	k	k	通道 1Z 相	轴 1 零点信号
X5(高速)	k	k	k	通道 2Z 相	轴 2 零点信号
X6(标准)	k	k	k	通道 1 功能输入信号	轴 1 外部指令信号
X7(标准)	k	k	k	通道 2 功能输入信号	轴 2 外部指令信号
X8(标准)	k	k	k	通道 1 锁存计数器输入信号	轴 1 驱动模块就绪信号
X9(标准)	k	k	k	通道 2 锁存计数器输入信号	轴 2 驱动模块就绪信号
XA(标准)	k	k	k	×	轴 1 近点 DOG 信号
XB(标准)	k	k	k	×	轴 2 近点 DOG 信号
XC(标准)	k	k	k	×	轴 1 上限信号
XD(标准)	k	k	k	×	轴 2 上限信号
XE(标准)	k	k	k	×	轴 1 下限信号
XF(标准)	k	k	k	×	轴 2 下限信号

注：k——可选；×——不可组合。

表 3-18　LCPU 内置 I/O 输出信号分配

外部输出信号	功　能		
	通用输出	高速计数器	定　位
Y0	k	通道 1 一致输出信号 1	×
Y1	k	通道 2 一致输出信号 1	×
Y2	k	通道 1 一致输出信号 2	轴 1 偏差计数器清零信号
Y3	k	通道 2 一致输出信号 2	轴 2 偏差计数器清零信号
Y4	k	×	轴 1 CW/脉冲/A 相
Y5	k	×	轴 2 CW/脉冲/A 相
Y6	k	×	轴 1 CCW/信号/B 相
Y7	k	×	轴 2 CCW/信号/B 相

注：k——可选；×——不可组合。

(7) L02CPU 集成了大容量储存器。软元件 I/O 点数 8192 点(X/Y0~X/Y1FFF)，内部继电器 M0~M8191 共 8192 点，锁存寄存器 L0~L8191 共 8192 点，定时器 T0~T2047 共

2048 点，计数器 C0～C1023 共 1024 点，数据寄存器 D0～D12287 共 12 288 点，步进继电器 S0～S8191 共 8192 点，链接继电器 B0～B1FFF 共 8192 点，链接寄存器 W0～W1FFF 共 8192 点，链接特殊继电器 SB0～SB7FF 共 2048 点，链接特殊寄存器 SW0～SW7FF 共 2048 点以及报警器 F2048 点等。

(8) 具有 RAS 功能。RAS 即可靠性、可用性、适用性，RAS 的一个重要特点是将所有远程站的出错记录保存在主站的锁存区内，即使发生断电，远程站的出错信息也不会丢失，从而方便故障检修。此外，RAS 还具有网络事件和设备出错记录功能以及测试和监控功能。

(9) 配置能与各种设备类型连接的 CC-Link 模块。

LJ61BT11 是三菱 CC-Link 主站/本地站模块，最大传送速率高达 10 Mb/s，不带中继器时最大传送距离可达 1200 m，具有备用主站功能和本地站传送速率自动跟踪功能。CC-Link Ver.2 主站的链接点数远程 I/O 可达 8192 点，远程寄存器可达 2048 点，站点的最大连接数可达 64 个。可通过 CC-Link 连接各种类型的网络兼容设备，从而构建一个工业控制系统。

2. 配置主站/本地站模块 QJ61BT11N 的 QPLC

Q 系列 PLC(QPLC)是三菱公司从原 A 系列 PLC 基础上发展起来的大中型 PLC 系列产品，Q 系列 PLC 采用了模块化的结构形式，系列产品的组成与规模灵活可变，最大输入输出点数达到 4096 点；最大程序存储器容量可达 2.52×10^5 步，采用扩展存储器后可以达到 3.2×10^7 步；基本指令的处理速度可以达到 34 ns/基本指令；性能居世界领先水平，适合各种中等复杂机械、自动生产线的控制场合。

Q 系列 PLC 的基本组成包括基板、电源模块、CPU 模块、AD 模块、DA 模块和 I/O 模块等。通过扩展基板与 I/O 模块可以增加 I/O 点数；通过扩展储存器卡可增加程序储存器容量；通过各种特殊功能模块可提高 PLC 的性能，扩大 PLC 的应用范围。Q 系列 PLC 可以实现多 CPU 模块在同一基板上的安装，CPU 模块间可以通过自动刷新来进行定期通信或通过特殊指令进行瞬时通信，以提高系统的处理速度。特殊设计的过程控制 CPU 模块与高分辨率的模拟量 I/O 模块，可以适合各类过程控制的需要；最大可以控制 32 轴的高速运动控制 CPU 模块，可以满足各种运动控制的需要。Q 系列 PLC 的 CC-Link 模块主要有 QJ61BT11(Ver.1)和 QJ61BT11N(Ver.2)模块。

3.4.2　实训项目——CC-Link 现场总线控制系统的运行

1. 实训目的

(1) 了解 CC-Link 现场总线控制系统的结构。

(2) 了解 CC-Link 现场总线的通信原理。

(3) 学会 CC-Link 现场总线控制系统的硬件连接与参数设置。

(4) 学会使用编程软件编写通信控制程序。

(5) 掌握现场总线控制系统联机调试的方法。

2. 实训内容

在实训箱内的 CC-Link 网络中，LPLC 为主站，FX3G 初始站号为 1 号站(占 3 站)，远程 I/O 站为 4 号站(占 1 站)，QPLC 初始站号为 5 号站(占 2 站)，变频器站号为 7 号站(占

1 站)，传输速率为 625 kb/s。

1) FX3G、远程 I/O、QPLC、变频器站号和传输速率的设置

(1) FX3G 的 CC-Link 模块 FX$_{2N}$-32CCL 站号、站数和传输速度的设置如图 3-24 所示。

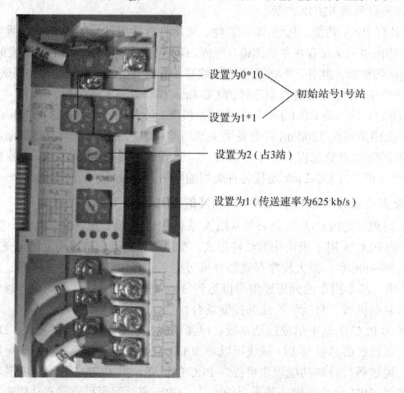

图 3-24　FX$_{2N}$-32CCL 站号、站数和传输速率的设置

(2) 远程 I/O AJ65SBTB1-16DT 的站号和传输速率的设置如图 3-25 所示。

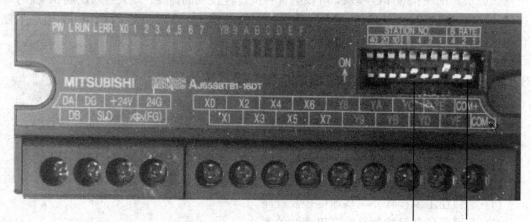

图 3-25　AJ65SBTB1-16DT 站号和传输速率的设置

(3) QPLC(Q00UJCPU)的 CC-Link 模块 QJ61BT11N 站号和传输速率的设置如图 3-26 所示。

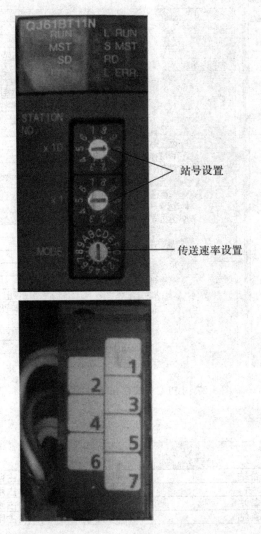

图 3-26　QJ61BT11N 站号和传输速率的设置

(4) 变频器 FR-E720 的参数号 Pr.542 = 7，设置变频器为 7 号站，参数号 Pr.543 = 1 设置传输速率为 625 kb/s。

2) 设置 LPLC 主站的 CC-Link 网络参数

L02CPU 由于内置 24 点 I/O(16 点 X 和 8 点 Y)，配置 CC-Link 模块 LJ61BT11 的 I/O 地址为 0010H～002FH(网络模块占 32 点 I/O)，因此图 3-27 起始 I/O 号为 0010；LPLC 的站号(主站为 0 号站)和传送速率(度)625 kb/s(kbps)在网络参数中设置。该实训箱中的 CC-Link 网络共有五个设备，主站 LPLC 带有 4 个设备，即 FX3G 为远程设备站，远程 I/O 为远程 I/O 站，QPLC 为智能设备站即本地站，变频器为远程设备站，其站信息设置如图 3-28 所示。

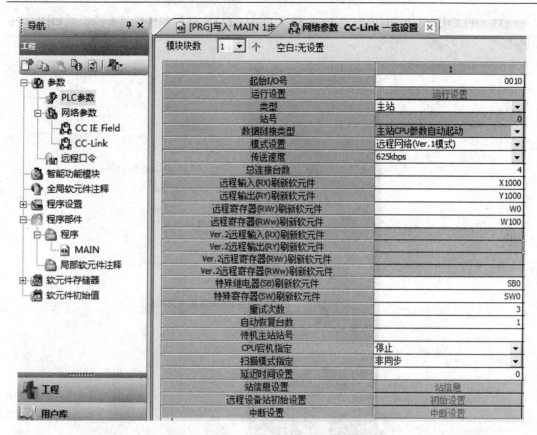

图 3-27　LPLC 的 CC-Link 主站网络参数

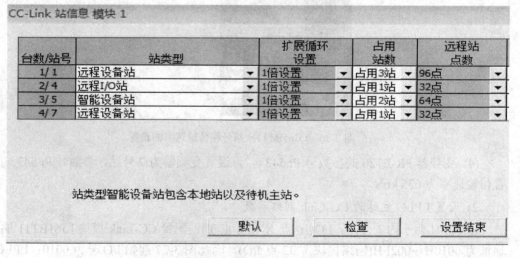

图 3-28　主站网络参数设置中的站信息设置

3) 设置 QPLC 本地站的 CC-Link 网络参数

QPLC 由 Q00UJCPU、Q64AD 数模转化模块、Q62DAN 模数转化模块和 CC-Link 模块 QJ61BT11N 构成。Q64AD 和 Q62DAN 为 16 点 I/O，因此分配的 I/O 地址分别为 0000H～000FH 和 0010H～001FH，故作为本地站的网络模块 QJ61BT11N 分配的 I/O 地址为 0020H～

003FH，所以图 3-29 的起始 I/O 号为 0020。新建智能功能模块 Q64AD(如图 3-30 所示)和
Q62DAN(如图 3-31 所示)，两个智能功能模块的开关和参数根据控制要求设置。

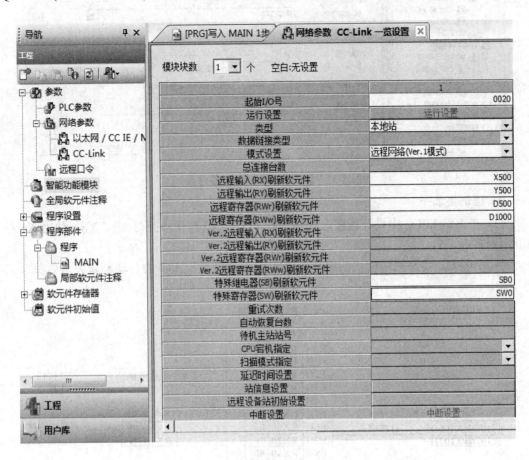

图 3-29　QPLC 本地站的网络参数设置

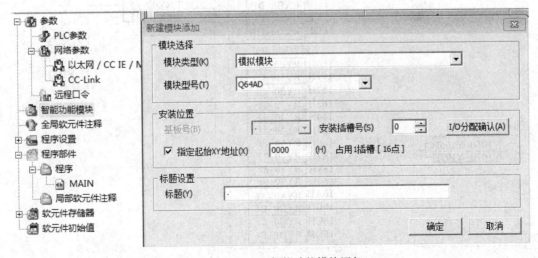

图 3-30　Q64AD 智能功能模块添加

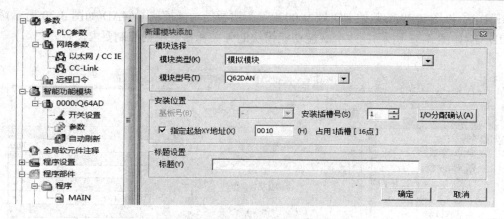

图 3-31　Q62DAN 智能功能模块添加

4) 控制要求一

(1) 在主站 LPLC 中设计程序，使用远程 I/O 的 X0 按钮点亮灯 Y_C、Y_D，使用 X1 按钮熄灭灯 Y_C、Y_D。

主站 CPU、主站网络模块的缓冲存储器和 4 号站远程 I/O 的自动刷新关系如图 3-32 所示。

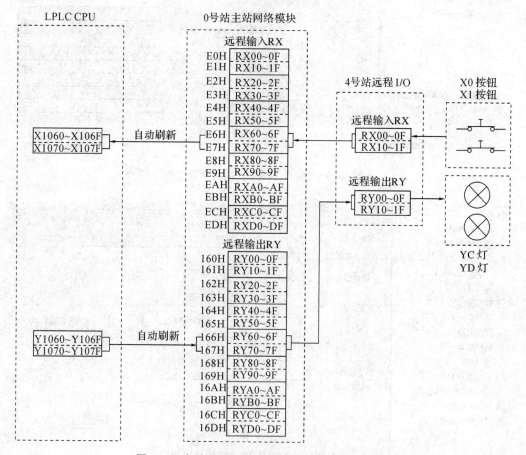

图 3-32　主站和远程 I/O 的 RX/RY 自动刷新关系

　　根据控制要求，设置主站 CPU 内的顺控程序如图 3-33 所示，由此可实现使用远程 I/O 的 X0 按钮点亮灯 Y_C、Y_D，使用 X_1 按钮熄灭灯 Y_C、Y_D。

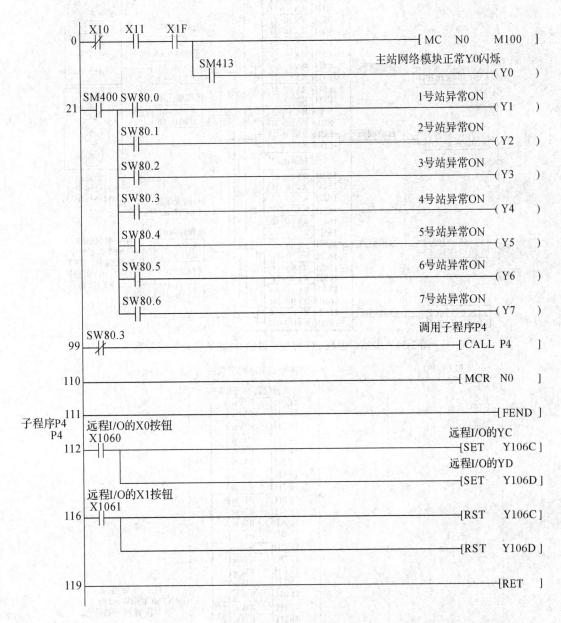

图 3-33　主站 CPU 内的顺控程序

　　(2) 在主站 LPLC 中设计程序，使用三个按钮控制变频器的起停，即按钮 X4 正转启动电机，按钮 X5 反转启动电机和按钮 X6 停机，用三只指示灯监视变频的状态，即 Y8 显示变频器正在正转，Y9 显示变频器正在反转及 YA 显示变频器正在运行，并在梯形图程序中设置数据，使用按钮 X7 设置变频器远程传送频率为 30 Hz。

　　主站 CPU、主站网络模块的缓冲存储器、4 号站远程 I/O 和 7 号站变频器 FR-A7NC 自动刷新的关系如图 3-34 和图 3-35 所示。

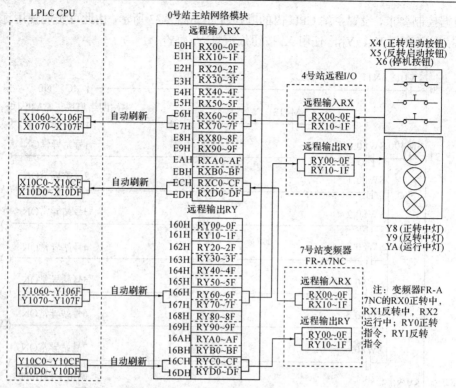

图 3-34　主站、远程 I/O 和变频器的 RX/RY 自动刷新关系

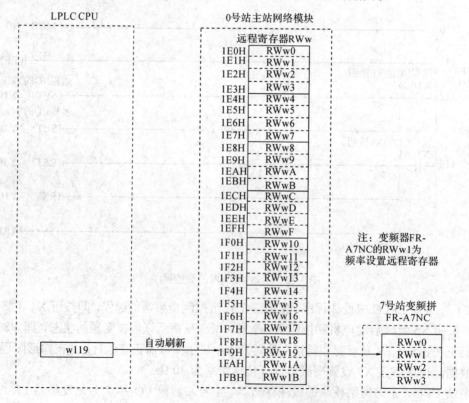

图 3-35　主站和变频器的 RWw 自动刷新关系

　　根据控制要求，设置主站 CPU 内的顺控程序如图 3-36 所示，由此即可实现使用远程 I/O 的 X4、X5 和 X6 按钮起停变频器，使用远程 I/O 的 Y8、Y9 和 YA 指示灯监视变频器运行状态，并且使用按钮 X7 远程设置变频器频率。

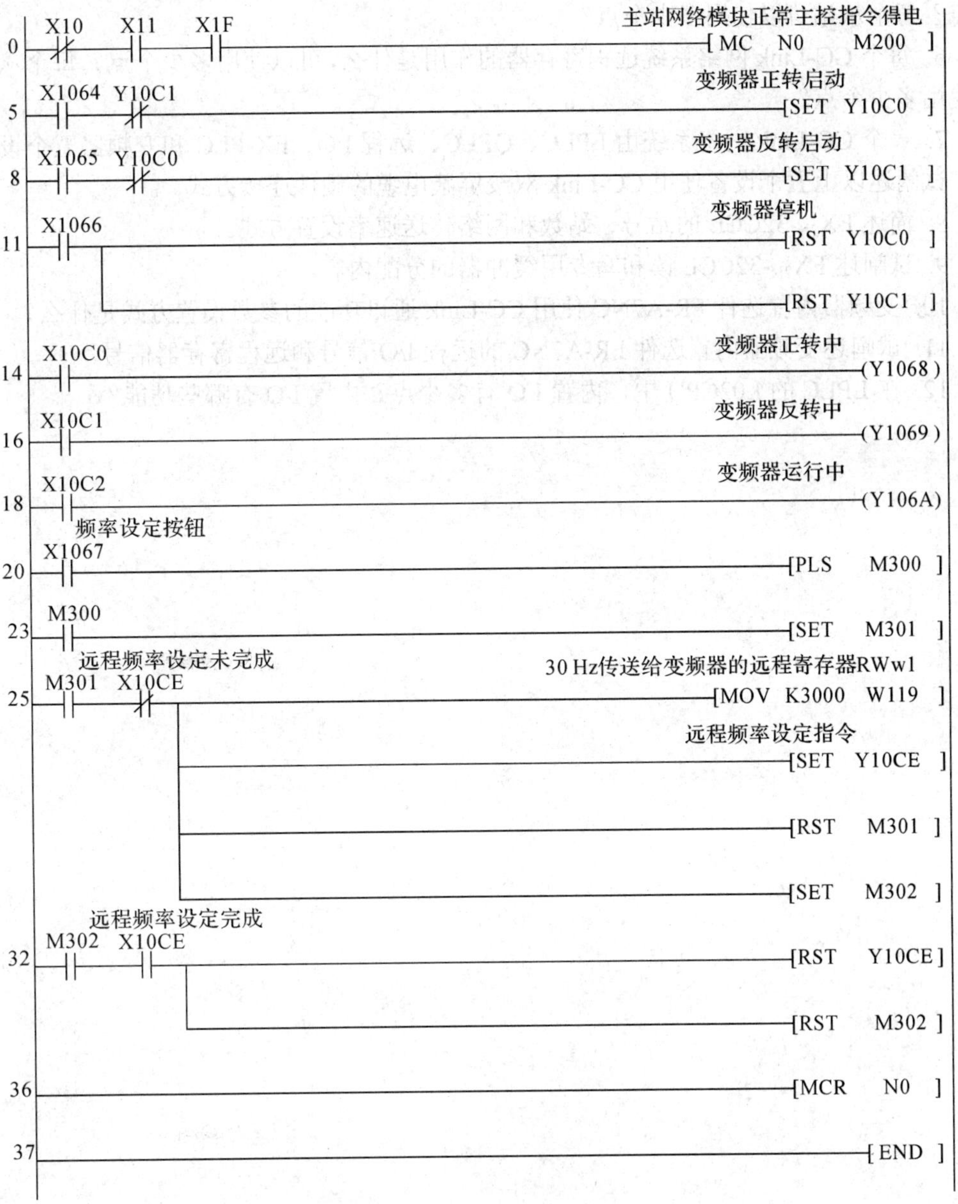

图 3-36　主站 CPU 内的顺控程序

思考题与练习题

1. 简述 CC-Link 现场总线网络系统的特点。
2. 在 CC-Link 中，站类型可以分几类？每种站类型各有什么特点？

3. 试简述 QPLC 的 CC-Link 网络模块 QJ61BT11 的 LED 显示器名称和开关内容。

4. 试简述 QPLC 的 CC-Link 网络模块 QJ61BT11 的缓冲存储器分配情况。

5. 每个 CC-Link 网络系统远程输入 RX 和远程输出 RY 的作用是什么，可以使用多少个点？每个从站可以使用多少个点？

6. 每个 CC-Link 网络系统远程寄存器的作用是什么，可以使用多少个点？每个从站可以使用多少个点？

7. 一个 CC-Link 网络系统由 LPLC、QPLC、远程 I/O、FX-PLC 和变频器五个设备构成，试阐述以上五个设备使用 CC-Link 双绞屏蔽电缆的硬件连接方式。

8. 简述 FX_{2N}-32CCL 的站号、站数和网络传送速率设置方式。

9. 试阐述 FX_{2N}-32CCL 读和写专用缓冲器的分配内容。

10. 变频器内置选件 FR-A7NC 使用 CC-Link 通讯功能的参数设置方式是什么？

11. 试阐述变频器内置选件 FR-A7NC 的远程 I/O 信号和远程寄存器信号。

12. 在 LPLC 的 L02CPU 中，内置 I/O 有多少点？内置 I/O 有哪些功能？

第 4 章 PROFIBUS 现场总线

4.1 PROFIBUS 概述

4.1.1 PROFIBUS 简介

PROFIBUS 是 Process Fieldbus 的缩写，是工厂自动化和工艺自动化的国际现场总线标准，广泛应用于制造自动化(汽车制造、装瓶系统、仓储系统)、工艺自动化(石化、造纸、纺织工业企业)、楼宇自动化(采暖空调系统)、交通管理自动化、电子工业及电力输送等行业，在可编程控制器、传感器、执行器、低压开关等设备之间传输数据信息，并承担各种控制网络任务。

PROFIBUS 主要包含 PROFIBUS-DP(Process Fieldbus-Decentralized Periphery)、PROFIBUS-FMS(Process Fieldbus-Fieldbus Message Specification)、PROFIBUS-PA(Process Fieldbus-Process Automation)三个子集，以满足工厂网络中的多种应用需求，如图 4-1 所示。

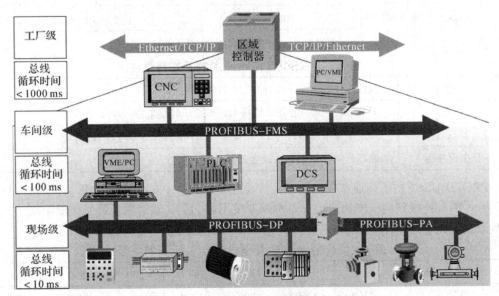

图 4-1 PROFIBUS 在工厂网络中的应用

PROFIBUS 的三个子集分别具有以下特点：

(1) PROFIBUS-DP(简称 DP)是专门为自动控制系统与设备级分散 I/O 之间的通信而设计的，用于分布式控制系统设备间的高速数据传输，使用 PROFIBUS-DP 可取代 24 V DC 或 4~20 mA 信号传输。

(2) PROFIBUS-FMS(简称 FMS)适用于承担车间级通用性数据通信，可提供通信量大的相关服务，完成中等传输速度的周期性和非周期性通信任务。

(3) PROFIBUS-PA(简称 PA)是专门为过程自动化而设计的，采用 IEC1158-2 中规定的通信规程，适用于安全性要求较高的本质安全应用，及需要总线供电的场合。

如图 4-2 所示，PROFIBUS 的 DP 和 FMS 都使用 RS485 作为物理层的连接接口。该网络的物理连接为 A 型电缆，采用屏蔽的单对双绞线。RS485 连接简单，允许在总线上增加或减少节点，分段访问不会影响其他节点的操作。RS485 传输技术的基本特性如表 4-1 所示。

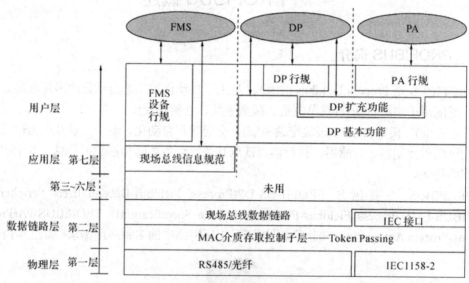

图 4-2　PROFIBUS 通信参考模型

表 4-1　RS485 传输技术的基本特性

网络拓扑	线性总线，两端连接有源的总线终端电阻
介质	屏蔽双绞电缆，也可取消屏蔽，取决于环境条件
节点数	每段不带中继器时为 32 个节点，带中继器时最多可达 127 个站
插头连接器	最好为 9 针 D 型插头连接器

PROFIBUS 适用于高速数据传输，其传输速率范围为 9.6 kb/s～12 Mb/s。设备一旦投入运行，所有连接到同一网络段的设备都需要使用相同的传输速率。信号传输距离的最大长度取决于传输速率(波特率)，两者的关系如表 4-2 所示。

表 4-2　传输速率与 A 型电缆传输距离的关系

传输速率/(kb/s)	9.6	19.2	93.75	187.5	500	1500	12 000
距离/m	1200	1200	1200	1000	400	200	100

当 PROFIBUS 系统应用于高电磁干扰环境时，可选用光纤作为信号传输的载体，以抵抗电磁干扰的影响，进而增加高速传输的最大距离。可将 RS485 信号通过专用总线插头转换成光纤信号或将光纤信号转换成 RS485 信号，RS485 和光纤传输可以很容易地在同一系统上使用。

4.1.2　PROFIBUS 的组成

PROFIBUS-DP、PROFIBUS-FMS、PROFIBUS-PA 三个子集构成了传统意义上的 PROFIBUS 系统。

PROFIBUS-FMS 侧重于车间级较大范围的报文交换,主要定义了主站与主站之间的通信功能。在信息交换应用层面,PROFIBUS-FMS 可以定义多主站系统之间统一的通信报文规范,满足车间或装配线层面的实时控制任务,重点为车间控制提供广泛的中速、周期和非周期通信服务。

PROFIBUS-DP 主要面向工厂现场层应用,用于完成可编程控制器、自动控制装置、传感器和执行器等快速可靠的通信任务。它的网络传输速率可达 12 Mb/s,可以建立一个或多个主站系统。DP 应用在整个 PROFIBUS 应用中占绝大部分比例,代表了 PROFIBUS 技术的本质和特点。因此,PROFIBUS-DP 有时被用于代指 PROFIBUS。PROFIBUS-DP 有随历史发展而形成的三个版本,即 DP V0、DP V1、DP V2。

DP V0——定义了周期性数据交换所需的基本通信功能,并提供用于 PROFIBUS 的数据链路层 DDL 的基本技术描述,以及站点诊断、模块诊断和通道特定诊断。

DP V1——包含了基于过程自动化需求的附加功能,特别是用于参数分配、操作、智能现场设备可视化和警报处理(类似于循环用户数据通信)的非周期数据通信和更复杂类型的数据传输。DP V1 有三种警报类型:状态警报、刷新警报和制造商专用警报。

DP V2——包括根据驱动技术的需求而增加的其他功能,如同步从站模式(实现运动控制中时钟同步的数据传输)、从站对从站通信、驱动器设定值的标准化配置等等。

为了解决过程自动化控制中大量本质上安全的通信和传输问题,PROFIBUS International Organization 在 DP 之后专门推出了 PROFIBUS-PA,其物理层采用 IEC1158-2 标准,与 PROFIBUS-FMS 和 PROFIBUS-DP 完全不同。PROFIBUS-PA 可支持母线供电,具有基本的安全特性,通信速率固定在 31.25 kb/s,主要用于对防爆安全要求高、通讯速率慢的过程控制场合,如石油化工企业的过程控制。

需要指出的是,最早的 PROFIBUS-FMS 规范未被纳入 IEC61158 国际标准,目前仍保留在 EN50170 中。目前 FMS 的市场份额非常小,已经被基于工业以太网的产品所取代,只有 PROFIBUS-DP 和 PROFIBUS-PA 被列入 IEC61158 国际标准中。

近年来,PROFIBUS 家族引入了一些重要的新规则。

(1) PROFIdrive。PROFIdrive 主要应用于运动控制方面,如用于各种变频器和精密动态伺服控制器的数据传输通信。

(2) PROFIsafe。对于控制可靠性要求特别关键的应用,如核电站和快速制造设备的关键控制,PROFIsafe 提供了严格的通信保障机制。

(3) PROFINET。随着以太网技术由企业网络的上层向下层渗透,为方便地实现信息集成,PROFIBUS 国际组织又发展了建立在交换式以太网和 TCP/IP 协议基础上的 PROFINET。严格地说,PROFINET 的通信协议实际上与 PROFIBUS 固有的令牌通信机制有本质的不同,不能冠以 PROFI 的代称。但是,PROFINET 是 PROFIBUS 向工业以太网方面发展的重要一步,它使用了大量 PROFIBUS 固有的用户界面规范,且充分考虑了与原有的 PROFIBUS 产品的兼容和互联,因此也被看做是 PROFIBUS 家族中的一个子集。

除此之外，为满足各个特殊行业用户的需求，PROFIBUS 国际组织正在制定和完善如表 4-3 所示的几种特殊用户界面规范。

表 4-3　PROFIBUS 拟定中的新行规

行　规	功能描述或定义
PA devices	为在过程自动化中的 PROFIBUS 上工作的过程工程设备规定设备特性
Robots/NC	描述怎样通过 PROFIBUS 来控制加工和装配的自动机械设备
Panel devices	描述人机界面(HMI)设备与高层自动化部件的接口
Encoders	描述具有单圈或多圈分辨率的旋转编码器、角编码器和线性编码器的接口
Fluid power	描述在 PROFIBUS 上工作的液压驱动器的控制
SEMI	描述在半导体制造中使用的 PROFIBUS 设备的特性(SEMI 标准)
Low-Voltage switchgear	定义在 PROFIBUS-DP 上工作的低压开关设备(切断开关，马达启动器等)的数据交换
Dosage/weighing	描述在 PROFIBUS-DP 上的称重和计量系统的实现
Ident systems	描述用于标志用途的设备(如条形码，发送-应答器)之间的通信
Liquid pumps	实现在液压泵上的 PROFIBUS-DP 通信，符合德国机械制造商协会标准
Remote I/O for PA devices	适用于远程 I/O 在总线操作中的不同设备模型和数据类型

4.1.3　PROFIBUS 的通信参考模型

PROFIBUS 以 ISO/OSI 开放系统互连模型为参考。PROFIBUS 的 FMS、DP、PA 这三个部分的通信参考模型及其相互关系如图 4-2 所示。由图可知，PROFIBUS-DP 采用通信参考模型的第一层、第二层和用户界面，省略了第三～七层，这种简化结构的优点是数据传输速率快、效率高。第一层为物理层，提供 RS485 传输技术或光纤传输。第二层为现场总线数据链路层 FDL(Fieldbus Data Link)，采用基于令牌传递的主从分时轮询协议，使总线接入控制完善，数据传输可靠。用户层指定用户、系统和不同设备可以调用的应用程序功能，以便直接调用第三方应用程序，并详细描述各种 PROFIBUS-DP 的设备行为。

PROFIBUS-FMS 的通信参考模型定义了第一层、第二层和第七层。PROFIBUS-FMS 和 PROFIBUS-DP 的第一层和第二层是相同的，采用与 PROFIBUS-DP 相同的传输技术和统一的总线访问协议。这两个系统可以同时在同一条电缆上运行。物理层通过 RS485 或光纤连接。PROFIBUS-FMS 的第七层，即应用层是现场总线报文规范(Fieldbus Message Specification，FMS)。FMS 包括应用协议，并为用户提供可广泛使用的强大的通信服务。

PROFIBUS-PA 在数据链路层采用基于扩展令牌传递的主从分时轮询协议，与 DP 基本相同。与 FMS 和 DP 不同的是，PROFIBUS-PA 的物理层采用相同的 IEC1158-2 标准作为基础总线，通信信号由曼彻斯特编码，传输速率为 31.25 kb/s，支持总线供电及通过通信电缆向设备供电，具有本质的安全特性。由于物理层的不同，必须通过耦合器连接

PROFIBUS-PA 和 PROFIBUS-DP 网络，如图 4-3 所示。通过耦合器，PROFIBUS-PA 设备可以很容易地集成到 PROFIBUS-DP 网络中。

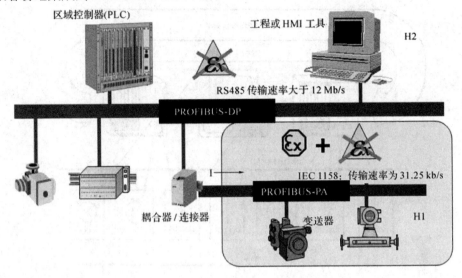

图 4-3　由耦合器连接的 PA 与 DP 网段

4.1.4　PROFIBUS 的主站与从站

一个简单的 PROFIBUS 系统由三个不同的站点组成。

一类主站：指能够控制多个从站，完成总线通信控制和管理的设备，如 PLC、PC 等，可作为主站使用。

二类主站：指能够管理一类主站配置数据和诊断数据的设备，具有一类主站通信能力，可完成各主站的数据读写、系统配置、监控和故障诊断，如编程器操作员工作站、操作员界面等。

从站：提供 I/O 数据，并将数据分配给一类主站的现场设备。它还可以提供非周期挖掘，如警报。从站在主站控制下完成配置、参数修改和数据交换。从站由主站寻址，接收主站指令，根据主站指令驱动 I/O，并将 I/O 输入和故障诊断信息返回主站。具有 PROFIBUS 接口的驱动器、传感器、执行器和其他 I/O 现场设备都是从站。

4.1.5　PROFIBUS 总线访问控制的特点

PROFIBUS 的 DP、FMS 和 PA 均采用单总线访问控制模式。PROFIBUS 的总线访问控制包括主站和从站之间的令牌传输模式，如图 4-4 所示。在任何时候，必须确保只有一个站点可以发送数据。在复杂自动化系统的主站之间进行通信时，必须保证任何一个站都可以在一定的时间间隔内完成通信任务。对于从站，应尽可能快速、简单地完成实时数据传输。

PROFIBUS 使用的是实令牌，即令牌是一种特殊的消息。令牌仅在主站之间通信时使用，使用时需预先规定所有主站一个周期的最长时间。控制主站之间通信的令牌传输程序应确保每个主站在指定的时间间隔内获得令牌及总线访问权限。令牌环是所有主站的组织链，根据主站地址构成逻辑环。在逻辑环中，令牌在指定的时间内按地址的升序在每个主站中传递。

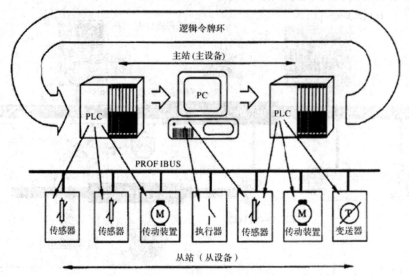

图 4-4　令牌传递与主从通信

主站与从站之间采用主从通信方式。主站在获得令牌时可以与从站通信，每个主站可以从从站发送或请求信息。

通过令牌逻辑环和主站之间的主从通信，可以将系统配置为纯主站系统、主从系统及混合系统。

图 4-4 中的三个主站构成一个令牌逻辑环。当获得令牌时，主站可以在一定时间内执行主站的任务。在此期间，主站可以根据主从关系表与所有从站进行通信，还可以根据主控关系表与所有主站通信。

当 PROFIBUS 系统初始化时，应在总线上进行站点分配并建立逻辑回路。令牌的循环方向和每个主令牌的保持时间取决于系统配置的参数。在总线运行期间，令牌应以地址升序的方式在主站之间传输。必须从逻辑环中移除掉电或损坏的主站，并确保新的主站上电后能够添加到逻辑环中。此外，应监控传输介质和收发器是否损坏，并及时检测出站点地址错误(如地址复制)和令牌错误(如多个令牌或令牌丢失)。

PROFIBUS 通信的另一个重要任务是确保数据传输的正确性和完整性。根据国际标准 IEC870-5-1 的要求，现场总线使用特殊的起止分隔符来检查每个字节的奇偶性。为了保证数据的可靠传输，PROFIBUS 现场总线采用了距离 HD 等于 4 的汉明码纠错等措施。

4.2　PROFIBUS 的通信协议

4.2.1　PROFIBUS 的物理层及其网络连接

1. RS485 的物理连接

RS485 是现场总线系统中最常见的物理连接方式，用于 PROFIBUS-DP 和 PROFIBUS-FMS

的物理层，采用平衡差分传输方式，在屏蔽双绞线上传输大小相同、方向相反的通信信号，以减弱工业现场的噪声。系统采用总线式拓扑结构，数据传输速率可选，从 9.6 kb/s 到 12 Mb/s，每个网段最大可接入设备数为 32 台，每个网段最大长度为 1200 m。当设备数大于 32 台或超出扩展网络范围时，系统通过继电器可以实现不同网段的连接。

1) 连接电缆技术参数

PROFIBUS-DP 使用两种不同类型的电缆——A 型电缆和 B 型电缆，技术特性如表 4-4 所示。B 型电缆是早期使用的一种产品，现在基本不再使用。近年来，新安装的系统均使用性能较好的 A 型电缆，其外层颜色通常为紫色。

表 4-4 PROFIBUS 的电缆特性

技术参数	A 型电缆	B 型电缆
特征阻抗	135～165 Ω	100～130 Ω
单位长度电容	< 30 pF/m	< 60 pF/m
回路电阻	110 Ω/km	
缆芯直径	0.64 mm	0.32 mm
缆芯截面织	> 0.34 mm^2	> 0.22 mm^2

2) 线缆连接器

在 RS485 总线电缆上，主要采用 9 针 D 型连接器，以满足 IP20 防护等级要求。D 型连接器分为插头和插座，插座在总线站侧，插头与 RS485 电缆连接。9 针 D 型接头中各管脚的功能如表 4-5 所示。

表 4-5 9 针 D 型接头管脚的定义

编号	脚 名	功 能
1	Shield	屏蔽层保护地
2	M24	24 V 输出电压(−)
3	RxD/TxD-P	数据接收/发送线+B 线
4	CNTR-P	中继器控制(+)
5	DGND	数字地即 0 电位
6	VP	终端器电阻供电端(+5V)
7	P24	24 V 输出电压(+)
8	RxD/TxD-N	数据接收/发送线−A 线
9	CNTR-N	中继器控制(−)

PROFIBUS 的 RS485 总线电缆由一对双绞线组成，这两条数据线通常被视为 A 线和 B 线，B 线对应数据发送/接收的正端，即 RxD/TxD−P(+)脚，A 线对应数据发送/接收的负端，即 RxD/TxD−N(−)脚。在每个典型的 PROFIBUS 的 D 型接头内部，有一个备用终端电阻和两个偏置电阻，电路连接如图 4-5 所示。通道由 D 接头外的微型拨号开关控制，当此开关断开时，端子电阻未连接。

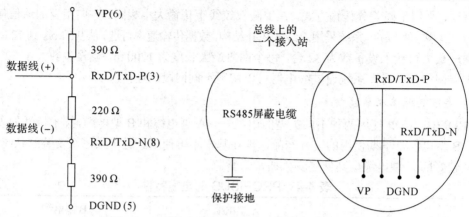

图 4-5　D 型接头的内部电阻及其总线电缆的连接

由于所有与总线相连的设备都处于高阻状态(三态门)，即处于非通信静态状态，这种高阻状态可能导致总线处于不确定的电平状态，以至损坏当前的驱动元件。为了避免这种情况，电路中应对称使用两个 390 Ω 总线偏置电阻。应将 A 和 B 数据线通过这两个总线偏置电阻分别连接到 VP(脚 6，5 V)和 DGND(脚 5)，以使总线的稳定(静态)电平保持在稳定值。

3) DP 信号编码波形

RS485 电缆上的通信信号以字符形式传输，每个字符都有 11 bit 长度，包括起始位 0、八个数据位的起始字符、一个奇偶校验位和一个停止位。信号传输的调制形式为不归零编码(Non-Return to Zero，NRZ)，该编码在线路上的波形如图 4-6 所示。

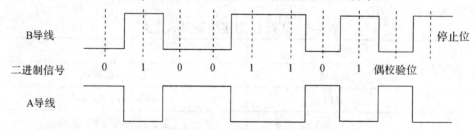

图 4-6　PROFIBUS-DP 上的 NRZ 编码信号

在电缆上高速传输信号的一个常见问题是信号失真。计算表明，电信号在导体上的传播速度可达光速的 2/3 左右(1 m 的传播时间约为 5 ns，1200 m 的传播时间约为 6 μs)。高速传输信号在到达电缆两端后不会产即消失，而是会被"反射"回来，叠加在原来的信号波形上，造成信号失真。为了消除反射信号的影响，采用的方法是在电缆两端连接终端电阻，终端电阻会吸收传输到电缆两端的能量，以避免反射引起的信号失真。

2. PA 总线的物理连接

PROFIBUS-PA 的物理连接采用 IEC61158-2 标准，也称为本安连接方式。通信信号采用曼彻斯特编码，编码中包含时间同步信息。PA 总线采用 31.25 kb/s 的单一固定传输速率，支持总线向现场设备供电，即 2 芯电缆除了传输数字信号外，还为与总线相连的现场设备提供工作电源。PROFIBUS-PA 广泛应用于化工、石油等对电气设备有防爆要求的现场环境中。

1) PA 电缆技术数据

PROFIBUS-PA 的传输介质为屏蔽双绞线,其外层为深蓝色,与 PROFIBUS-DP 专用 RS485 电缆(紫色)不同,且两种电缆的技术特性值不同。PROFIBUS-PA 电缆的具体技术指标见表 4-6。

表 4-6　PROFIBUS-PA 的电缆特性

电缆结构	屏蔽双绞线	电缆结构	屏蔽双绞线
电缆芯截面积(标称值)	0.8 mm$_2$(AWG18)	非对称电容	2 nF/km
回路电阻	44 Ω/km	屏蔽覆盖程度	90%
31.25 kHz 时的波阻抗	100 Ω ± 20%	最大传输延迟(7.9～39 kHz 时)	1.7 μs/km
39 kHz 时的波衰减	3 dB/km	推荐网络长度(包括支线)	1900 m

说明:AWG 为美国线规(American Wire Gauge)。

2) PA 总线的信号编码

与 DP 不同,PROFIBUS-PA 使用曼彻斯特编码,其信号波形如图 4-7 所示。在每个比特时间的中间有一个信号电平的变化,即信号本身携带同步信息,所以不需要发送同步信号。编码的正负电平各占一半,因此信号本身没有直流分量,满足 FISCO(Fieldbus Intrinsically Safe Concept)模型对本安保护的要求。

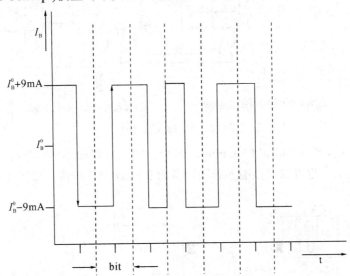

图 4-7　PROFIBUS-PA 的信号编码波形图

3. 光纤连接

光纤适用于强电磁干扰环境,能满足高速远距离信号传输的要求。近年来,随着光纤连接技术的发展,尤其是塑料光纤单向连接器性价比的提高,光纤传输技术在工业现场设备的数据通信中得到了广泛的应用。

1) 光纤特性

光纤的特性因所用材料的类型而异。目前玻璃光纤的连接距离可达 15 km,普通塑料光纤的连接距离可达 80 m,具体参数见表 4-7。

表 4-7　光纤的传输范围

光纤类型	特　　性	光纤类型	特　　性
多模玻璃光纤	中等规模, 传输范围为 2~3 km	塑料光纤	小规模, 传输范围小于 80 m
单模玻璃光纤	大规模, 传输范围大于 15 km	PCS/HCS 光纤	中小规模, 传输范围约为 500 m

2) 光纤的网络连接

PROFIBUS 的光纤网络连接采用环型或星型拓扑结构。使用光纤的另一个重要问题是如何将光纤与普通光纤互连,以下是几种常见的互连方法。

(1) 光纤连接模块(Optical Link Module, OLM)。OLM 在网络中的位置与 RS485 中继器相似,通常有一个或两个光通道和一个带有 RS485 接口的电子通道。OLM 通过 RS485 电缆与总线上的现场设备或总线段相连,如图 4-8 所示。

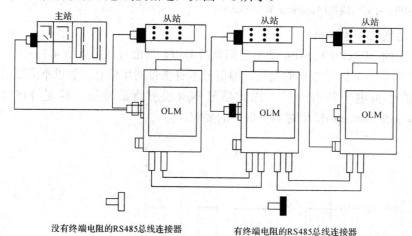

图 4-8　OLM 及其布线

(2) 光纤连接插头 (Optical Link Plug, OLP)。OLP 可以简单地将总线上的从属设备连接到单光纤电缆上,也可以直接插入总线设备的 9 针 D 型连接器,如图 4-9 所示。

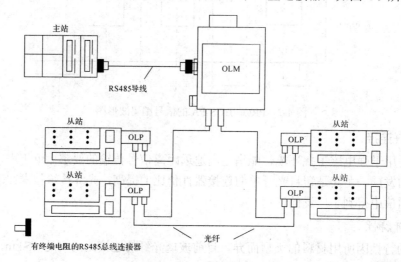

图 4-9　OLP 连接及其布线

(3) 集成的光纤连接器。如果现场设备中集成了光纤接口，那么现场总线设备可以非常简单地直接与光纤连接。

4.2.2　PROFIBUS 的数据链路层

网络互联系统通信参考模型的第二层是数据链路层，该层的任务是建立、维护和拆卸链路，实现无差错传输。数据链路层的性能在很大程度上决定着网络通信系统的性能。

1. 数据传输功能

在主站(控制器)和从站(前端站)之间，PROFIBUS 可以定期或不定期地传输各种检测和控制参数，实现设备间的数据交换。表 4-8 所示的基本功能集是各种通信功能的基础。

表 4-8　PROFIBUS 数据链路层的基本功能集

基本功能	服 务 内 容	DP V0	DP V1	DP V2	FMS	PA
SDN	Send Data with No Acknowledge 发送不需要确认的数据	•		•		•
SDA	Send Data with Acknowledge 发送需要确认的数据				•	
SRD	Send and Request Data 发送和请求数据	•		•	•	•
CSRD	Cyclic Send and Request Data 周期性地发送和请求数据				•	
MSRD	Send and Request Data with Multicast Reply 要求组播应答地发送和请求数据			•		
CS	Clock Synchronization 时钟同步		•	•		

说明：•表示具备此项服务内容。

SDN：发送不需确认的数据。SDN 服务是从一个主站向多个站点广播发送(Broadcast)及组播(Multicast)数据，不需要回复响应，主要用于数据的同步发送，状态宣告等。

SDA：发送需确认的数据。SDA 是一种基本服务，即由一个主动发起者向另外的站点发送数据并接收其确认响应。SDA 只发生在主站间的通信中。

SRD：发送数据且要求回复数据。SRD 与 SDA 的区别在于，当通信发起者向另一端发送数据时，应答者也需要立即回复数据。对于仅具有输出功能的从站，则回复一个确认短帧(OxE5)。发起者互相发送一条"空"消息，并请求被调查者返回数据。SRD 常用于主站对从站的轮询。

CSRD：周期性发送且要求回复数据(周期性数据交换)。CSRD 是指主站定期对从站进行轮询，以收集前端数据。此服务仅在 FMS 协议中定义，在后续版本的 DP 中不再使用，原因之一是它生成了大量的总线数据流量。

MSRD：发送数据且要求以组播(Multicast)数据帧答复。MSRD 与 SRD 的不同之处在于，它要求响应者以群发数据帧答复。

CS：时钟同步信号。CS 由两个广播发送出的不需响应答复的数据帧组成，主要用于在一个系统内同步各站点的时钟。

从表 4-8 还可以看到，PROFIBUS 的哪个子集中可以应用哪种基本服务功能，如 PROFIBUS-DP V0 中仅使用了 SDN 和 SRD 服务功能。

2. 报文帧的格式和定义

PROFIBUS 传输的报文帧结构有五种类型，如表 4-9～表 4-13 所示。这些帧通过携带不同的参数或参数组合，来完成表 4-8 所列的不同服务功能。

(1) SD1：无数据域，只用作查询总线上的激活站点。

表 4-9　SD1 报文帧结构组成

组成符号	SD1	DA	SA	FC	FCS	ED
数据格式	0x10	xx	xx	x	x	0x16

(2) SD2：数据域长度可变。该参数域的配置多且功能强大，是 PROFIBUS 中应用最多的一种帧结构，常用于 SRD 服务。

表 4-10　SD2 报文帧结构组成

组成符号	SD2	LE	LEr	SD	DA	SA	FC	DU	FCS	ED
数据格式	0x68	x	x	0x68	xx	xx	X	x	x	0x16

(3) SD3：带有固定 8 字节长的数据域。

表 4-11　SD3 报文帧结构组成

组成符号	SD3	DA	SA	FC	PDU	FCS	ED
数据格式	0xA2	xx	xx	x	x	x	0x16

(4) SD4：Token 令牌帧，固定结构。

表 4-12　SD4 报文帧结构组成

组成符号	SD4	DA	SA
数据格式	0xDC	xx	xx

(5) SC：仅用于对请求服务的简短回复，如当从站在数据尚未准备好时，告知请求方自己尚无数据。

表 4-13　SC 报文帧结构组成

组成符号	SC
数据格式	0xE5

在表 4-9～表 4-13 所示的帧结构中，各域的符号意义如下：

SD：Start Delimiter，起始符。

LE：长度域，包括 DA，SA，FC，DU 在内的所有用户数据长度。

LEr：长度域 LE 的重复。因长度域的汉明码距不保证一定为 4，为保险起见设定 LEr。

DA：该报文帧的目的地址。

SA：该报文帧发起者的源地址。

FC：功能码域，用于标志本帧的类型。

DU：用户数据域，用于放置要"携带"的用户数据，长度可达 246 个字节。

FCS：帧检查序列，对帧中各个域数据进行求和校验，由 ASIC 芯片自动计算绘出。

ED：End Delimiter，结束符，标志着该报文帧的结束，固定为 Oxl6。

下面分别对各数据域的具体定义逐一介绍。

(1) LE(LEr)长度域。LE 仅出现在 SD2 帧中，包括 DA，SA，FC 和 DU 的长度，表示可变长度帧中显示的数据信息的长度。因为 PROFIBUS 规定最长的帧长度是 255，减去帧头中六个控制域的长度后，SD2 帧的最大长度为 249，再减去 DA、SA 和 FC 的一个字节后，DU 中包含的数据的最大长度为 246，最小长度为 1，因此加上 DA，SA，FC 这三个字节后，帧长度的范围为 4≤LE≤249。

(2) DA/SA 地址域。SD1、SD2 和 SD3 帧包含地址域。DA 域中较低的 7 位表示实际地址(B0～B6)，范围从 0 到 127，127 保留为广播地址(广播或分组传输到段中的所有站点)，126 是初始化时的默认站点设备地址。在 PROFIBUS 系统进入运行状态之前，必须提前将地址分配给每个站点。这样，一个网段中只有 126 个站点(0～125)。

DA/SA 的 B7 位表示扩展地址的信息。当它为 1 时，DU 用户数据域的前两个字节表示服务访问点(Service Access Point，SAP)，而不是普通用户数据。

SAP 的功能是在数据链路层识别不同的数据传输任务，类似于 TCP/IP 协议中的 IP 端口号。也就是说，每个 SAP 点对应一种传输数据类型。当 SAP 数据传输到数据链路层接口时，将处理相应的软件过程。SAP 分为 SSAP 和 DSAP，SSAP 表示源数据源，即由哪个数据链路层处理；DSAP 表示传输数据由哪个进程处理。

当 RS485 网段中有两种 PROFIBUS 子系统，即 FMS 和 DP 时，可以根据 SAP 对它们的数据进行区分。

(3) FC(Function Code，功能码域)。功能码域是一个重要的领域。首先，FC 域标志消息帧的类型，例如请求或发送/请求、确认或响应帧，因此它存在于 SD1、SD2 和 SD3 帧中。其次，FC 域还包含有关传输过程和相应控制过程的信息，例如数据是否丢失、是否需要重新传输、站点类型和 FDL 状态。

(4) FCS(Frame Checking Sequence，帧检查序列)。帧检查序列位于 ED 代码前面，用于帧检查。它等于帧中除起始 SD 域和结束 ED 域以外的所有域的二进制代数和。

(5) DU(Data Unit，数据单元)。数据单元又称用户数据域。DU 也可以看做是协议数据单元(Protocol Data Unit，PDU)，由扩展地址部分和待传输的实际用户数据两部分组成。根据 LE 的解释，在删除 DSAP 和 SSAP 扩展地址(服务节点 SAP)后，DU 的最大长度为 246，用户数据的最大长度为 244。

4.2.3　PROFIBUS 的 MAC 协议

如前所述，PROFIBUS 的 MAC 层使用基于传递令牌的主从分时轮询协议。PROFIBUS 中令牌总线的最大特点是总线上有两种站：主站和从站，即主站统一管理每个从站接入总线的时间，从站不能作为公共传输介质自由接入总线，因而避免了总线上的传输冲突。

1. PROFIBUS 的传递令牌

PROFIBUS 的令牌逻辑环如图 4-10 所示。与 IEEE802.4 的令牌总线一样，令牌环网中的所有点都连接到总线上，它们的物理地位是相等的，并且被赋予一个统一的逻辑地址。

总线上这些主站的集合称为逻辑环。作为一个特殊的数据帧,令牌在主站之间沿总线上的逻辑环按站点地址的升序旋转。一个 PROFIBUS 系统可以有多个网段,但整个系统只有一个令牌。获得令牌的主站有权控制总线,它可以与所属的从站发起通信并交换数据,从站只能在平时充当哑终端,被动等待主站联系。该主从通信是根据主站预先定义的"轮询"表逐个进行的。当主站持有令牌的时间达到上限时,或者当"轮询"表中的所有任务都被处理时,令牌被传递到下一个主站。

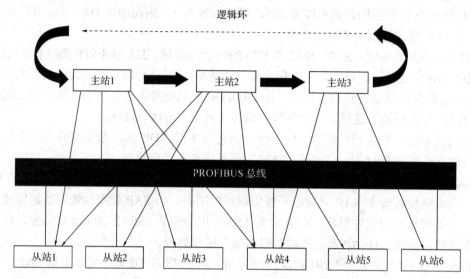

图 4-10　PROFIBUS 的令牌逻辑环

令牌环协议的缺点是逻辑环的管理比较复杂,如令牌丢失、主站添加或退出等,都要消耗能量。在 PROFIBUS 中,通常使用专用的通信芯片来管理通信。

2. 逻辑环管理

具有总线拓扑结构的网络系统必须能够保证和允许站点的自由进出,并保持系统的正常运行。这要求传输令牌协议(主站)的管理员能够感知和管理系统的变化,即保持逻辑环和从站之间的定期数据交换,并及时检测总线上站点的变化。逻辑环管理包括主站和从站的不同方面的管理。

在总线启动的初始阶段,两种类型的主站首先广播查询指令,确定总线上所有主站和从站的地址,并分别记录到活动列表的实时列表中。对于令牌管理,以下三个地址的概念尤为重要。

(1) PS:Previous Station,前站地址(相对 TS 而言,令牌由此站传来)。

(2) TS:This Station,本站地址。

(3) NS:Next Station,下一站地址(令牌传递给此站)。

需注意的是,当系统中只有一个主站时,PS = TS = NS;当有多个主站时,PS,TS,NS 各不相同,且逻辑环上各主站按地址升序排列。

通过活动列表,每个主站能得知在总线上与它相邻的前后两个主站的地址,如图 4-11 所示,为 3 个主站和 6 个从站的系统的逻辑环,对于地址为 2 的主站,其 TS = 2,PS = 1,NS = 6。

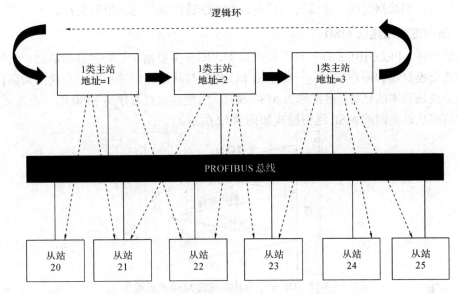

图 4-11　具有 3 个主站 6 个从站的系统

为了实时监测逻辑回路的动态变化，每个主站负责定期检测 TS 和 NS 之间的间隔，以及是否增加新的主站。TS 和 NS 的地址间隔用 Gap 表示。对于图 4-11，主站 2 的 Gap = (2,6)。Gap_List 表示 2 到 6 之间的地址，但不包括 HAS = 127 和系统中最高地址之间的区域。

当一个主站得到令牌，并执行完高、低级别的传输任务后，若仍有令牌持有时间，即 TTH = TTR − TRR > 0 时，则执行一个 Request_FDL_Status 指令，探测 Gap 中间的一个地址。如果在该地址段中发现新的主站响应，则更新自身的 LAS 表，并将此地址赋给 NS，在下一个令牌的循环中将令牌交给新 NS 站。若此 Request_FDL_Status 指令无响应答复，即无新主站加入，则将令牌交给原来的 NS 站，至下一次重新获得令牌后，再探测 Gap 中的下一个地址。如果经过一段时间(多次令牌的循环)的"搜查"，Gap_List 中的每一个地址均无响应，则表明没有新的主站加入此 Gap 段。

因此，每个主站都可以动态检测是否在邻近下一个站的区段中添加了新的主站。同时，主站能及时知道与自己相邻的下一个主站是否离线或故障，并更新 NS，动态维护逻辑回路，以便在发生事故时继续进行系统通信。

4.3　PROFIBUS-DP

本节将介绍 PROFIBUS 家族中最为主要的一个子集——PROFIBUS-DP，分别讨论 DP V0、DP VI、DP V2 三个版本中的数据传输、从站的参数配置、组态过程、出错诊断、GSD 文件以及最新的功能等。

4.3.1　PROFIBUS-DP V0

本节将介绍 PROFIBUS 周期性数据交换的 MS0 模式，这是 PROFIBUS-DP V0 的主要内容，也是新版本 DP V1 和 DP V2 的基础。分布式外围设备指的是分布式外围设备之间通过主机进行的数据交换，并通过总线与远程 I/O 进行通信控制数据交换。

1. 周期性数据通信 MS0

如前所述，PROFIBUS 有三种不同的站点，即一类主站、二类主站和从站，它们以不同的模式交换参数和用户数据。一类主站 I/O 接口与从站之间进行数据交换的周期性通信是现场总线最基本的任务，通常称为 MS0 模式。周期性重复通信是 MS0 的一个重要特征。

主站与从站之间的 MS0 通信模式如图 4-12 所示。

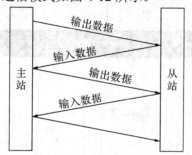

图 4-12　DP 主站与从站间的 MS0 数据通信

PROFIBUS 有两种系统类型：多主站系统和单主站系统。在多主站系统中，令牌环由多个主站组成并在多个主站上循环，从站和主站之间 MS0 周期通信的时间间隔相对较长。单主站系统只有一个主站，令牌在本地循环，从站和主站之间的定期通信所用的间隔时间相对较短。对于一个 12 MB/s 的单主站系统，多个从站能在 10 ms 内与主站进行一次通信，可以满足大部分时间需要的被控对象的要求。

2. 从站的状态机

在 PROFIBUS-DP 主从通信中，从站只能在等到主站的请求后再进行数据交换。在进入通信状态之前，主站必须配置并初始化从站的参数。PROFIBUS-DP 从站的状态机如图 4-13 所示。

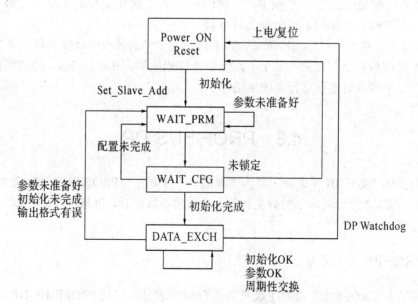

图 4-13　PROFIBUS-DP 从站的状态机

从站在上电或复位后，进入 WAIT_PRM 等待参数状态，即等待由二类主站(Class2)从总线上发来的"Set_Slave_Add"指令，以改变从站的默认地址。通常从站上有非易挥发性存储器，如 EPROM 等，可以保存该地址。如果不需要改变地址，从站则直接接收 Prm_Telegram 参数赋值指令。该指令携带了两部分参数，一是 PROFIBUS 标准规定的参数，如 ID 号、Sync/Freeze、所属主站的地址等；二是由用户应用程序特别指定的从站参数。除了这两种与地址参数相关的赋值指令外，此时的从站不接收其他的任何指令。

下一步，从站进入 WAIT_CFG 等待组态状态，即在参数赋值指令后面的是组态指令。该指令定义了系统要输入/输出的数据结构的详细情况，即主站通知从站要输入/输出数据的字节数量及由哪一个模块输入或输出等，以准备开始周期性的 MS0 数据交换。

从站在接收了参数赋值及组态后，就转入 DATA_EXCH 的数据交换状态，便可与主站进行周期性数据交换了。

3. 从站的参数赋值

在从站初始化过程中，一个主要环节是操作参数的分配，即主站(通常是二类主站)将与从站建立通信所需的参数分配给从站，并指定从站的工作状态。同时，从站还可以知道与之通信的主站地址，即谁是主站的"所有者"。这是多主站系统中从站不可缺少的一个环节。

从站运行参数的含义和作用如下：

(1) 确定从站的工作状态。

① 是否使用 Watchdog(看门狗)功能；

② 是否激活 Freeze_Mode；

③ 是否激活 Sync_Mode。

(2) 确定计算 Watchdog 值的系数。

(3) 确定从站的最快反应时间 minTSDR。

(4) 确定 ID 标志号 Ident_Number，以备全局控制使用。

(5) 确定所属主站的地址。

(6) 确定该从站可否由别的主站调用。

(7) 确定由用户指定的参数，如规定当主站处于 Clear 状态时的行为。

4. 组态(Configuration)

主站在分配从站参数后，开始向每个从站发送组态报文帧，以定义要交换的输入/输出数据的结构，并通知从站周期性数据交换中有多少字节的数据。

配置参数实际上是对现场设备数据的组合描述，以方便主站的调用和应用层用户的应用。配置参数包括主站输出、从站数据输入长度、从站模块结构等参数，其目的是使一类主站与从站进行有效通信。

在配置参数时，主站必须知道从站输入/输出模块的区域范围和结构，以交换数据。从站根据各插槽(Slots)的情况，规定待交换数据的字节或字结构。从站通常采用多插槽作为基本逻辑单元，形成真正的数据结构。插槽可以看做是一个模块，模块对应于物理输入/输出的特定功能点，如数字输入/输出模块、模拟输入/输出模块等，空插槽用空模块表示。

DP 从站一般有两种不同结构的模块：固定结构模块和可变结构模块。

(1) 固定结构模块，由一个或多个固定不变的模块组成。

(2) 可变结构模块是从站中的一组模块，在组态时可从中选出一个或多个模块组成实际的从站结构。只有在某些扩展服务功能中，才能显现出隐蔽模块和已初始化模块之间的区别。

组态完成后，主站还会校验组态内容与自身存储的参数是否一致。

5. 诊断

诊断是指系统检测和记录通信过程中的错误、硬件外围设备等，并以诊断信息的形式传送到主站。PROFIBUS 标准定义了丰富而灵活的诊断信息类型，以处理工业控制系统中的各种异常情况。

从系统的角度来看，诊断信息可反映从站是否正常工作。主站得到令牌(总线的控制)后，根据高优先级任务进行信息处理。因此，主站应考虑如何理解和有效利用诊断信息，并进行相关处理。

PROFIBUS 中设置了状态信息和诊断信息两个级别，状态信息用于反映系统的一般状态；诊断信息用于指示系统出错时的情况。当 Ext_Diag 定位时，主站自动检测从站的状态，一旦发现问题，主站调用错误处理程序进行处理。当错误消除后，从站将 Ext_Diag 设置为"0"，即将错误的诊断信息级别"降低"到状态信息级别。

在现场总线系统的初始化过程中，参数的分配和配置对系统的正常构建和稳定运行至关重要。因此，在初始化的每一步中，主站默认自动发送诊断请求(Diagnose_request)，从站立即以高优先级的方式响应，给出 6 字节的诊断信息并报告自己的状态。同时，从站可以给出一些与设备或用户相关的特殊诊断内容(需要在设备的 GSD 文件中预先定义)。

除了在系统和从站的初始阶段外，从站还可以主动提供诊断信息。在从站的任何状态下，如进入正常的数据循环交换阶段，如果发生从站或外设错误，则从站可以主动向主站发送信号，表示当前有诊断信息数据在传输队列中等待，主站将运行，并在下一个循环中发出诊断请求以检索诊断信息数据。

一般来说，从站到主站的诊断信息数据的采集和传输都是在智能从站 MPU 的支持下进行的。对于简单的从站(无 MPU 处理器)，只有硬件配置正确，才能实现各种诊断功能。

4.3.2　PROFIBUS-DP 的 GSD 文件

1. GSD 文件的引入

GSD 文件称为电子设备数据文件，是由从站(主站)制造商按统一格式建立的电子文件。GSD 文件以文本文件的形式记录从站的各种属性，并与从站设备一起提供给用户，格式为"keyword = value"，value 包括数字和字符串。

在某种意义上讲，GSD 文件是从设备手册的电子版本。主站制造商提供初始化和配置工具软件。系统建立时，首先从手册中读取各从站的 GSD 文件，提取各站设备的数据参数，形成主站的参数数据库。

PI(PROFIBUS & PROFINET Institution)为 GSD 文件定义了大量的标准字，用来描述从

设备的各种技术属性，涉及对从设备工作模式的解释。简单设备使用较少的标准字，而复杂设备使用标准字较多。通过这种标准化描述，各种主站(来自不同厂家)也可以从 GSD 文件中读取从站的信息。

GSD 文件中的标准字可以通过配置工具软件自动反编译。也就是说，PROFIBUS 主站从从站的 GSD 文件中读取数据，从而了解从站支持的数据和服务类型、要交换的数据格式以及 I/O 点、诊断信息、波特率、看门狗时间等通信参数。GSD 文件还包括总线 PA 参数、主站参数、一类主站配置参数等，这些参数是正常数据交换周期性通信必不可少的。

2. GSD 文件的生成

GSD 文件一般可分为以下三个部分。

(1) 总规范：包括生产厂商、设备名称、硬件和软件版本、波特率、监视时间间隔及总线插头的指定信号等。

(2) 与 DP 主站有关的规范：包括主站的各项参数，如允许的从站个数、上载及下载能力。

(3) 与 DP 从站有关的规范：包括与从站有关的一切规范，如输入/输出通道数、类型、诊断数据等。

PROFIBUS 用户组织提供了一个 GSD 文件编辑器，以菜单提示方式帮助用户非常方便地生成一个设备的 GSD 文件。该编辑器可从 www.profibus.com 下载，该网站详细解释了 GSD 中的各标准字的含义，并给出了该编辑工具的使用说明及大量的实例。

按照历史发展的先后，GSD 文件的格式定义也有不同版本之分。不同的 GSD 版本间的主要区别是增加了关键标准字，以描述新增加的功能。

版本 1 定义了通用关键字，用于主站、简单设备和周期性数据交换。

版本 2 定义了一些句法上的新变化，以及新增加的数据传输率，主要用于 PA 设备。

版本 3 增加了对 DP V1 非周期数据交换进行描述的关键字，并且适应 PA 设备新的物理结构。

版本 4 针对 DP V2 的新功能补加了相应的定义。

4.3.3　PROFIBUS-DP V1

随着 PROFIBUS 的进一步推广，特别是在过程控制行业的应用中，从站规模不断增大，且结构更加复杂，如果从站采用更模块化的结构，则主站控制器应能向从站的一个模块写入和读取数据，而不是像 DP V0 那样向整个从站(所有模块)写入和读取数据。因此，从站在初始化配置时需要配置更多的参数。

在过程工业中的应用往往要求在运行过程中对单个模块的参数进行修改，如在线修改模拟运输机的测量范围，以更准确地反映外部测量值。同时，工艺行业也要求系统具有更可靠、更快速的报警功能，可以突破令牌周期的限制，更快地将站场采集到的报警信号上传到主控站。在令牌占用总线并发送警报消息之前，不需要在主站之间转换。

显然，理想情况是数据可以直接从一个站点传输到另一个站点。作为 PROFIBUS-DP 的基本标准，DP V0 不能满足这一要求。DP V1 是在 DP V0 基础上发展起来的一个新标准，它最大的变化是对非周期数据交换的新定义。DP V1 的主要特点是引入了更复杂的数据结构、新的初始化参数和定义了一个扩展的报警通信模型，除了主、从站之间的定期数据交换外，还允许进行非定期和偶发的数据交换。同时，符合 DP V1 标准的 ASIC 芯片也兼容原有的 DP V0 标准通信芯片，可以参与原有主站和从站的通信。

非定期数据交换服务可以分为两种类型，即 MS1 和 MS2。从站与一类主站之间的非周期性数据通信称为 MS1，从站与二类主站之间的非周期性数据通信称为 MS2。MS1、MS2 和 MS0 之间的通信是总线上的分时通信。

1. MS1 与一类主站的非周期性数据通信

首先，主站在参数初始化过程中指定从站是否能够与主站以 MS1(非周期交换数据)方式通信，即在 DDLM_Set_Prm 参数传送帧中，在 DU 域第 8 字节中置 B7=14，则当此从站进入正常的 Data_EXCH 状态后，便能够进行 MS1 类的数据通信，包括读写数据和扩展的报警处理。

从站的 MS1 类的组态/初始化过程及其状态机变化过程与 MS0 相似。

在 MS1 类通信中的主站侧增加的 SAP 点为 51(0x33)，如表 4-14 所示。

表 4-14　MS1 类通信主站侧 SAP 点

SAP 点	名　　称	功　　能
51(0x33)	MS1	非周期通信中的 1 类主站所用 SSAP

在 MS1 类通信中的从站侧增加的 SAP(DSAP)点为 50(0x32)和 51(0x33)，如表 4-15 所示。

表 4-15　MS1 类通信从站侧 SAP 点

SAP 点	名称	由主站到从站	由从站到主站
50(0x32)	报警类		
51(0x33)	服务类	DS_Read_REQ DS_Write_REQ	DS_Read_RES DS_Write_RES

与 MS0 周期性通信过程相似，MS1 数据通信建立之前也需要对参数赋值，此时的参数赋值也使用 Set_Prm 指令。在 DP V1 参数赋值的 Set_Prm 指令的 DU 域中，前七个字节包含了从站的七个 MS0 通信所必需的基本参数，而其后面的字节 8、9、10 则是专门留给 DP V1 的扩展参数的。

MS1 非周期数据交换中包括了如下服务：

(1) 扩展参数(扩展参数集在 MS0 的参数赋值指令中占据了扩展的三个字节)。

(2) 非周期数据的读(DS_Read)。

(3) 非周期数据的写(DS_Write)。

(4) 报警响应(Alarm_Ack)。

2. MS2 非周期性数据交换的通信

在 PROFIBUS 中，二类主站称为工程师站(Engineering Station)，主要用于完成 GSD 文件的读取、接收外部参数的输入及控制负责定期数据交换的一类主站的运行状态等。从某种意义上说，二类主站是一类主站的控制站。

通过 MS2 通信服务，人机界面可以更简单、更直接，过程控制数据可以通过 MS2 直接从站上获取，而无需"绕"经一类主站。其次，MS2 通信使 PROFIBUS-PA 的参数直接通过二类主站分配到从站，即所谓的 MS2 通道。在开始 MS2 通信之前，二类主站和从站也需要进行初始化过程，然后才能开始 MS2 非周期数据交换。

　　MS2 的通信可以同时与不同的从站并行建立多个通信通道。其中，"Initiate"服务用于建立通道，"Abort"控制用于通道的中止。另外，一个从站也可以与不同的二类主站建立多个通道。对于从站端，通道的数量仅限于其自身的存储空间。

　　目前 MS2 中定义的服务有如下五种：

　　(1) Initiate 建立链接(通道)。

　　(2) DS_Read 读非周期性数据。

　　(3) DS_Write 写非周期性数据。

　　(4) Data_Transport 数据传输。

　　(5) Abort 链接通道的中止。

　　其中，DS_Read、DS_Write 与 MS1 通信中相同，不再叙述。(1)、(4)、(5)项是与 MS1 通信服务不同的新服务功能。

4.3.4　PROFIBUS-DP V2

　　为了更好地满足工业现场中运动控制的时间要求，PI 组织在制定 IEC61158 标准时扩展了对 PROFIBUS-DP V1 原有功能的定义，增加了许多与时间同步和数据直接交换相关的定义，主要包括如下五个方面：

　　(1) 等时同步模式(Isochrone Mode，IsoM)。

　　(2) 数据交换广播发送(Data Exchange Broadcast，DxB)。

　　(3) 上传与下载数据(Upload and Download)。

　　(4) 时钟同步控制(Time Synchronization)，又称时间戳(Time-Stamp)。

　　(5) 冗余(Redundancy concept，Redundancy)。

　　将以上经过扩充后的功能集(包括原有的 DP V0 标准功能)合称为 DP V2。但要特别指出的是，此处的 DP V2 仅是在习惯上对基本 PROFIBUS 扩充后的功能集的一个方便代称，在 PI 组织的正式定义中并无此称谓。

　　下面分别对此五种新增加的功能加以描述。

1. 等时同步模式(IsoM)

　　等时同步模式(IsoM)定义了定长循环(Isochronous)的方法，使 PROFIBUS 系统中的各个子环节能同步处理数据通信、控制等动作，使总线节拍时序全局同步，实现主站与从站中的时钟同步控制。也就是说，此时的 PROFIBUS 总线可以在不考虑总线通信负载的情况下对运动对象进行闭环控制，使整个系统的控制响应时间最短能达到 3～5 ms。

　　IsoM 本是 PI 组织中的一个小组为了优化面向高速运动的控制而独立研究的一项技术。随着 PROFIBUS 的扩展，人们将 IsoM 一并归到 DP V2 中。IsoM 的核心内容是 Just-In-Time，即数据的"适时到达"，它通过全局控制(Global Control，GC)广播报文使所有参加设备循环与总线的主循环同步，实现各个环节的等时同步。IsoM 技术可确保上一个环节产生的数据，在下一个传输环节中被及时处理，即各个环节依序动作。

IsoM 有如下三个特点：

(1) 用户应用程序与 I/O 设备的处理同步，即 I/O 数据与系统循环同步，使本周期中输入的数据在下一个同步系统周期中被处理，且在第三个周期中能输出到终端。

(2) I/O 数据以相同的间隔输入/输出。

(3) 相继传输的数据有逻辑和时间上的内在关系。

2. 数据交换广播发送(DxB)

PROFIBUS-DP V0 只是定义了标准的数据交换，即主站拿到令牌后，向所属各个从站发出请求(轮询)，从站则将数据返回主站。从站在平时只能"扮"作哑终端，不能主动发起数据通信。从站之间的数据交换必须通过主站传输，通常在系统周期结束后才能执行。在一些实时要求比较严格的情况下，如高速运动控制，这种切换方式明显不能满足时间要求。

PROFIBUS-DP V2 扩展了从站之间的直接数据交换功能，使得数据可以直接在两个或多个从站之间传输，而无需从主站传输。因此，控制功能和算法可以在站场进行局部定位，大大提高了子系统的智能控制能力。

DP V2 的 DxB 中定义了两种类型的从站，即信息发布者(Publisher，简称 Pub)和信息收订者(Subscriber，简称 Sub)。发布者是指测量数据信息的发送者，通常由传感器从站承担，而收订者一般由执行器从站承担，执行器从站根据传感器从站的数据接收并执行控制功能，如图 4-14 所示。

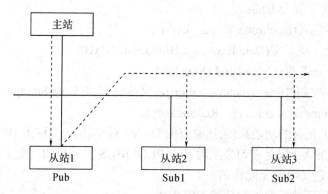

图 4-14　发布−接收模型

PROFIBUS 系统可以有多个 Pub 和 Sub。Pub 还可以同时起到 Sub 的作用，因此，Pub 和 Sub 可以同一个从站上实现。从站是否可以真正执行 Pub 或 Sub 由其应用程序决定。在整个控制系统中，Pub 是数据的输入函数，Sub 是数据的输出函数。

3. 上传和下载数据

上传和下载数据功能允许少量命令加载现场设备中任意大小的数据区域，即使用简单指令控制主站(一类和二类)和从站之间的大量数据传输。需注意，此时数据被分为块，并用 Slot_Index 作寻址机制。

如果系统支持下载功能，则必须首先满足以下条件：

(1) 读写一个块中的多个常数集(组)。

(2) 程序可以更新。

(3) 使用 Slot_Index 寻址机制。

(4) 支持大于 64 KB 的数据区。

(5) 系统是 MS1 和 MS2 类通信的结合。

(6) 不同的上、下载序列没有混在一起，且其他的 DP V1 服务能够不受影响地继续进行。

(7) 数据的下载序列完整连续地"装入"目的站设备，一旦中断或暂停则不能继续执行。

(8) 传输完下载序列(Download-Sequence)后，相关的对象均处于激活状态，不需要另外的激活操作。

一个上、下载服务过程分为三个步骤：

(1) 初始化此服务操作。

(2) 传输数据。

(3) 结束此次操作。

4. 时间戳(Time-Stamp)

在自动控制系统，尤其是现场的 FCS 系统中，往往会出现如下情况：

(1) 要求确定消息和文件的发生时间顺序。

(2) 要求确定操作的运行顺序。

(3) 启动有时间要求的操作程序。

(4) 要求被分时异步传输的过程数据可视化显示。

(5) 要求驱动控制中精密时间基准的统一。

上述情况需要在 FCS 系统中有一个精确的时间戳(Time-Stamp)来记录和识别网络中事件的准确时间，以便更好地控制整个系统中所有设备的时间，尤其是在记录系统诊断和故障定位时。所以，提高多主站现场总线系统的控制性能尤为重要。时间戳功能在 DP V2 中也称为时钟同步控制。该功能是(实时)主站通过新定义的 MS3 服务(无连接型)向所有从站发送时间戳来实现的，这样系统中的所有站都可以与系统保持时间同步。时间戳可以使两台主站设备之间的时钟误差小于 1 ms，以便准确跟踪事件。对于数据位于两个总线段的站点，即两个站点设备之间的中继器、耦合器或连接器互连设备，其时间误差小于 10 ms。

随着警报信号的产生和事件的发生，时间戳通常以用户数据字节的形式传输。时间戳需要明确的格式，就像等时同步信息一样，此格式基于 RFC2030 参考标准。在这种格式下，时间以秒为单位，从 1900.1.1 起计至 2034.2.7，否则会产生溢出。由于 PROFIBUS 中时间的绝对值仅在 20 世纪 80 年代才被使用，因此 PI 组织规定了一种新的格式，即将基本时间的开始时间转换为 1984.1.1。

5. 冗余

冗余(Redundancy)概念是指系统资源备份，俗称双机工作模式。为了保证整个系统的平稳运行，当某些设备不能正常工作时，备用设备可以快速切换到主工作模式。

冗余主要用于对可靠运行有严格要求的系统，如重要通信网络中数据库服务器设备的备份、通信线路的备份(即双线)。对于由 PROFIBUS 构成的未来作战系统，充分考虑了工业控制环境中容易影响系统通信的各种因素，如物理电缆的可靠建立、数据编码、通信链路和出错后的重新传输，以保证在大多数工业应用情况下通信的正常进行。然而，像核电厂控制等对可靠性要求非常高的 PROFIBUS 系统，也应具有冗余功能。

在 2001 年前后，PROFIBUS 系统冗余的规范标准被单独提出并研究，通常被视为标准 PROFIBUS 的新扩展，作为 DP V2 的一部分。

在 PROFIBUS 的冗余概念中，冗余技术有三个不同的层次：主站冗余、总线(电缆)冗余和从站冗余。

主站冗余是指在系统中建立两个配置相同的主站，在相应的切换模块装置的支持下，系统可以快速关闭坏主站。总线(电缆)冗余是指传输线级的两总线结构。为了避免总线电缆故障造成整个系统的通信中断，通信线的冗余对上层应用是完全透明的。从站冗余是指每个从站都有两个模块：主从站，(Primary Slave，PS，用于完成数据交换)和备份从站(Backup Slave，BS，在 Standby 状态下工作，不参与数据交换)。当 PS 和 BS 连接到同一条总线电缆时，它们需要分配不同的地址。如果它们连接到不同的电缆，则可以有相同的地址。PS 和 BS 在从站设备上实现，通常有两种实现方法。

(1) 两个通信界面部分，即 PS 和 BS 使用两个独立的通信芯片电路模块。

(2) 一个通信界面电路，即在现场设备上加装一个模块，可对连接的总线电缆进行切换。

应用数据的备份处理由用户程序负责，与 PS、BS 的模块设置结构无关。

在 PROFIBUS-DP 的三个不同屋次的冗余技术中，只有从站冗余是由 PI 以正式标准方式颁布的，其规约名称为"Specification Slave Redundancy"，详细内容可参见 www.profibus.com。主站冗余、总线冗余的技术规范是由各个生产厂商自己定义的，多是以各种切换模块配合软件控制来实现的。

4.4　PROFIBUS 站点的开发与实现

本节以目前流行的各种 PROFIBUS 的通信控制芯片 ASIC、接口模板为例，从硬件角度介绍一个 PROFIBUS 系统的主/从站站点的通信界面、站点的具体实现方案以及实现一个 PROFIBUS 工程项目应注意的实际问题等。

4.4.1　PROFIBUS 的站点实现

所谓 PROFIBUS 的站点实现，是指为工业现场的各种设备添加 PROFIBUS 的通信界面，或连接专用的接口电路(如从站点)，或装配接口卡(如对以 PC 作主站的情形)，从而使从站和主站都能连接到 RS485 总线电缆上，形成 PROFIBUS 的现场总线通信系统，使各站点在控制软件的配合下，通过此通信系统构成一个 FCS 现场总线控制系统。

1. 实现 PROFIBUS 通信的方案

实现一个工控设备的 PROFIBUS 通信的方案一般有三种。

方案 1：采用单片机。

PROFIBUS 是一个完全开放的国际标准，任何厂商和个人都可以根据此标准设计各自的软、硬件实现方案。原则上讲，只要一个微处理器配有内部或外部串行通信接口

(UART)，PROFIBUS 的通信协议就可以在其上实现，即利用 PROFIBUS 模型中的服务访问点，通过完全的单片机软件编程和相应的外围硬件接口来实现对 PROFIBUS-DP 的状态机的控制。

在早期的 PROFIBUS 系统中，不少产品是基于 Intel-8031 平台的。目前在国内也有不少文献对如何利用单片机实现简单的 PROFIBUS 从站设计做了研究介绍。但是用单片机实现的 PROFIBUS-DP 从站的传输速率受单片机资源，如计算能力、内存大小和时钟晶振的限制，无法使一个站点能够达到 PROFIBUS-DP 所要求的最大通信传输速率。尤其是目前的 PROFIBUS 系统，其通信速率起码要求在 1.5 Mb/s 以上，一般最高为 12 Mb/s，而单片机的速率太慢，达不到高速对象的要求，只适合于系统通信速率小于 500 kb/s 的场合。

方案 2：采用专用的通信电路 ASIC 芯片。

随着现场总线成为 IEC61158 的国际标准，越来越多的开发人员和普通用户使用现场总线。考虑到系统互连、开发时间和成本节约的影响，开发人员开发了许多支持现场总线数据通信协议的专用集成电路。

ASIC 芯片集成了 PROFIBUS 的 Token_Passing 协议，负责处理与通信相关的状态机控制，将数据打包成规定的格式帧并从总线截取帧和管理令牌环等，所有与总线通信相关的任务都可以在 ASIC 上完成。使用 ASIC 后，用户开发工作的中心可以集中在外围设备应用层的控制上，而通信协议的底层控制则完全由 ASIC 芯片负责。该方法加快了通信协议的处理速度，降低了主机的软件负担，节省了大量的开发时间和成本。

近年来，市场上出现了许多集成了 PROFIBUS 通信协议的 ASIC 芯片。这些芯片可以直接从总线向从机 I/O 端口传输数据，并将响应发送回总线，或者通过连接 MPU 标志控制器将 PROFIBUS 接口模拟成 RAM 模块，从而使主站可以透明地直接向外设"写"和"读"数据，实现实际遥控。此外，当使用一些智能 ASIC 构建简单的从站连接模式时，从站甚至不需要 MPU，因此不需要编写软件。对于现场设备制造商，只需要将 ASIC 芯片连接集成到硬件中，以形成符合 PROFIBUS 协议的现场设备。

目前，PROFIBUS 接口非常便宜，一个接口 ASIC 的价格大约是 10 美元。利用 ASIC 通信芯片开发现场总线已成为目前的主流。

方案 3：采用接口模板。

为了促进部分终端用户的快速发展，Siemens 等公司开发了具有丰富的输入输出接口功能和 PROFIBUS 通信接口的完整模板，使终端用户能够将现场外围设备和系统直接连接到 PROFIBUS-DP 总线。这是最直接、最简洁的开发方式，如 IM180-184 模板。

接口模板可以分为两种类型：主接口模板和从接口模板。主接口模板可以将第三方设备作为主站设备连接到 PROFIBUS-DP 系统，从接口模板可以将第三方设备作为从站设备连接到 PROFIBUS 系统。

IM183-1 接口模板可以将第三方设备作为从设备连接到 PROFIBUS-DP，它主要由 SPC3、80C32 微处理器、EPROM 和 RAM 存储器以及与 PROFIBUS-DP 总线连接的 RS485 接口组成，最大传输速率为 12 Mb/s，一般用于智能从站设备的设计。

开发人员利用 IM183-1 接口模板提供的接口，可以开发各种专用程序。EPROM 用于巩固用户开发的各种软件，RAM 用于提供发送缓冲区、接收缓冲区和软件工作区。

2. 实现 PROFIBUS 站点的 ASIC 芯片

适合用于 PROFIBUS 通信的 ASIC 芯片见表 4-16。

表 4-16 适于 PROFIBUS 的 ASIC 芯片表

制造商	芯片型号	光纤类型	适用规约	最大传输速率	特 征
AGE	AGE LATF	M./S.	DP	12 Mb/s	基于 FPGA 的通用协议芯片
IAM	PBM	M.	FMS、DP	3 Mb/s	要求有外加的 MPU 和控制
M2C	IX1	M./S.	FMS、DP	3 Mb/s	单一芯片
Siemens	ASPC2	M.	FMS、DP V0、DP V1、DP V2	12 Mb/s	智能芯片，要求有外部 MPU(80Cl65)＋固件
Siemens	DPC31	S.	DP Vl，DP V2，PA	12 Mb/s	集成协议
Siemens	FOCSI	FOC	独立	12 Mb/s	集成协议
Siemens	LSPM2	S.	DP V0	12 Mb/s	32 位 I/O 的简单型芯片，可直接接入总线
Siemens	SIM11	MAU	PA	31.25 kb/s	应用 MBP 的接口
Siemens	SPM2	S.	DP V0	12 Mb/s	64 位 I/O 的简单型芯片，可直接接入总线
Siemens	SPC3	S.	DP V0，DP V1	12 Mb/s	智能从站芯片，要求外部 MPU 和协议支持，无报警
Siemens	SPC4-2	S.	FMS，DP，PA	12 Mb/s	智能从站芯片，外部 MPU 和协议
Profichip	VPCLS	S.	DP V0	12 Mb/s	32 位 I/O 的单一芯片，可直接接入总线
Profichip	VPC3+B	S.	DP V0	12 Mb/s	要求外部 MPU 和协议支持

注：FOC = Fiber — Optic — Cable；S. 表示 Slave; M. 表示 Master。

　　ASIC 芯片按照适用于主站侧还是从站侧可分为主站和从站两种类型，ASPC2 主要适用于主站侧。ASPC2(高级西门子现场总线控制器)可用于完全控制现场总线标准 IEC61158 协议的第一层和第二层，可用于现场总线 DP 和 FMS 的主站建设。DP 主站使用 ASPC2 时，需要外部 MPU 控制和特殊的闪存 EPROM 来存储固件。协议行的大小为 64 KB。

　　在从站一侧的 ASIC 又分为适合智能型从站的芯片(如 SPC3、SPC4-2、SIM11、DPC31) 和其他适用于简单从站的芯片(如 LSPM2 和 SPM2)，以下是简要说明。

　　西门子为不需要 MPU 微处理器控制和监控的简单现场设备(如开关和接近开关)提供两个低端 ASIC、SPM2(Siemens Profius Multiplexer，Version 2)和 LSPM2(Lean Siemens Profius Multiplexer，Version 2)。作为 DP 从站，这些设备可以直接连接到总线，主站可以通过 MAC 层直接读写它们。在接收到无错误初始化消息帧后，使用这些 ASIC 芯片的设备可以独立生成相应的请求和响应帧，并在无 MPU 支持的情况下与主机进行数据交换。

对于具有模拟 I/O 端口的智能从站和模块化站，有必要在通信专用集成电路(ASIC)上扩展主机微处理器，SPC3(Siemens PROFIBUS Controller)、SPC4-2、SIM11 和 DPC31 等芯片可用于此类现场设备。例如，SPC3 集成了所有的 PROFIBUS-DP 协议，在很大程度上减轻了 PROFIBUS 智能从站的处理器负担，可以直接连接到 RS485 总线。目前市场上已有现成的 DPS2/DPSE 客户端软件，为 SPC3 的快速应用提供用户级软件环境支持(支持 DP V0 和 DP V1)。SPC4-2 设计用于 DP/FMS 和 PA 应用，其功能与 SPC3 基本相同。

各种通信芯片数据特性的对比见表 4-17。

表 4-17　常见的 PROFIBUS 通信 ASIC 芯片性能对比

ASIC	LSPM2	SPM2	SPC3	SPC4-2	DPC31	ASPC2	SIM11	FOCSI
应用对象	简单从站		智能从站			主站	介质转换和接入	
物理层	RS485		RS485		RS485 IEC1158-2	RS485	IEC1158-2	光纤
传输速率	12 Mb/s		12 Mb/s		12 Mb/s+ 31.25 kb/s	12 Mb/s	31.25 kb/s	12 Mb/s
自动检测速率	能		能		能	—		
适用协议	DP		DP V0、DP V1		DP V0、DP V1、DP V2	PA		DP
直接接入总线	直接					—		
外部 MPU	—		需要		需要		—	需要
固件大小	—		4～24 KB	8～40 KB	4～24 KB	80 KB		
缓冲	—		1.5 KB	3 KB	6 KB	—	1 MB(外部)	
供电 DC	5 V		5 V		3.3～5 V	5 V	3.3 V	
功率/W	0.35	0.5	0.65	0.4/0.01	0.2	0.9	0.009	0.75
工作温度	−40～+50℃		−40～+85℃					
包装	MQFP	PQFP	PQFP	TQFP	PQFP	TQFP	TQFP	—
外形	80 Pin	120 Pin	44 Pin	44 Pin	100 Pin	100 Pin	44 Pin	

3. 实现 PROFIBUS 站点的接口模板

虽然市场上很多公司都提供了 PROFIBUS 的通信专用集成电路，方便用户开发 PROFIBUS 使能设备，但对于一些需要临时或快速访问 PROFIBUS 系统或没有外围电路设计能力的设备制造商来说，这也是一项费时费力的任务。为此，西门子等公司开发了具有各种输入输出接口和现场总线通信接口的接口模板。接口模板集成了 PROFIBUS 的通信 ASIC、可以连接用户设备的各种数据接口和相应的控制程序，具有 PROFIBUS 站点的所有功能，包括参数、地址定义等，能够完成主、从站与 PROFIBUS 网络的所有通信，从而使第三方用户可以简单地通过接口模板将设备连接到 PROFIBUS 系统，这为开发 PROFIBUS 系统提供了另一种简洁的方法。

接口模块与主设备之间的数据交换取决于接口模块的类型和技术特性，如双端口 RAM、地址/数据总线、串行端口等。不同的接口模块可用于不同的需求和应用。

根据连接对象的不同，接口模板可分为两种：主站接口模板和从站接口模板。

1) 主站接口模块

(1) IM180 是一个单独模板。第三方产品作为主站通过它连接到 PROFIBUS-DP 中。

(2) IM181-1 是一个 ISA 短插槽卡，可在普通的 PC-AT 或其他可编程设备上对其编程。一般来说，IM180 需安放在 IM181-1 载板上后再插入 PC，两者需共同使用。

(3) CP5613 是一块 PCI 接口的插卡。

2) 从站接口模块

(1) IM182 是一种简单的、用于从站的、具有 ISA 总线的 PC 卡。

(2) IM183-1 接口模块可将第三方设备作为从站连接到 PROFIBUS-DP 上。

(3) IM184 接口模块可将一个简单从站连接到 PROFIBUS-DP 上。

为了使读者有一个总体上的了解，表 4-18 对各种接口模块的技术指标进行了汇总。

表 4-18　各接口模块的技术指标

接口模块	IM 184	IM 183-1	IM 182-1	IM 180	IM 181
应用类型	简单从站	从站		主站	IM180 的母板
最大传输速率	12 Mb/s	12 Mb/s	12 Mb/s	12 Mb/s	—
支持协议	PROFIBUS-DP				—
专用芯片	SPM2	SPC3	SPC3	ASPC2	
微处理器	不需要	80C32 (20 MHz)	PC 处理器/可编程设备	80C165 (40 MHz)	—
Firmware	不需要	4～24 KB(包括测试程序)		80 KB	
存储器容量	—	32 KB SRAM 64 KB EPROM	—	2 × 128 KB	
主设备接口	—	—	—	双口 RAM	
工作温度	0～70℃	0～70℃	0～60℃	0～70℃	—
供电电源	5 VDC	5 VDC	5 VDC	5 VDC	—
功耗	150 mA	250 mA	250 mA	250 mA	
模板尺寸	85 mm × 64 mm	86 mm × 76 mm	168 mm × 105 mm	100 mm × 100 mm	168 mm × 105 mm

4. 实现 PROFIBUS 站点的开发包

为了帮助用户快速学习和开发 PROFIBUS 设备，Siemens 除了提供前文所述的几种接口板之外，还为用户提供不同的开发程序包 Ekit。该开发程序包包括了接口板和全套的学习和示范软件，是现场设备的开发者迅速学习 PROFIBUS 数据通信，开发并测试自己的整个应用程序的一个完整工具, 下面做简单介绍。

1) Dev.Kit 4

Dev.Kit 4 开发包中有可组成一个 PROFIBUS 系统的各种硬件和软件, 其硬件有主站模块 IM180/181 各一块、主站接口模板 CP5613 一块、从站接口模块 IM183-1 一块、从站接口模块 IM184 一块; 其软件有: 用于初始化总线系统和 IM180 接口卡的 COM PROFIBUS、用于 IM183-1(含 SPC3)的开发 License 的固件 Firmware 和用于对各开发部件测试和仿真的软件。

Dev.Kit 4 此开发包用于开发使用 SPC3 和 LSPM2 的从站和基于 IM183-1、IM184 的从站端。其中, IM180 可以插入 IM181 插口板, 再插入具有 ISA 插槽的 PC 中以构成一个主站, 两从站侧由 IM183-1 和 IM184 接口模板组成。示范软件安装在用做主站的 PC 上, 通过 IM180 上的双口 RAM(Dual-Port-RAM)可以对 PROFIBUS 系统初始化, 配置主、从站及通信参数, 并读出错误和诊断信息以及对从站的数据输出等。

注意, 当主站侧不使用 IM180 接口模板, 而是直接使用 ASPC2 芯片时, 还需要额外的 Firmware 固件(基于 Intel 的 MPU 80Cl65)。

本开发包中还有一组应用实例, 均以源码形成提供, 各应用实例都有详细的说明文档。基于这些实例, 用户可以自己开发出合乎 PROFIBUS 系统要求的软硬件。

2) Dev.Kit-DP/PA

Dev.Kit-DP/PA 开发包用于开发基于 DPC31 的几种从站侧的 DP 应用, 加上 SIM11 和 FOCSI 后也适用于 PA 和光纤的应用开发。该开发包包括了如下硬件: DPC31 开发板(用于开发和测试用户的实际应用)、CP5613(具有 PCI 插槽的主站界面板 CP5613 的驱动程序需运行在 WinNT 上)、光纤总线端子(转接铜缆和光纤)、已装配好的 PROFIBUS-DP 总线电缆(紫色)、已装配好的 PROFIBUS-PA 总线电缆(蓝色)、已装配好的 PROFIBUS-DP 光纤电缆。程序示例均以源码形式提供, 方便用户在此基础上修改; 硬件均配有电路图。软件部分包括 PC 上的测试和仿真软件, (配合 CP5613 主站插卡)、适用于 DPC31 芯片的示例、适用于 DPC31 的 DP V1 固件(包括开发版的 Licence); 针对 CP5613 的参数赋值和初始化软件 COM PROFIBUS、PDM 工具软件(一个跨生产厂商的软件工具, 用于参数初始化, 但仅有 2 个月的软件使用许可)。

对于简单的 DP 从站的开发, 使用随机带的电缆将 DPC31 板联入 PC 即可构成一个从站。而对有光纤的网段, 则需要将光缆接入 DPC31 板光纤端口。如果是开发 PA 的从站, 则要将 PA 电缆经过一个 DP/PA 耦合器后才能接 DPC31 板的 PA 端口。此耦合器是不含在此开发包中的, 需要另外单独购买。

3) Dev.Kit PROFIsafe

Dev.Kit PROFIsafe 开发包用于开发和测试对安全性有较高要求的从站。基于 DP 的 PROFIsafe, 其安全性能可达 IEC 61508 的 SIL 3 级水平。这是一个由 PROFIBUS 的 Dev.Kit 5 升级而来的软件包, 包括了如下的部件: 用于开发 PROFIsafe 的源码和文档、用于计算产生 GSD CRC 的计算工具 CRC-Calc、用于测试 PROFIsafe 主站的驱动程序 PROFIsafe-Monitor。

为了使读者有一个总体上的了解, 表 4-19 对各种开发包对应的硬软件汇总。

表 4-19　各种开发包与软硬件

开发包	Dev.Kit 4	Dev.Kit-DP/PA	Dev.Kit PROFIsafe
应用	DP 的主站和从站	从站	DP 的安全从站
硬件	IM180、IM181、CP5613、IM183-1、IM184	DPC31 开发板 CP5613、光纤端子	
软件	COM PROFIBUS、IM183-1 的 Firmware 仿真示范软件	COM PROFIBUS、DPC31 的固件和测试、仿真程序、仿真示范软件	PROFIsafe 的从站驱动程序、CRCCalc 工具、PROFIsafe-Monitor
文档	随机 CD-ROM	随机 CD-ROM	随机 CD-ROM

4.4.2　PROFIBUS 的从站实现方案

1. PROFIBUS 的从站实现方案

一个 PROFIBUS 系统中的从站可大致分为如下三种类型。

1) PLC 或其他智能控制器做 PROFIBUS 系统的一个从站

PLC 自身有完整的一套控制系统，包括程序存储器、I/O 端口等。PLC 执行程序并按程序指令驱动 I/O。当 PLC 上有 PROFIBUS 的接口时，可直接将 PLC 用作 PROFIBUS 的从站，此时在 PLC 存储器中有一段特定区域作为 PROFIBUS 网络通信的共享数据区，主站可通过此数据区间接控制从站 PLC 的 I/O。

2) 分散式的远程(端)I/O 做 PROFIBUS 系统的一个从站

一般的分散型 I/O 是由主站统一编址的，主站编程时使用分散式 I/O 与使用主站的 I/O 没有什么区别。分散式远程 I/O 不具有程序存储和程序执行能力，必须依靠一个附加的专用通信适配器接收 PROFIBUS 系统的数据，按主站指令驱动 I/O，并将 I/O 输入及故障诊断等信息返回给主站。

对此类设备可直接使用 PROFIBUS 的专用接口模板连接到 PROFIBUS 系统总线上，或用 ASIC 从电路板级开始设计一个附加的 PROFIHUS 通信接口。

3) 智能现场设备

本身已经带有 PROFIBUS 接口的现场设备，可直接联入 PROFIBUS 系统，由组态软件在线完成系统配置、参数赋值并进行数据交换等。

若 PROFIBUS 接口的站点设备不是现成的，则从站的开发任务将是整个现场总线系统实现的一个最主要的内容。合理的从站设计是通过 PROFIBUS 产品认证，进入市场的重要保证。

2. 从站设计中应注意的问题

下面从工程实践的角度给出在从站设计中应该注意的一些问题。

(1) 芯片的选择。若从芯片开始设计一个从站设备的 PROFIBUS 接口，则 DPC31 是首选的 ASIC 芯片。该芯片支持从 DP V0 到 DP V2 甚至是 PA 的所有功能，对各种主站产品和通信总线特性的支持也最全面，并且内置微处理器。缺点是该芯片面积较大且价格较高。目前芯片及外围电路的成本在整个系统开发中的比例很低，开发人员应尽量使用智能程度较高的芯片，以减少开发设计的工作量及加强以后的系列产品中使用前期设计的程度。当然对一般的从站或仅是设计单一的产品，不考虑以后的设计继承问题时，也可以使用价格更低的 SPC3，LSPM2 等。

(2) 地址设置。若涉及将来对产品的知识产权保护和生产成本时，则还应该考虑设置站点的 PROFIBUS 地址的方法，一般可通过 DIP 开关、BCD 编码开关或仅通过组态软件进行软设置。

(3) LED 显示。设计 LED 显示器来表示总线处于正常或不正常的工作状态。

(4) 总线接口。用哪种接头连接 PROFIBUS(考虑 D 型连接器或自制的短接线)。

(5) 站点的网关功能。PROFIBUS 的站点是否需要担当网关功能，或是否必须直接集成在硬件中。

(6) 重复设计。在小规模应用时，市场已有的一种解决方法是否可以参考使用。

(7) 设计的兼容性。进行新开发时要考虑必须和哪些系统相兼容，这个问题牵涉到用户数据长度、用户诊断、用户参数和传输速率的设计。特别重要的是，在与其他站点相连接时，必须检查 PROFIBUS 上的传输速率是否一致。一般目前的设计都将速率设定在 12 Mb/s。

(8) 互换性。设计时要考虑到互换性(如重新参数化、地址设置等)。

(9) GSD 文件的编写。对一个全新站点的开发，要考虑的一个问题是 GSD 文件的编写。在设计时应将欲实现的不同功能作为不同的模块放在 GSD 文件中，这样可以提高以后的重用性，且只需对该产品进行一次 PROFIBUS 的授权认证工作。

4.4.3　PROFIBUS 的主站实现

PROFIBUS 系统中的主站一般采用现有产品，只有在特殊的情况下才自己开发。下面参考 Siemens 的产品列出几种常见的主站形式。

1. PLC 做 PROFIBUS 的一类主站

控制器：Siemens 的 S7-300(CPU315-2DP、CP342-5)、S7-400(CPU412-2DP、CP442-5)；

组态配置/控制软件：STEP 7；

PLC 做 PROFIBUS 的一类主站构成应用广泛的单机控制系统，如最简单的单机控制系统 PLC+PROFIBUS I/O。

2. PC+网卡做 PROFIBUS 的一类主站

网卡：CP5611、CP5613 等；

组态配置/控制软件：COM PROFIBUS、SIMATIC NET；

控制软件：WinAC、WinCC。

3. 自主开发 PROFIBUS 的主站

开发主站时，首选的 ASIC 模块是 ASPC2。在其 E2 版本中，该芯片支持从 DP V0 到 DP V2 的所有功能。为了减少硬件成本，可从一开始就指定主站在 DP V2 的同步模式下工作，详见 ASPC2 的使用手册。

4. PLC 中插入第三方的 PROFIBUS 通信模块

使用多家第三方的产品互连时，应注意各产品的技术指标，如允许连接的从站数、每个从站最大 I/O、最大波特率等是否兼容；同时注意配置软件功能，如有些配置软件不支持复杂的 GSD 文件结构，少数配置软件不支持用户参数化功能等。

应该指出的是，PROFIBUS 源于德国的国家标准。Siemens 是目前对 PROFIBUS 技术投入最多的公司，拥有大量的 PROFIBUS 产品，且占据了市场最大的份额。一般建议直接使用 Siemens 主站设备或使用其主站网卡配合经测试认证的第三方从站产品组成 PROFIBUS 系统。

4.4.4　PROFIBUS 系统的初始化过程

一个标准的 PROFIBUS 系统有两种类型的主站：一类主站和二类主站。二类主站负责由各设备的 GSD 文件中读出各种通信和特性参数，包括对主站的初始化信息和各从站的数据交换格式等，然后对一类主站和从站初始化。由一类主站建立与各主站的通信循环后，系统进入正常的一类主站和从站 MS0，MS1 间交换数据的状态。该系统初始化过程中的一个重要环节是二类主站的工程初始化软件必须由生产主站的厂家提供，这些初始化工具包括 Siemens 的 SIMATIC 中 STEP7 编程和组态工具、Softing 公司的 DP-Koufiguraldr 和 Uak 研究所的 ProTest 软件包等。

一般在组态软件中可以方便地使用 Drag and Drop 方式将各个设备及其参数"集成"在一起，形成一个新的工程项目。当然，有的软件也使用参数编辑输入的方式。此处仅对需要组态的参数进行简单总结。

1. 系统总线的通信参数

系统总线的通信参数包括：① 指定站的类型；② 总线上的站点最高地址(HSA:Highest Station Address)；③ 主站的地址；④ 总线速率(Transmission rate)；⑤ 确定规约(Profile)；⑥ 总线时序参数 Tslot、max.TSDR、min.TSDR、TTR、GAP Factor、Retry limit；⑦ 各种可选项，如 Constant Bus Cycle Time。以上的各参数针对某一个应用构成一个参数集，在组态软件中称为一个 Project 工程项目。如果要集成一个新的从站到已有的 Project 中，则可先调出该项目的参数集，加入新的从站参数，再将其安装入一类主站中，重新对系统初始化后，才可以运行。

2. 主站特性参数

一类主站有两种运行状态：Offline 和 Online。在 Offline 状态下，通过装入初始化一个"Project"所需的参数袋的方式进行初始化。此过程结束后，一类主站由 Offline 进入 Online 状态。此时又可以细分为如下三个环节：Stop、Clear 和 Operate。

Stop 状态可以进行非周期的 MS1 类服务。

Clear 状态对各从站进行初始化，可以从主站输入数据，但不能输出数据。

Operate 表示进入正常运行状态，PROFIBUS 系统中的令牌开始循环运动，MS0 数据开始正常循环且 MS1 也能循环。

对用 ProTest 软件做组态控制的系统来说，这四种状态是在人为的控制下顺次转换的。在开始启动系统时，即由操作人员从 Offline→Stop→Clear→Operate 转换。断开系统时也是从 Operate→Clear→Stop→Offline 进行转换。

4.4.5　PROFIBUS 系统实现中的常见错误

工程实践表明，一个 PROFIBUS 系统不能正常运行大多是由于系统安装过程中的问题引起的，其出错情况大致有电缆的接地问题、A 和 B 线径的混淆其他运行期间的常见错误。

1. 电缆的接地问题

当 PROFIBUS 中使用铜电缆时，必须使其屏蔽层面积覆盖尽量多的电缆，并使用电缆夹条将电缆经过的各个站点上的屏蔽层牢固地接入地。

2. A 和 B 线径的混淆

在连接各站时，注意不要混淆 DP 和 PA 电缆的两个直径 A 和 B。两直径应准确连接到 D 接头的相应端部。如果 A 和 B 在一个站点上的访问被颠倒，那么该站点就不能正确地连接到总线上，并且系统不能识别该站点。

一般来说，错误只影响本站点的访问，不影响电缆后面每个站点的访问。但在实践中发现，错误有时会影响到后面所有站点，因此系统找不到错误站点。连接和安装中的其他常见问题有导线与接头端接触不良，电缆屏蔽层与地面连接不好，连续连接时短路，抗反射和干扰端子电阻接入过多，通常只需在电缆两端各接一个电阻。而在一些实际工程中(特别是在室内短距离试验中)，可以不接终端电阻。另一个值得关注的问题是关于总线上两点间最短距离。到目前为止，这个问题还没有一个严格的答案。一般来说，只要连接线正确，就没有通过 PROFIBUS 授权访问系统的设备现场的最小距离限制。

3. 运行期间的常见错误

除了在安装过程中的各种常见问题致使系统不能正常运行外，在运行期间的错误也应该引起注意。此类错误有如下常见的几种类型。

(1) 地址设置出错；

(2) 错误的初始化参数和组态参数配置；

(3) Indent 标志号错；

(4) Watchdog 的时间值对从站来说太小。

对于多段 PROFIBUS 系统，在扩展新段时也可以使用总线连接器。该连接器类似于一个 T 型电缆连接器，有一个输入端和两个输出端，并且有一个可以通过 On/OFF 设置的终端电阻。此外，该总线连接器可以人为地连接或断开内部终端电阻，使后续的站点设备发生故障，从而使大型系统中的错误跟踪可以逐站点检查。

在建立新系统时，建议所有从站设备在安装后不要立即与系统连接，而应能在主站正常工作并形成最小系统后，再逐个与系统总线连接，并在主站上配置软件。通过连续地调整和测试，最终每个新的从站都能够正常地与主站通信。

对于无法进行物理寻址的从设备(例如使用 DIP 开关的设备)，其访问系统的默认地址为 126。设备与系统连接后，可通过主站配置软件的"Set_Slave_Address"指令修改地址。必须在诸如 Flash ROM 之类的设备上设置非易失性存储器，以确保在设备断电后可以保留此地址设置。同时，设备还应能够恢复出厂设置，以便在某些情况下恢复原始地址和其他参数。

当有多个没有外部地址的设备同时访问系统时，为了避免同时访问这些设备时出现地址冲突，必须将默认地址为 126 的设备逐个连接到系统总线，并立即分配新地址。

同时需要注意的是，对于那些可以由用户自己寻址的从设备，不应使用主站上的配置工具来改变从设备的地址，而应使用原始地址。同时，看门狗功能在初始化阶段应暂时关闭。

为了防止安装过程中出现错误，还可以使用各种检测设备，如手持的网络查错设备、网络监听器(Bus Monitor)等。

4.4.6　PROFIBUS 的网络监听器

在 PROFIBUS 系统的安装调试和查错中，一个不可或缺的工具是 Bus Monitor。Bus Monitor 实际上是一个 PROFIBUS 的网络(协议分析)监听器，类似现有的许多网络监听工具，是一种重要的维护、试车、发现并修理故障的工具。有了网络监听器，通常的故障，例如地址冲突、线缆断开和参数配置错误等极易被识别，意外的错误，诸如过载、通信错误等都也可以被捕获并记录下来。

在硬件上，Bus Monitor 一般有两个端口，一端是一个 PROFIBUS 的标准 D 型接头或额外的与 PROFIBUS 电缆连接的接口，可以方便地连入 PROFIBUS 总线；另一端是与 PC 相连的接口，有 PCMCIA 卡、PCI 和 ISA 几种不同的接口。对 PC 来说，此总线监听器可被看成是一个 I/O 外设，在对应的监听软件支持下，它仅侦听捕捉 PROFIBUS 总线上发生的所有事件和记录传输的所有数据帧，但不参与总线上的活动，其本身也无分配的 PROFIBUS 地址。

4.5　PROFIBUS-PA

PROFIBUS-PA 是以 PROFIBUS-DP 协议为基础，面向分散式现场自动控制系统和现场设备间的仪表型现场通信系统，主要用于过程控制。PROFIBUS-PA 是在面向制造行业现场工控设备及传统的 PROFIBUS-DP 出现之后，为了解决一般的过程控制问题而专门定义的一种 PROFIBUS-Profile。目前，PROFIBUS-PA 已经发展成 PROFIBUS 家族中重要的一个分支，占到整个 PROFIBUS 家族应用实例的 5%左右，是丰富的 PROFIBUS 子集规约中应用量仅次于 PROFIBUS-DP 的一个规约。

PROFIBUS-PA 可用于烟草、制药、电力、冶金、应纸、水处理等一般工业领域，具有低速流程控制的特点。PROFIBUS-PA 的另一个重要的特点是其自身具有总线供电能力，适用于带本质安全防爆要求的石油化工处理等危险区域。近年来，PI 组织在 PROFIBUS-DP 于制造业自动控制领域中取得重要进展后，把推广 PROFIBUS 技术的注意力转到了 PA 上，以和基金会总线在低速的流程控制领域抗衡竞争。

4.5.1　PROFIBUS-PA 的基本特点

PA 与 DP 同属 PROFIBUS 的子集，但采用了不同的规约，两者的不同仅体现在物理层上，其主要技术特点总结如下：

(1) PA 符合 IEC61058-2 的本安型要求，可在两根总线上同时传输数据以及对总线上的设备进行本安型供电。

(2) PROFIBUS-PA 通过网关转换器件可方便地连接到传统的 RS485 电缆或使用光纤的 DP 系统中，可以实现过程自动化领域 DP 和 PA 的统一应用。

(3) PA 在一般场合也可使用非本安型的总线技术。

对于 FDL 层(现场总线数据链路层)以上各层，PA 和 DP 除了对用户应用层定义不同外，其余基本一致。PA 的 FDL 层的报文帧结构与 DP 也不同，因为 PA 的帧传输采用的是有同步信号的 MBP-IS 编码，而 DP 采用的是异步的 NRZ 编码。因此，PA 的帧中有一个 16 bit 的前导码 P 用于时间同步，后面另加一个 16 bit 的 CRC 校验码。SOF 和 EOF 是帧结构的开始和结束码。另一个与 DP 传输的区别是，PA 的 MBP-IS 编码中的每个字符只有 8 位，而 DP 的 NRZ 编码中的每个字符有 11 位。

4.5.2 PROFIBUS-DP/PA 的连接接口

如前所述，PA 与 DP 的不同在于物理层使用了不同的数据传输速率和编码方式，而其 FDL 层的协议是一致的，均是 Token-Passing。一个 PROFIBUS 的主站可同时与 DP 网段和 PA 网段上的从站交换数据。或者说，对 PROFIBUS 主站来说，PA 网段中的从站可被透明地看成是一个普通的 PROFIBUS 设备，可以执行周期性数据交换和非周期性的数据交换。

要实现物理层不同而数据链路层协议相同的网段间的无隙集成，并可以平滑互通数据，需要在 DP 和 PA 网段间加装网络连接设备。DP/PA 网络连接设备的作用是转换 RS485 中的 NRZ 信号为 PA 网段中的 MBP-IS 信号。DP/PA 网络连接设备有两种，即段耦合器 (Coupler)和链接器(Linker)。

(1) 段耦合器能够双向转换 RS485 和 MBP-IS 信号电平。从上层网络协议的角度来看，段耦合器是"透明"的。

对 DP 主站来说，PA 网段上的设备连在耦合器后面，和 DP 网段上的设备并无二致，DP 主站将分配给这些设备以统一的地址(地址分布在 0～105 范围内)。

传统的段耦合器适用于简单网络与运算时间要求不高的场合，一般只能连接 MBP 网段到低速的 RS485 网段，如速率为 45.45 kb/s 或 93.75 kb/s 的 DP 网段。目前的一些新型号的耦合器中已加有智能控制界面接口，允许 DP 侧的波特率达到 10 Mb/s。

(2) 有链接器内在的适应二端网段接口和智能控制器，内建有缓冲器和编码、解码器，能把 MBP 网段的各个 PA 设备"映像"为 RS485 网段中的各个 DP 从站。

链接器工作时一般是"非透明"的，即它占了一个 DP 网段的地址像一个正常的 DP 从站一样与主站通信。对主站来说，链接器后面的 PA 设备不能被主站探知。此时的网关链接器如同一个多模块化结构的从站，每个 PA 设备犹如此从站上的一个 I/O 模块，主站对各 PA 设备的管理如同管理此链接器上的多个可插入 Plug-In 的 I/O 模块。

链接器的数据转发过程，是将 PA 网段上的所有 PA 从站设备输入的数据缓存区内容"整体"送往 PROFIBUS 网络的主站(DP 主站)，对输出数据也是先将其一并放入链接器的缓冲区，再分别送往多个 PA 从站设备。

"非透明"的链接器均是智能的，能够缓存 DP 和 AP 转发的数据，并支持不同的速率匹配，即 DP 侧的波特率可以任意设置。链接器占用单独一个 DP 地址，对 DP 网段来说即是一个从站设备，而在 PA 网段一侧则如同一个 PA 主站。换句话说，链接器可被看成是 PROFIBUS-DP 网络的扩展器，每一个链接器占用了一个 DP 地址，同时扩展了 31 个 PA 从站设备(在危险区域应用时最多可带 10 个 PA 从站设备)。在各个链接器下面的 PA 网段上的现场设备地址可以单独安排，设备在多个 PA 网段中可以有重复的地址号。

需说明的是，某些厂商的配置工具要求 PA 设备地址从 3 开始，因此，为避免不必要的地址修改，一般赋给链接器后面 PA 网段的地址范围为 3～105(PROFIBUS-DP 普通网段上的设备地址范围为 0～105)，链接器本身在 PA 网段一侧的地址为 3，PA 网段中的各个从站地址为 4～105。

4.5.3　PROFIBUS-PA 总线的安装

1. PROFIBUS-PA 的拓扑结构

PROFIBUS-PA 的总线支持树型结构、总线型结构和两者的复合型结构。树型结构是最典型的现场安装技术，它通过一个现场分配器连接现场设备与主干线。采用树型结构时，所有连接在 PA 系统上的设备通过现场分配器连接并进行并行切换，如图 4-15(a)所示。

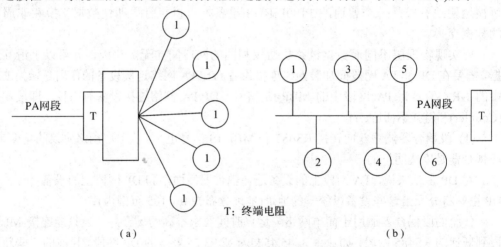

图 4-15　树型结构和总线型结构

总线型结构实际上是提供了一个各现场设备与系统间的连接线，如图 4-15(b)所示，且由主干线外引的分支线也可以连接一个或一组现场设备。此时要注意的问题是，每单位长度上允许连接的设备数量以及从总干线到分支的长度需满足 IEC1058-2 中的规定。

组合使用树型和总线型结构能优化现场的布线，但要避免使总线电缆上站点过于集中，因为这样会导致信号失真。

2. EN61058-2 中规定的电缆

PROFIBUS-PA 中使用的电缆一般是深蓝色外表的 2 芯电缆(即 A 型)。但在 DIN EN61058-2 中还规定了另外的几种可用于 PA 的电缆规格，列于表 4-20。

表 4-20　DIN EN61058-2 规定的 PA 的电缆规格

项目	A 型	B 型	C 型	D 型
电缆结构	屏蔽双绞线	屏蔽多路双绞线	非屏蔽多路双绞线	非屏蔽非多路双绞线
电缆芯截面积 (标称值)	0.8 mm² (AWG 18)	0.32 mm² (AWG 22)	0.13 mm² (AWG 26)	1.25 mm² (AWG 16)
回路电阻	44 Ω/km	102 Ω/km	264 Ω/km	40 Ω/km
31.25 kHz 时的波阻抗	100 Ω ± 20%	100 Ω ± 30%	**	**
39 kHz 时的波衰减	3 dB/km	5 dB/km	8 dB/km	8 dB/km
非对称电容	2 nF/km	2 nF/km	**	**
屏蔽覆盖程度	90%	**	**	**
最大传输延迟 (7.9~39 kHz)	1.7 μs/km	**	**	**
推荐网络长度 (包括短接线)	1900 m	1000 m	400 m	200 m

说明：AWG 为美国线规(American Wire Gauge)；**表示未明确规定。

目前，安装新系统一般采用 A 型电缆。若采用多股的 B 型电缆，则几个现场总线(31.25 kb/s)可以在一根电缆上同时运行。C 型和 D 型电缆仅用于网络的升级改进工作，此时，对干扰的抑制常常达不到标准中所要求的水平。

3. 屏蔽和接地

一般来说，在设计现场总线的屏蔽和接地时，必须考虑到 EMC 电磁兼容性、防爆、保护人身安全等几个方面，具体来说，包括：

(1) 在地线(参考电势)和电缆信号线之间进行电隔离。

(2) 在网络中的任一点，两根信号线都不能接地。

(3) 现场设备必须在两个终端电阻之一的中性点接地，或在一个感性器件直接接地的情况下仍然能继续工作。

为了实现良好的电磁兼容性，对系统各部件尤其是连接部件的电路进行屏蔽是非常重要的。该屏蔽最大限度地提供了电气保护外壳，当需要在系统中处理高频信号时，这一点尤为重要。

对于现场总线来说，理想的情况是将电缆屏蔽层与总线上每个现场设备的金属外壳连接起来。由于金属外壳通常与"接地"或"保护接地"相连，因此，总线屏蔽的效果实际上相当于多点接地。这种方法提供了最佳的电磁兼容性，保证了人身安全。

当系统不能等电位接地时，会产生屏蔽层电流，两接地点之间的工频补偿电流会造成电缆损坏。此时，为了避免低频补偿电流，电缆的一端也可以接地，而其他接地点则通过电容接地。应该指出的是，这种连接不能像总线屏蔽那样提供最大程度的电气保护。

4.6　PROFIBUS-DP 的应用

PROFIBUS-DP 是一个令牌网络，一个网络中有若干个被动节点(从站)，而它的逻辑令牌只含有一个主动节点(主站)，这样的网络为纯主-从系统。典型的 DP 总线配置是以此种总线存取为基础的，即一个主站轮询多个从站。PROFIBUS-DP 在整个 PROFIBUS 应用中，应用最多也最广泛，可以连接不同厂商符合 DP 协议的设备。在 DP 网络中，一个从站只能被一个主站所控制，这个主站是这个从站的一类主站。在多主站网络中，一个从站只有一个一类主站，一类主站可以对从站执行发送和接收数据操作，其他主站只能选择性地接收从站发送给一类主站的数据，这样的主站也是该从站的二类主站，它不直接控制该从站。PROFIBUS-DP 主站可以是带有集成 DP 口的 CPU，也可以是用 CP342-5 扩展的 S7-300 站，从站包括 ET200 系列、调速装置、S7-200/300 及第三方设备等。

4.6.1　CPU 集成 PROFIBUS-DP 接口连接远程站 ET200S

1. 概述

ET200 系列是远程 I/O 站。为减少信号电缆的敷设，可以在设备附近根据不同的要求放置不同类型的 I/O 站，如 ET200M、ET200B、ET200X、ET200S 等。ET200S 适合在远程站点 I/O 点数量较少的情况下使用。

2. 硬件配置和软件需求

1) 硬件配置

(1) PROFIBUS-DP 主站 S7-300。主站 S7-300 的组成有机架、电源模块 PS-307、CPU 314C-2 PN/DP 和输入模块 DI16 × DC24V。

(2) 从站 ET200S 接口模块 IM151-1 COMPACT。该模块内置 16DI/16DO、电源模块 PM-E、4 路模拟输入模块 4AI 和 2 路模拟输出模块 2AO。

(3) PROFIBUS-DP 总线连接器及电缆。

2) 软件需求

ET200S 使用软件为 TIA Portal V14。

3. 硬件与网络组态和参数设置

1) 硬件与网络组态

总线电缆按网络配置图 4-16 连接 CPU 314C-2 PN/DP 的集成 DP 接口和 ET200S 接口模块的 DP 接口。打开软件 Portal V14，创建新项目名称为 S7300-ET200DP，点击项目视图，在添加新设备界面选择控制器，然后点击 CPU 314C-2 PN/DP，如图 4-17 所示。点击 CPU 314C 的设备组态，可以显示 CPU 模块已组态，CPU 314C 内置 24DI 和 16DO 地址区的开始地址分别设为 IB136 和 QB136，在 CPU 左边槽插入电源模块 PS307，在 CPU 右边槽插入输入模块 16DI，起始地址设为 IB0。

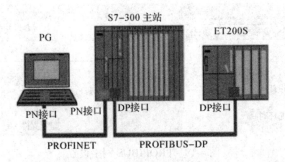

图 4-16　CPU 集成 PROFIBUS-DP 接口连接远程站 ET200S 配置图

图 4-17　添加新设备 CPU 314C-2 PN/DP

　　在设备视图界面点击 MPI/DP 接口，选择属性中的 MPI 地址，将插口类型更改为 PROFIBUS，站号设为 2 号站，操作模式设为主站，添加新子网 PROFIBUS_1，如图 4-18 所示，PROFIBUS 网络设置如图 4-19 所示。

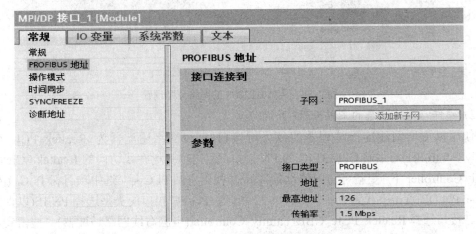

图 4-18　PROFIBUS 网络的创建

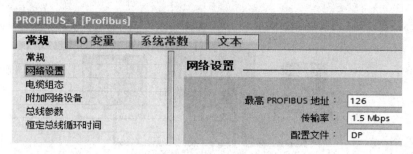

图 4-19　PROFIBUS 网络设置

在软件 TIA Portal 的硬件目录中打开文件夹分布式 I/O，双击文件夹内 ET200S 的 ET200S Compact 16DI/16DO 接口模块即可将其添加至网络视图界面中。选中 ET200S 的设备视图界面，按硬件安装要求插入电源模块 PM-E，即 4 路模拟输入模块 4AI×12 和 2 路模拟输出模块 2AO×U。ET200S 的 I/O 地址区与主站 I/O 地址区一致且不能冲突，本例中 ET200S 内置的 16DI/16DO 的开始地址分别设置为 IB10 和 QB10。在 ET200S 的设备视图中选中接口模块，设置 PROFIBUS 地址，如图 4-20 所示，将站地址与 ET200S 接口模块上的站地址开关均设置为 6 号站。点击网络视图 ET200S 界面上的"未分配"，选择 PLC_1.MPI/DP 接口_1 进行网络分配，如图 4-21 所示。

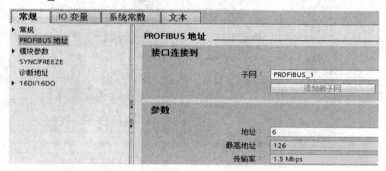

图 4-20　ET200S 的 PROFIBUS 站地址设置

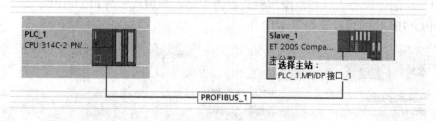

图 4-21　从站 ET200S 的网络分配设置

2) 硬件与网络组态的主站 CPU 下载

使用以太网网线连接编程器的以太网接口(有线网络适配器为 Realtek PCIe GBE Family Controller)与主站 CPU 314C 的 PN 接口，双击项目树在线访问的 Realtek PCIe GBE Family Controller 下"更新可访问的设备"，成功找到主站 PLC 后，选中项目树 PLC_1[CPU 314C-2 PN/DP]点击下载到设备。如图 4-22 所示，PG/PC 接口的类型选择 PN/IE(以太网)，PG/PC 接口选择 Realtek PCIe GBE Family Controller(电脑有线网络适配器)，搜索到主站 PLC_1 后下载。

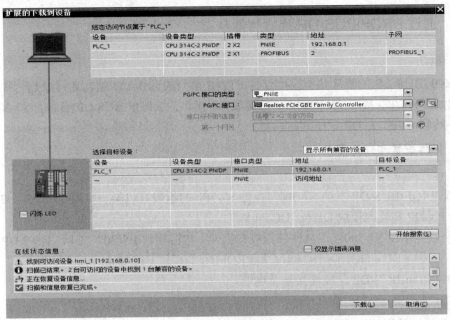

图 4-22　硬件与网络组态的主站 CPU 下载设置

4. DP 通信程序设计

若有从站掉电或损坏，则会产生不同的中断，并调用不同组织块(OB)。如果在程序中没有建立这些组织块，那么出于对设备和人身的保护，CPU 会停止运行。若忽略这些故障让 CPU 继续运行，则可以在 S7-300 的 CPU 程序中调用 OB82、OB86 和 OB122，在 S7-400 的 CPU 程序中调用 OB82、OB85、OB86 和 OB122，由此可读出故障从站地址，并进一步分析错误原因。如果不需要读出从站错误原因信息，则可以直接下载空的 OB 到 CPU。

程序设计控制要求：将主站 PLC 的 I138.0 位数据通过 DP 网络传送给远程站 Q10.1，由远程站 Q10.1 控制主站 PLC 的 Q136.2 得电或失电；主站 PLC 中 MB2 数据设置为 FFH 后，通过 DP 网络传送给远程站的 QB11。

双击程序块的 OB1，其通信程序如图 4-23 所示。

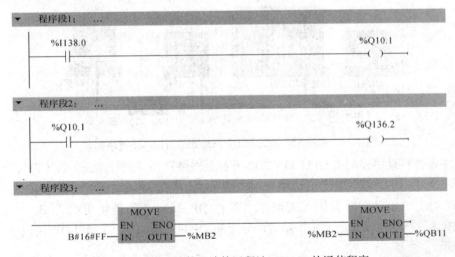

图 4-23　集成 DP 接口连接远程站 ET200S 的通信程序

4.6.2　通过 PROFIBUS-DP 连接智能从站

1. 概述

PROFIBUS-DP 所带从站不仅可以是 ET200 系列的远程 I/O 站，还可以是一些智能从站，例如带有 CPU 接口的 ET200S，带集成 DP 接口或 RPOFIBUS CP 模块的 S7-300 站、S7-400 站都可以作为 DP 智能从站。

2. 硬件配置和软件需求

1) 硬件配置

(1) PROFIBUS-DP 主站 S7-300。主站 S7-300 的组成有机架、电源模块 PS-307、CPU 314C-2 PN/DP 和输入模块 DI16 × DC 24 V。

(2) 智能从站 S7-300。该从站的组成有机架、电源模块 PS-307、CPU 315-2 DP、输入/输出混合模块 DI16/DO16 × DC 24 V 和 PROFINET 模块 CP343-1。

(3) PROFIBUS-DP 总线连接器及电缆。

2) 软件需求

智能从站使用的软件为 TIA Portal V14。

3. 硬件与网络组态和参数设置

1) 硬件与网络组态

使用总线电缆按网络配置图 4-24 连接主站 CPU 314C 的集成 DP 接口和智能从站 CPU 315 的集成 DP 接口。打开软件 Portal V14，创建新项目名称为 S7300-300DP，点击项目视图，添加新设备 CPU 314C-2 PN/DP，选中 CPU 314C-2 PN/DP 设备视图组态，将 CPU 314C 内置 24DI 和 16DO 地址区的开始地址分别设置为 IB136 和 QB136，在 CPU 左边槽插入电源模块 PS307，在右边槽插入输入模块 16DI，设置起始地址为 IB0。在设备视图界面点击 MPI/DP 接口，选择属性中的 MPI 地址，将插口类型更改为 PROFIBUS，站号设为 2 号站，操作模式设为主站，添加新子网 PROFIBUS_1。

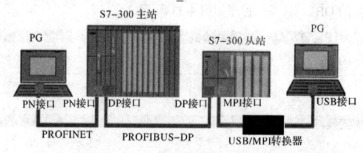

图 4-24　主站 S7-300 通过 DP 网络连接智能从站网络配置

选中硬件目录中控制器 CPU 315-2DP 添加至网络视图并硬件组态，在 CPU 左边槽插入电源模块 PS307，在 CPU 右边槽按顺序插入输入/输出模块 16DI/16DO(起始地址设为 IB10 和 QB10)和以太网模块 CP343-1。选中 DP 接口，站地址更改为 3，子网选为 PROFIBUS_1，操作模式选为 DP 从站，分配的 DP 主站为 PLC_1.MPI/DP 接口_1，如图 4-25 所示。

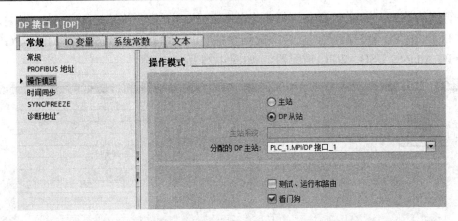

图 4-25　智能从站 CPU 315 集成 DP 接口的操作模式

主站 CPU 314C 通过集成 DP 接口连接智能从站 CPU 315 的网络视图如图 4-26 所示。

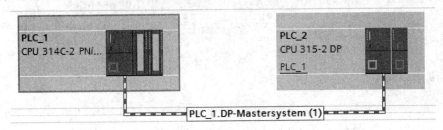

图 4-26　通过集成 DP 接口连接智能从站 CPU 315 网络视图

2) 智能从站 CPU 315 通信接口区的设置

智能从站 CPU 315 通信接口区的设置如图 4-27 所示。若"单位"选字节,通信区域长度最多可设 32 B,则按字节通信;若"单位"选字,通信区域长度最多可为 16 B,则按字通信。图 4-27 通信区域长度设置为 10 字节,主站地址 QB20~QB29 发送区数据自动对应从站地址接收区数据 IB20~IB29,从站地址 QB20~QB29 发送区数据自动对应主站地址接收区数据 IB20~IB29。"一致性"选择"单元"是按在"单元"中定义的数据格式传送,即按字节或字发送和接收;选"总长度"是按在"总长度"中定义的数据格式传送,即调用系统块 SFC14 和 SFC15 打包发送接收,每包最多 32 B。

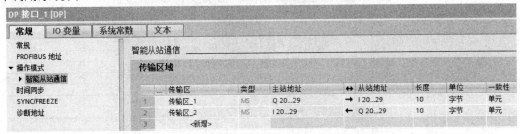

图 4-27　智能从站 CPU 315 通信接口区的设置

3) 硬件与网络组态的主站 CPU 下载

将主站 PLC_1 的硬件与网络组态下载到主站 CPU 314C-2 PN/DP 中(CPU 314C 带以太网 PN 接口),编程器通过 PN 接口下载,PG/PC 接口的类型选择 PN/IE(以太网),PG/PC 接口选择 Realtek PCIe GBE Family Controller(电脑有线网络适配器)。

将智能从站 PLC_2 的硬件与网络组态从 MPI 接口下载到从站 CPU 315-2 DP 中，选中项目树 PLC_2[CPU 315-2 DP]，点击下载到设备，PG/PC 接口的类型选择 MPI，PG/PC 接口选择 PC Adapter USB A2(PC 适配器)，如图 4-28 所示。

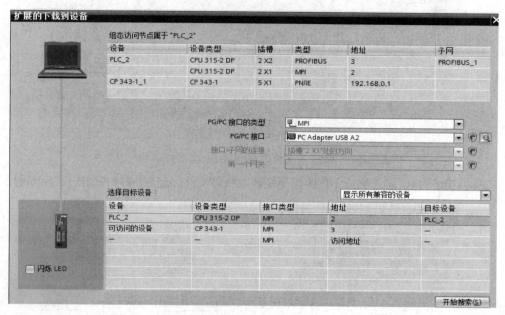

图 4-28　硬件与网络组态的智能从站 CPU 下载设置

4. DP 通信程序设计

为了防止某站点掉电或损坏而影响主站、从站 CPU 的运行，在主站和智能从站中分别调用 OB82、OB86 和 OB122 进行处理。

1) "一致性"选择"单元"并按 10 B 发送和接收

程序设计控制要求：主站 PLC 的 IB138 数据通过 DP 网络传送给智能从站 QB10；智能从站 PLC 中 MB2 数据设置为 FFH 后，通过 DP 网络传送给主站 QB136。主站及智能从站的通信程序分别如图 4-29 和图 4-30 所示。

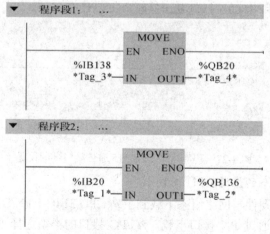

图 4-29　按字节传送主站通信程序

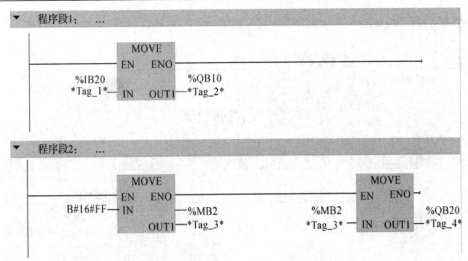

图 4-30　按字节传送智能从站通信程序

2) "一致性"选择"总长度"并按 10 B 打包发送、接收

程序设计控制要求：主站 PLC 的数据块 DB1 中 10 字节数据通过 DP 网络传送给智能从站并存储在数据块 DB2 中；智能从站 PLC 中 MB100～MB109 的 10 字节数据，通过 DP 网络传送给主站并存储在 MB100～MB109 中，其中智能从站 MB101 数据为 FFH，主站 MB101 数据传送给 QB137。

主站通信程序的编写：在空功能框中输入 SFC14，调用 DPRD_DAT(解开数据包程序块)，在另一个空功能框中输入 SFC15，调用 DPWD_DAT(数据打包程序块)，如图 4-31 所示。

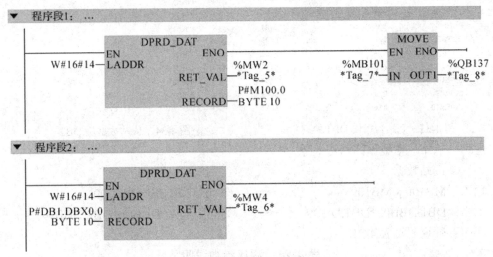

图 4-31　打包传送主站通信程序

智能从站通信程序的编写：在空功能框中输入 SFC14，调用 DPRD_DAT(解开数据包程序块)，在另一个空功能框中输入 SFC15，调用 DPWD_DAT(数据打包程序块)，如图 4-32 所示。

SFC14 解开主站存放在 IB20～IB29 的数据包并放在 MB100～MB109 中。SFC15 给存放在主站 DB1.DBB0～DB1.DBB9 的数据打包，通过 QB20～QB29 发送出去。

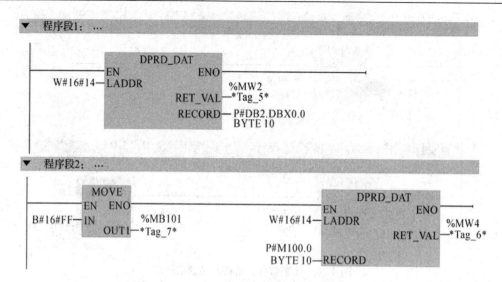

图 4-32 打包传送智能从站通信程序

SFC14 解开从站存放在 IB20～IB29 的数据包并放在 DB2.DBB0～DB2.DBB9 中。SFC15 给存放在从站的 MB100～MB109 数据打包，通过 QB20～QB29 发送出去。

编写主、从站 OB1 程序后，在主站程序块添加 DB1 数据块(如图 4-33 所示)，在从站程序块添加 DB2 数据块(如图 4-34 所示)。

DB1		名称	数据类型	偏移量	起始值
1		▼ Static			
2		OUTPUT1	Byte	...	16#01
3		OUTPUT2	Byte	...	16#02
4		OUTPUT3	Byte	...	16#03
5		OUTPUT4	Byte	...	16#04
6		OUTPUT5	Byte	...	16#05
7		OUTPUT6	Byte	...	16#06
8		OUTPUT7	Byte	...	16#07
9		OUTPUT8	Byte	...	16#08
10		OUTPUT9	Byte	...	16#09
11		OUTPUT10	Byte	...	16#10

图 4-33 主站数据块 DB1

DB2		名称	数据类型	偏移量	起始值
1		▼ Static			
2		INPUT1	Byte	...	16#0
3		INPUT2	Byte	...	16#0
4		INPUT3	Byte	...	16#0
5		INPUT4	Byte	...	16#0
6		INPUT5	Byte	...	16#0
7		INPUT6	Byte	...	16#0
8		INPUT7	Byte	...	16#0
9		INPUT8	Byte	...	16#0
10		INPUT9	Byte	...	16#0
11		INPUT10	Byte	...	16#0

图 4-34 从站数据块 DB2

主站—从站通信数据区对应关系：

主站数据   从站数据

输入：MB100～MB109   ←   输出：MB100～MB109

输出：DB1.DBB0～DB1.DBB9   →   输入：DB2.DBB0～DB2.DBB9

程序参数说明见表 4-21。

表 4-21 程序参数说明

参数名	参数说明
LADDR	接口区起始地址
RET_VAL	状态字
RECORD	通信数据区，一般为 ANY 指针格式

4.6.3　支持 PROFIBUS-DP 的第三方设备通信

1. 概述

PROFIBUS-DP 是一种通信标准，一些符合 PROFIBUS-DP 规约的第三方设备也可以加入到 PROFIBUS 网络作为主站和从站。若第三方设备作为主站，则相关组态软件需要第三方提供；若第三方设备作为从站，则当主站是 S7 设备时，组态软件可以是 Portal 或 STEP 7。支持 RPOFIBUS-DP 的从站设备都会有 GSD 文件。GSD 文件是对设备一般性的描述，将 GSD 文件加入到主站组态软件中就可以组态从站的通信接口。下面以西门子 S7-200SMART 的 PROFIBUS 接口模块 EM DP01 作为第三方设备，组态从站通信接口区，以实现主从通信。

2. 硬件配置和软件需求

1) 硬件配置

(1) PROFIBUS-DP 主站 S7-300。该主站的组成有机架、电源模块 PS-307、CPU 315-2 PN/DP、输入/输出模块 DI8/DO8 × DC 24 V 和模拟量输入/输出模块 AI4/AO2 × bit12。

(2) 第三方设备 S7-200SMART。该设备的组成有 CPU ST20、模拟量输入/输出扩展模块和 PROFIBUS 接口模块 EM DP01。

(3) PROFIBUS-DP 总线连接器及电缆。

2) 软件需求

第三方设备使用的软件为 TIA Portal V14。

3. 硬件与网络组态和参数设置

使用总线电缆按网络配置图 4-35 连接主站 CPU 315 的集成 DP 接口和第三方设备从站 EM DP01 的 DP 接口。打开软件 Portal V14，创建新项目名称为 S7300-200DP，点击项目视图，添加新设备 CPU 315-2 PN/DP，选中 CPU 315-2 PN/DP 设备视图组态，在 CPU 左边槽插入电源模块 PS307，在 CPU 右边槽插入输入/输出模块 DI8/DO8，起始地址设为 IB10 和 QB10，插入模拟量输入/输出模块 SM334。在设备视图界面点击 DP 接口，添加新子网 PROFIBUS_1，站号设为 2，操作模式选择主站。

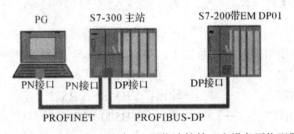

图 4-35　主站 S7-300 通过 DP 网络连接第三方设备网络配置

选中硬件目录中其他现场设备 PLC 下的 EM DP01 PROFIBUS-DP 添加至网络视图并设置 RPOFIBUS 地址，将站地址与实际 EM DP01 上的拨码开关设定的地址均设置为 6，子网选择 PROFIBUS_1，如图 4-36 所示。在网络视图中点击 S7-200 界面上的"未连接"，选择主站 PLC_1 DP 接口_1，实现主、从站的连接。在 S7-200 设备视图组态通信接口区，通信接口区大小为 8 B 输入和 8 B 输出，图 4-37 对应的通信区是主站通信区地址，输入区为 IB20～IB27，输出区为 QB20～QB27；S7-200 的 DP 网络模块通信接口区为占用 16 B 的 V 区，其中前 8 B 为接收区，后 8 B 为发送区，V 区的偏移缺省为 0，那么 S7-200 的通信接口区为 VB0～VB15，V 区可以根据 S7-200 的要求修改偏移量为 500，如图 4-38 所示。

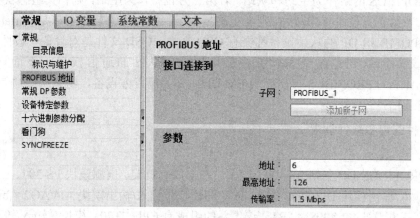

图 4-36　从站 S7-200 的 RPOFIBUS 地址设置

模块	机架	插槽	I 地址	Q 地址	类型
Slave_1	0	0	2046*		EM DP01 PROFIBUS...
8 Bytes In/Out_1	0	1	20...27	20...27	8 Bytes In/Out

图 4-37　主站通信区地址

图 4-38　S7-200 的 V 区偏移量

设置完成后通信接口的对应关系如下：

　　　　　S7-300 主站　　　　　　　　　　　　S7-200 从站
输入：IB20～IB27　　　←　　　输出：VB508～VB515
输出：QB20～QB27　　　→　　　输入：VB500～VB507

4. 通信程序设计

程序设计控制要求：主站 PLC 的 IB10 数据通过 DP 网络传送给第三方设备从站 QB0；从站 PLC 中以 VB10 为开始地址的 8 B 数据通过 DP 网络传送给主站并存储于数据块 DB1 中。

主站 PLC 通信程序设计如图 4-39 所示，添加的数据块 DB1 如图 4-40 所示。

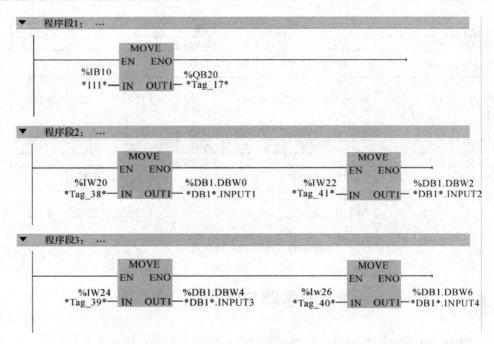

图 4-39　主站 PLC 通信程序

DB1				
	名称	数据类型	偏移量	起始值
1	▼ Static			
2	■　INPUT1	Word	0.0	16#0
3	■　INPUT2	Word	2.0	16#0
4	■　INPUT3	Word	4.0	16#0
5	■　INPUT4	Word	6.0	16#0

图 4-40　主站 PLC 数据块 DB1

从站 PLC 通信程序设计如图 4-41 所示。

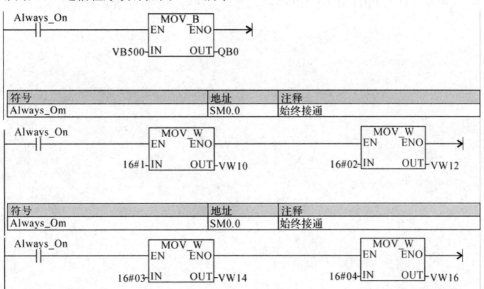

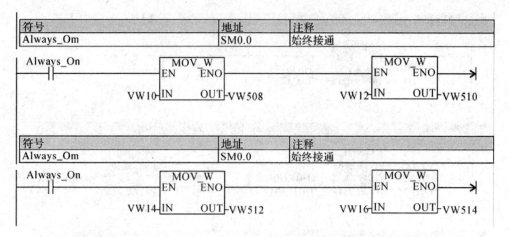

图 4-41　从站 PLC 通信程序

思考题与练习题

1. PROFIBUS-DP、PROFIBUS-FMS 和 PROFIBUS-PA 各有什么特点？
2. 试阐述 RS485 传输技术的基本特性。
3. 什么是 PROFIBUS 系统的一类主站、二类主站和从站？
4. PROFIBUS-DP 的 GSD 文件包含哪三部分？每部分的内容是什么？
5. PROFIBUS-PA 的基本特点是什么？
6. DP/PA 有哪两种网络连接设备？DP/PA 网络连接设备有什么作用？
7. CPU 集成 PROFIBUS-DP 接口连接远程站 ET200S 的硬件配置和软件需求分别是什么？
8. 通过 PROFIBUS-DP 连接智能从站其一致性选择总长度时，对程序的设计有什么要求？
9. 试说明主站与 PROFIBUS-DP 的第三方设备通信的硬件配置和软件需求。

第 5 章　基金会现场总线

基金会现场总线(FF)是由现场总线基金会开发的，已被列入 IEC61158 标准。FF 是专门为满足自动化系统，特别是过程自动化系统的功能、环境和技术需求而设计的，该技术满足本安防爆要求，也可通过通信总线为现场设备提供工作动力。FF 已成为当今世界上最具影响力的现场总线技术之一。

FF 在早期方案中设置了低速总线 H1 和高速总线 H2。1996 年，通信速率为 31.25 kb/s 的低速总线 H1 标准正式发布。对于当时提出的高速总线 H2，其通信速率仅为 1 Mb/s 或 2.5 Mb/s，无法适应技术发展和工业数据高速传输应用的需要，1998 年，基金会又发展了 10/100 (Mb/s)的高速以太网，以取代 H2。

5.1　基金会现场总线的主要技术特点

5.1.1　基金会现场总线的技术内容

FF 不仅是一个总线，也是一个系统，并且它不仅是一个网络系统，也是一个自动化系统，即 FF 是一种完整的控制网络技术。FF 与其他自动化系统的不同之处在于它具有开放式数字通信的能力，与其他网络系统的不同之处在于它位于工业领域。FF 的网络通信是围绕完成各种自动化任务而进行的。下面介绍 FF 的主要技术内容。

1. FF 控制网络的通信技术

FF 控制网络的通信技术包括通信模型、通信协议、通信控制器芯片、通信网络和系统管理。它涉及一系列与网络相关的硬件和软件，如通信栈软件、被称为圆卡的仪器通信接口卡、FF 与计算机的接口卡、各种网关、网桥、中继器等。通信技术是 FF 控制网络的核心基础技术之一。

2. 标准化功能块与功能块应用进程

标准化功能块(Function Block，FB)和功能块应用过程(Function Block Application Process，FBAP)提供了一个通用结构，即首先将实现控制系统所需的功能划分为功能模块，再标准化各模块的共同特征，指定各自的输入、输出、算法、事件、参数和块控制图，并将各模块组合成一些新的功能模块，最终使在现场设备中实施的应用程序很容易实现不同厂家产品的混合配置和调用。功能块的总体结构是开放系统体系结构和各种网络功能和自动化功能的基础。

3. 设备描述与设备描述语言

设备描述(Device Description，DD)和设备描述语言(DDL)支持标准的块功能操作，它们的主要功能是实现现场总线设备的互操作性。设备描述可以看做是设备控制系统或主机的驱动程序，即设备描述是设备驱动程序的基础，它为控制系统理解现场设备数据的含义提供了必要的信息。设备描述语言是设备描述的标准编程语言。设备描述编译器将 DDL 编写的设备描述源程序转换成机器可读的输出文件。控制系统依靠机器可读的输出文件来理解每个制造商设备的数据含义。Fieldbus 基金会将基金会的标准 DD 和基金会注册制造商的附加 DD 写入用户的 CD-ROM。

4. 系统集成技术

系统集成技术包括通信系统与控制系统的集成，如网络通信系统配置、网络拓扑结构、布线安装、网络系统管理、控制系统设计与配置、人机界面、系统管理与维护等，是一项综合性技术。通过系统集成，FF 控制网络与各种计算机平台连接，实现企业网络各级数据信息的共享及生产现场运行控制信息与办公室管理指挥信息的通信与协调。

5. 系统测试技术

系统测试技术包括通信系统一致性和互操作性测试技术、总线监控分析技术、系统功能和性能测试技术。一致性和互操作性测试是保证系统开放性的重要措施。授权的第三方认证机构已经进行了专门的测试，并获得了 FF 标志，这表明通信的一致性和互操作性符合 FF 控制网络的应用要求。总线监控分析设备可以用来测试和判断总线上通信信号的流动状态，用于通信系统的调试、诊断和评估。系统功能和性能测试是指对控制系统的功能和参数的测试。通过系统测试，可以对通信系统和自动化系统进行综合指标评价。

5.1.2　通信系统的主要组成部分及其关系

数字通信是 FF 的核心技术之一。为了实现通信系统的开放性，通信模型基于 ISO/OSI 参考模型，并在此基础上根据自动化系统的特点进行了改进。FF 参考模型只包含 ISO/OSI 参考模型的三层，即物理层、数据链路层和应用层。根据现场总线的实际需求，应用层分为两个子层：总线接入子层和总线报文规范子层，中间省略三到六层，即没有网络层、传输层、会话层和表达式层。但是，FF 参考模型在原来的 ISO/OSI 参考模型的第七个应用层中添加了一个新的层，即用户层。这样，通信模型可以看做是四层，其中物理层指定如何发送信号；数据链路层指定如何在设备之间共享网络和调度通信；应用层则规定了在设备间交换数据、命令、事件信息以及请求应答的信息格式；用户层用于组成用户所需的应用程序，例如指定标准函数块、设备描述、网络管理、系统管理等，但在相应的软、硬件开发过程中，去掉底层物理层和顶层用户层后的中间部分往往被视为一个整体，统称为通信栈。此时，现场总线通信参考模型可以简单地看做三层。

传送器、执行器等属于现场物理设备。图 5-1 从物理设备组成的角度说明了通信模型的主要组成部分及其关系，在分层模型的基础上，对设备的主要部件进行了较为详细的描述。从图中可以看出，在通信参考模型对应的物理层、数据链路层、应用层和用户层的基础上，物理设备各部分的功能分为通信实体、系统管理内核和功能块应用进程三个部分。各部分通过虚拟通信关系(Virtual Communication Relationship，VCR)进行信息通信。VCR 表示两个或多个应用程序进程之间的连接，或表示应用程序之间的逻辑通信通道，为总线访问子层提供服务。

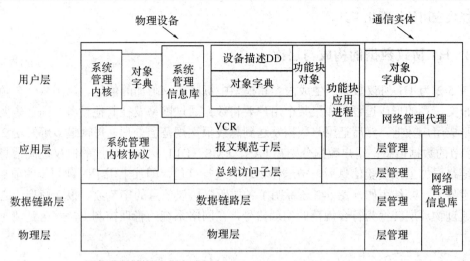

图 5-1　H1 通信模型的主要组成部分及其关系

　　通信实体贯穿从物理层到用户层的所有层，由协议和网络管理代理(Network Management Agent，NMA)组成。通信实体的任务是生成消息并提供消息传输服务，这是现场总线数字通信的核心部分。网络管理代理是在各层及其管理实体的帮助下，支持配置管理、操作管理和错误管理等功能。各种配置、操作和故障信息存储在网络管理信息库(Network Management Information Base，NMIB)中，并通过对象字典(Object Dictionary，OD)进行描述，对象字典为设备的网络可视对象提供定义和描述功能。为了清晰地定义和理解对象，对象字典中保留了数据类型和长度等描述性信息，这些网络可视对象的描述信息可以通过网络从 OD 获取。

　　系统管理内核(System Management Kernel，SMK)在模型层次结构中占有应用层和用户层的位置，主要负责与网络系统相关的管理任务，如确定设备在网段中的位置，协调网络上其他设备的动作和功能块执行时间等。系统管理操作的信息被组织成对象并存储在系统管理信息库(System Management Information Base，SMIB)中。系统管理内核包括现场总线系统的关键节点和运行参数，它的任务是在设备运行之前将基本信息放入 SMIB，然后为设备分配一个永久地址，并在不影响网络上其他设备运行的情况下使设备运行。系统管理内核(SMK)使用系统管理内核协议(System Management Kernel Protocol，SMKP)与远程 SMK 进行通信。当设备接入网络时，可根据需要设置远程设备的功能块。对象字典服务由 SMK 提供，例如，将对象的名称广播到网络上的所有设备，等到包含该对象的设备响应后获取网络中该对象的信息。为了协调网络上其他设备的动作和功能块同步，系统管理还为应用程序的时钟同步提供了一个通用时钟参考，使每个设备可以共享公共时间，并通过调度对象来控制功能块的执行时间。

　　功能块应用进程用于实现用户所需的各种应用功能。功能块提供了一个通用的结构来指定输入、输出、算法和控制参数，并通过模块函数将输入参数转换为输出参数。例如，PID 功能块完成现场总线系统的控制计算，AI 功能块完成参数输入。每个功能块都是单独定义的，并且可以由其他功能块调用。功能块应用进程将多个功能块及其互连集成到功能块应用程序中。功能块应用进程除了包括功能块对象外，还包括对象字典 OD 和设备描述 DD。在功能块链接中，OD 和 DD 用来简化设备的互操作，因此 OD 和 DD 也可以作为支持功能块应用的标准化工具。

5.1.3　H1 协议数据的构成与层次

图 5-2 为 H1 协议数据的生成内容和模型中每层应该附加的信息。该图从一个角度反映了报文信息的形成过程，如果某个用户要将数据通过网络发往其他设备，则首先要在用户层形成用户数据，然后把用户数据发送到总线报文规范层处理，每帧最多可发送 251 个8 位字节的数据信息；用户数据分别在 FAS、FMS、DLL 中加上各层的协议控制信息，在数据链路层加上帧校验信息后，被送往物理层进行打包，即加上用于时钟同步的前导码、帧前定界码、帧结束码。图 5-2 还标明了各层所附协议信息的字节数。报文帧形成之后，还要通过物理层转换为符合规范的物理信号，在网络系统的管理控制下，发送到现场总线网段上。

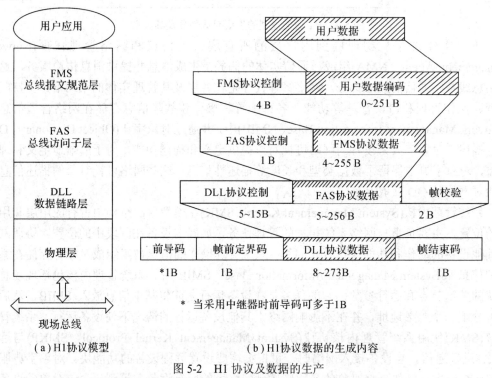

（a）H1协议模型　　　　　　　　　　（b）H1协议数据的生成内容

图 5-2　H1 协议及数据的生产

5.1.4　FF 通信网络中的虚拟通信关系

在 FF 通信网络中，设备之间传送信息是通过预先组态好的通信通道进行的，这种在现场总线网络系统各应用之间的通信通道称为虚拟通信关系(VCR)。建立两个现场设备应用进程间的通信连接，与建立两个电话之间的线路连接类似，但不要求有真正的物理线路上的连接。现场设备应用进程之间的连接是一种逻辑上的连接，可以看做一种软连接，这也是把这种通信连接称为虚拟通信关系的重要原因。

为满足不同的应用需要，FF 控制网络设置了三种类型的虚拟通信关系，即客户/服务器型、报告分发型和发布/预订接收型。表 5-1 给出了三种类型的虚拟通信关系的通信特点、信息类型与典型应用。

表 5-1 虚拟通信关系的类型与典型应用

VCR 类型	客户/服务器型	报告分发型	发布/预订接收型
通信特点	排队、一对一、非周期	排队、一对多、非周期	缓冲、一对多、周期或非周期
信息类型	初始设置参数或操作模式	事件通告，趋势报导	刷新功能块的输入输出数据
典型应用	设置给定值；改变模式；调整控制参数；上载/下载；报警管理；访问显示画面；远程诊断	向操作台通告报警状态；报告历史数据趋势	向 PID 控制功能块和操作台发送测量值

1. 客户/服务器型虚拟通信关系

客户/服务器型虚拟通信关系用于客户端启动的现场总线上两个设备之间的一对一、排队和非周期通信，这里的排队是指消息以有序的方式发送和接收，不包括以前的信息在内。

当一个设备接收到令牌时，它可以向现场总线上的另一个设备发送请求消息，请求者被为客户，被请求者称为服务器。当服务器接收到请求并从链路活动调度器接收传递令牌时，它可以响应客户的请求。使用客户/服务器型虚似通信关系的一对客户机和服务器之间的请求/响应数据交换，是按优先级排队的非周期通信。由于非周期通信是在周期通信的间隙进行的，所以设备间除了周期通信外，还采用令牌传输机制来共享间隙时间，因此存在传输中断的可能性。当传输中断时，可使用重传器恢复传输。

客户/服务器型虚拟通信关系通常用于设置参数或执行某些操作，例如更改给定值、访问和调整调节器参数、确认报警、上传和下载设备程序等。

2. 报告分发型虚拟通信关系

报告分发型虚拟通信关系是一种排队、非周期并由用户发起的一对多通信模式。当具有事件报告或趋势报告的设备从链链活动计划程序接收传输令牌时，该设备通过此报告将消息分发给由其虚拟通信关系指定的一组地址，即有一组设备将接收消息。报告分发型虚拟通信关系与客户机/服务器虚拟通信关系的最大区别在于，它使用一对多通信模式，报表对应一组由多个设备组成的接收器，此报表为广播或多播事件和趋势报表分发虚拟通信关系。数据保持器根据预定的 VCR 目标地址在多个点将其数据传输到总线设备，它可以按地址一次分发所有报告，也可以根据每条消息的传输类型排队，按分发顺序将报告发送给收件人。与客户/服务器型虚拟通信关系类似，这种非周期通信也是在周期通信的间隙进行的，因此有必要采取措施避免由于传输阻塞而引起的非周期通信中断。通过对每种类型的消息分别进行排队和发布，可以在一定程度上降低通信中断的几率。报告分发型虚拟通信关系最典型的应用场合是将警报状态、趋势数据等通知操作员。

3. 发布/预订接收型虚拟通信关系

发布/预订接收型虚拟通信关系主要用来实现缓冲型的一对多通信。当数据发布设备接收到令牌时，它将其消息发布或广播到总线上的所有设备。希望接收此消息的设备称为订阅接收器或订阅服务器。缓冲意味着只有最近发布的数据才存储在缓冲区中，新数据将完全覆盖以前的数据。数据生成器和发布者使用此 VCR 将数据放入缓冲区。发布服务器缓冲区的内容同时传输给广播中的所有数据用户，即订阅服务器接收器的缓冲区。为了减少数据生成和数据传输之间的延迟，数据广播的缓存刷新应与缓存内容的传输同步。缓冲模式是发布/预订接收型虚拟通信关系的一个重要特征。

发布/预订接收型虚拟通信关系中的令牌可以由链路活动调度者按准确的时间周期发出，也可以由数据用户按非周期方式发起，即这种通信可由链路活动调度者发起，也可以由用户发起，具体采用的是哪种方式由 VCR 的属性指明。

现场设备通常采用发布/预订接收型虚拟通信关系，按周期性的调度方式，为用户应用功能块刷新数据，如刷新过程变量、操作输出等。

5.2　H1 网段的物理连接

FF 低速网段 H1 的物理层遵循 IEC1158-2 标准，通信速率为 31.25 kb/s。按照通信协议分层的原有概念，物理层并不包括传输媒体本身，但由于物理层的基本任务是为数据传输提供合格的物理信号波形，它直接与传输介质连接，而传输介质的性能与应用参数对所传输的物理信号波形有较大影响，因此 H1 的物理层规范一方面对物理层内部的技术参数作出规定，另一方面还对影响物理信号波形、幅度的相关因素，如媒体种类、传输距离、接地、屏蔽等作出了相应的规范要求。因而本节中除了介绍物理层本身之外，还涉及一些与物理层直接相关的网络连接知识。

5.2.1　H1 的物理信号波形

基金会现场总线为现场设备提供两种供电方式，即总线供电与非总线单独供电。总线供电的设备直接从总线上获取工作电源；非总线单独供电方式的现场设备工作电源直接来自外部电源，而不是取自总线。在总线供电的场合，总线既要传送数字信号，又要为现场设备供电。按总线供电的技术规范，H1 网段的电压曲线如图 5-3(a)所示，电流曲线如图 5-3(b)所示。携带协议信息的数字信号，以 31.25 kHz 的频率、峰-峰电压为 0.75～1 V 的幅值加载到 9～32 V 的直流电压上，形成现场总线的信号波形。图 5-3(c)所示为一个现场设备的网络配置，在网段的两个端点附近分别连接一个终端器，每个终端器由 100 Ω 电阻和一个 1 μF 的电容串联组成，以防止通信信号在线缆端点处反射而造成信号失真。终端器与电缆屏蔽层之间不应有任何连接，以保证总线与地之间的绝缘性能。

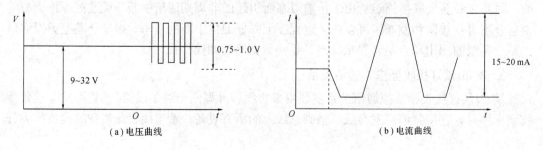

（a）电压曲线　　　　　　　　　　　　　　　　（b）电流曲线

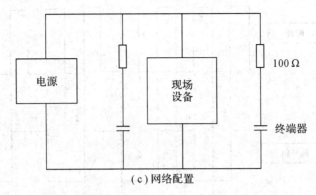

（c）网络配置

图 5-3　H1 网段的电压、电流曲线及网络配置

从图 5-3 还可以看到，这样的网络配置使得其等效阻抗为 50 Ω。现场变送设备内 15～20 mA 的电流变化就可在等效阻抗为 50 Ω 的现场总线网络上形成 0.75～1 V 的电压信号。

5.2.2　H1 的信号编码

H1 的通信信号由以下几种信号编码组成：

(1) 协议报文编码。协议报文是指要传输的数据报文，这些数据报文由上层的协议数据单元生成。基金会现场总线采用曼彻斯特编码技术将数据编码信号加载到直流电压上形成物理信号。在曼彻斯特编码过程中，每个时钟周期被分成两半。H1 采用的是双向 L 曼彻斯特编码的数据编码方式，实际上是曼彻斯特编码的反码。前半周期为低电平、后半周期为高电平形成的脉冲正跳变表示 0；前半周期为高电平、后半周期为低电平的脉冲负跳变表示 1。这种编码的优点是数据编码中隐含了同步时钟信号，不必另外设置同步信号。在每个时钟周期的中间，数据码都必然会存在一次电平的跳变。每帧协议报文的数据长度为 8～273 B。

(2) 前导码。前导码位于帧头，在通信信号最前端，是特别规定的一组 8 位数字信号，为 10101010。一般情况下，前导码是一个 8 位的字节，如果采用中继器，则前导码可以多于一个字节。接收端的接收器正是采用前导码，与正在接收的网络信号同步其内部时钟的。

(3) 帧前定界码。帧前定界码标明了协议数据信息的起点，长度为一个 8 位的字节，由特殊的 N+ 码、N– 码和双向 L 曼彻斯特编码的跳变脉冲按规定的顺序组成。在 FF 的物理信号中，N+ 码和 N– 码具有自己的特殊性，N+ 码在整个时钟周期都保持高电平，N– 码在整个时钟周期都保持低电平，即它们在时钟周期的中间不存在电平的跳变。接收端的接收器利用帧前定界码信号来找到协议数据信息的起点。

(4) 帧结束码。帧结束码标志着协议数据信息的终止，其长度为八个时钟周期，或称一个字节。与帧前定界码一样，帧结束码也是由特殊的 N+ 码、N– 码和双向 L 曼彻斯特编码的跳变脉冲按规定的顺序组成，但是，帧结束码的组合顺序与帧前定界码不同。

图 5-4 给出前导码、帧前定界码、帧结束码的波形图。前导码、帧前定界码、帧结束码都由物理层的硬件电路生成。作为发送端的发送驱动器，要把前导码、帧前定界码、帧结束码增加到发送序列之中；接收端的信号接收器则要从所接收的信号序列中把前导码、帧前定界码、帧结束码去除，只将协议数据信息送往上层处理。

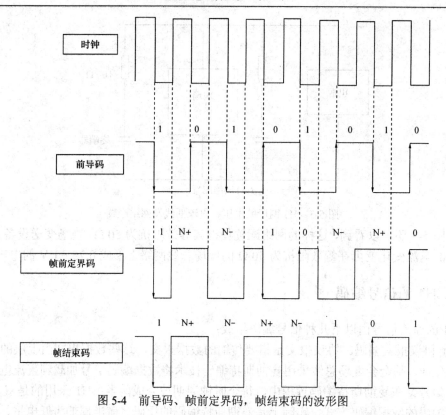

图 5-4　前导码、帧前定界码，帧结束码的波形图

5.2.3　H1 网段的传输介质与拓扑结构

H1 网段支持多种传输介质，如双绞线、电缆、光缆和无线介质，目前应用较为广泛的是前两种。H1 标准采用的电缆类型分为无屏蔽双绞线、屏蔽双绞线、屏蔽多对双绞线、多芯屏蔽电缆。

显然，接收信号的幅度、波形与传输介质的种类、导线屏蔽、传输距离、连接拓扑等密切相关。在许多场合，传输介质既要传输数字信号，又要传输工作电源。要使挂接在总线上的所有设备都满足工作电源、信号幅度、波形等方面的要求，并具备良好的工作条件，则必须对作为传输介质的导线横截面、允许的最大传输距离等作出规定。线缆种类、线径粗细对传输信号的影响各异。

H1 现场总线中可使用多种型号的电缆，表 5-2 中列出了可供选用的 A、B、C、D 四种电缆的规格，其中 A 型电缆为新安装系统中推荐使用的电缆。

表 5-2　H1 现场总线的电缆规格

型号	特征	规　格	最大长度
A	屏蔽双绞线	$0.8\ mm^2$	1900 m
B	屏蔽多股双绞线	$0.32\ mm^2$	1200 m
C	无屏蔽多股双绞线	$0.13\ mm^2$	400 m
D	外层屏蔽、多芯非双绞线	$0.125\ mm^2$	200 m

根据 IEC61158-2 规范的要求，对用于 H1 网络的电缆，其电气参数应满足以下要求：

(1) 特征阻抗(100+20%)Ω。

(2) 最大衰减系数等于 3.0 dB/km。

(3) 屏蔽的最大不平衡电容等于 2.0 nF/km。

(4) 最大直流电阻(每根导线)等于 24 Ω/km。

(5) 最大传播迟延变化($0.25 \sim 1.25f$)等于 1.7 μs/km。

(6) 导线横截面积等于 0.8 mm^2(#18AWG)。

(7) 最小屏蔽覆盖系数 90%。

不管是否为总线供电，在现场总线电缆与地之间，都应具备低频电气绝缘性能。对低于 63 Hz 的低频场合，在总线主干电缆屏蔽层与现场设备地之间进行测试时，其绝缘阻抗应该大于 250 kΩ。通过在设备与地之间增加绝缘，或在主干电缆与设备间采用变压器、光耦合器隔离部件等措施，可以增强其电气绝缘性能。

低速现场总线 H1 支持点对点型、总线型、菊花链型、树型拓扑结构。但在 FF 的工程设计指南中，建议尽量不采用菊花链型的拓扑结构，以防止因设备增减或维修造成总线段的断裂，影响正常的网络通信。图 5-5 所示为 H1 网段的拓扑结构示意图，表 5-3 给出了 H1 总线网段的主要参数。

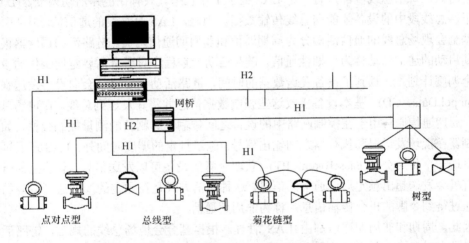

图 5-5　H1 网段的拓扑结构示意图

表 5-3　H1 网段的主要参数

拓扑结构	总线型/菊花链/树型	总线型/菊花链/树型	总线型/菊花链/树型
信号类型	电压	电压	电压
传输速率	31.25 kb/s	31.25 kb/s	31.25 kb/s
通信距离	1900 m	1900 m	1900 m
分支长度	120 m	120 m	120 m
供电方式	非总线供电	总线供电	总线供电
本质安全	不支持	不支持	支持
设备数/段	2～32	1～12	2～6

5.3　H1 网段的链路活动调度

H1 网段的链路活动调度是为控制通信介质上的各种数据传输活动而设置的。通信中的链路活动调度，数据的接收发送，活动状态的探测、响应，总线上各设备间的链路时间同步，都是通过通信参考模型中的数据链路层实现的。每个总线段上都有一个媒体访问控制中心，被称为链路活动调度器(Link Active Scheduler，LAS)。LAS 具备链路活动调度能力，可形成链路活动调度表，并按照调度表的内容形成各类链路活动。链路活动调度是数据链路层的重要任务，对没有链路活动调度能力的设备来说，其数据链路层要对来自总线的链路数据作出响应，以控制本设备对总线的活动。此外，数据链路层还要对所传输的信息实行帧校验。

5.3.1　链路活动调度器及其功能

链路活动调度器(LAS)有一个总线上所有设备的列表，负责总线段上各设备的操作。在任何时候，每个总线段都只有一个 LAS 处于工作状态。只有在链路活动调度器(LAS)的允许下，总线段中的设备才能向总线传输数据。因此，LAS 是总线的通信活动中心。

基金会现场总线的通信活动分为周期通信和非周期通信两类。链路活动调度器根据调度周期启动的通信活动称为周期性通信。链路活动计划程序对所有需要定期操作的设备都有一个调度计划。一旦到了设备发送数据的时间，链路活动调度器就会向设备发送强制数据(Compel Data，CD)，基本设备接收这些强制数据信息并将其发送到总线。在现场总线系统中，周期通信通常用于在控制回路中的设备之间传输定时刷新的测量控制数据，如测量或控制器在现场发送器和执行器之间输出信号。除了预定的调度时间外，LAS 还通过现场总线发送一个传递令牌(Pass Token，PT)，获取令牌的设备可以发送信息。总线上的所有设备都有机会发送超出预定周期通信的信息，这种通信方式是在预定的周期通信以外的时间内，通过得到令牌的机会传输信息，称为非周期通信。

因此，周期和非周期通信都由 LAS 管理。根据基金会现场总线的规范，链路活动调度器应具有以下五个基本功能：

(1) 向设备发送强制数据(CD)。链路活动调度器按照保留的调度表，向网络上的设备发送 CD。基金会现场总线规定，调度表内只保存发送强制数据的协议数据单元的请求，其余功能函数都分散在各通信实体内部。

(2) 向设备发送传递令牌(PT)，使设备得到发送非周期数据的权力，为其提供发送非周期数据的机会。

(3) 为新入网的设备探测未被采用过的地址。当为新设备找好地址后，链路活动调度器把新设备加入到活动表中。

(4) 定期对总线段发布数据链路时间和调度时间。

(5) 监视设备对传递令牌(PT)的响应。当设备既不能随 PT 顺序进入使用，也不能将令牌返回时，链路活动调度器就从活动表中去掉这些设备。

5.3.2 通信设备类型

并非所有总线设备都可成为链路活动调度器，按照设备的通信能力，基金会现场总线把通信设备分为三类：链路主设备、基本设备和网桥。链路主设备是指有能力成为链路活动调度器的设备，而不具备这一能力的设备则被称为基本设备。基本设备只能接收令牌并作出响应，这是最基本的通信功能，因此可以说网络上的所有设备，包括链路主设备，都具有基本设备的能力。当网络中几个总线段进行扩展连接时，用于将单个总线段组合连接在一起的设备称为网桥，网桥属于链路主设备。由于网桥担负着对连接在它下游的各总线段的系统管理时间的发布任务，因此它必须成为链路活动调度器，否则就不可能对下游各段的数据链路时间和应用时钟进行再发布。

一个总线段上可以连接多种通信设备，也可以挂接多个链路主设备，但一个总线段上某个时刻只能有一个链路主设备成为链路活动调度器(LAS)，没有成为 LAS 的链路主设备起着后备 LAS 的作用。当作为链路活动调度器的主设备发生故障或因其他原因失去链路活动调度能力时，系统自动将链路活动调度权转交给本网段的其他主设备。图 5-6 所示为 H1 网段中的通信设备类型与 LAS。

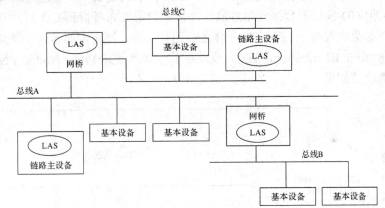

图 5-6　H1 网段中通信设备类型与 LAS

5.3.3 链路活动调度器的工作过程

1. 链路活动调度权的竞争过程与 LAS 转交

当一个总线段中存在多个链路主设备时，通过链路活动调度权的竞争，获胜的链路主设备成为 LAS。当系统启动或现有的 LAS 无法工作时，总线段上的链路主设备竞争 LAS 权利，竞争过程是选择节点地址最低的链路主设备作为 LAS。在系统设计时，可以将一个低节点地址分配给希望成为 LAS 的链路主设备。然而，由于种种原因，该链路主设备不一定能够赢得竞争。例如，在系统启动竞争中，一个设备的初始化速度可能比另一个链路主设备慢，因此即使该设备的地址较低，但是它还是无法赢得竞争而成为 LAS。当节点地址较低的链路主设备接入已经运行的网络时，由于网段上已有一个在岗 LAS，所以在没有新的竞争之前，它不能成为 LAS。

如果的确希望某一个链路主设备成为 LAS，则可以使用数据链路层提供的另一种方法

(在离线组态时，将该链路主设备设置为首选 LAS)将 LAS 传输给它。有关链路活动调度的信息都放置在设备的网络管理信息库的配置中，以便系统能够理解该设备希望成为 LAS 的请求。

现场总线上的多个链路主设备可以构成链路活动调度器的冗余。如果在岗链路活动调度失败，总线上的链路主设备将采用新的竞争过程，选择在竞争中获胜的链路主设备成为链路活动调度器，使得总线可以继续工作。

2. 链路活动的调度算法

链路活动调度器的工作是按照一个预先安排好的调度时间表来进行的，调度时间表包含了所有要周期性发生的通信活动时间。如果到了某个设备发布信息的预定时间，则链路活动调度器向现场设备中的特定数据缓冲器发出一个强制数据(CD)，这个设备会立刻向总线上的所有设备发布信息，这是链路活动调度器执行的最高优先级的行为。

链路活动调度器可以发送两种令牌，即强制数据令牌和传递令牌，得到令牌的设备才有权对总线传输数据。一个总线段在一个时刻只能有一个设备拥有令牌。在数据链路层中设有数据链路协议数据单元(Data Link Protocol Data Unit，DLPDU)。强制数据的协议数据单元(CD DLPDU)用于分配强制数据类令牌。LAS 按照调度表周期性地向现场设备循环发送 CD。LAS 把 CD 发送到数据发布者的缓冲器，数据发布者得到 CD 后便开始传输缓冲器内的内容。如果在发布下一个 CD 令牌之前还有时间，则可发布传递令牌(PT)，或发布时间分配信息(Time Distribution，TD)，或发布节点探测信息(Probe Node，PN)。图 5-7 为链路活动的调度流程图。

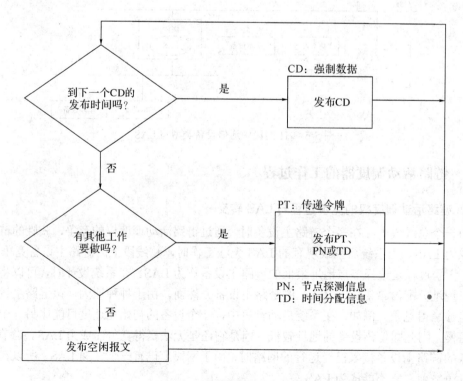

图 5-7　链路活动调度的流程图

传递令牌协议数据单元(PT DLPDU)用于为设备发送非周期通信的数据。设备收到传递令牌，就得到了在特定时间段传送数据的权力。PT DLPDU 中还规定了设备持有令牌时间的长短。

3. 活动表及其维护

链路活动调度器将有可能对传递令牌作出响应的所有设备均列入活动表。链路活动调度器周期性地对不在活动表内的地址发出节点探测信息(PN)，如果这个地址有设备存在，则该设备会马上返回一个探测响应信息，链路活动调度器就把这个设备列入活动表，并且发给该设备一个节点活动信息，以确认把它增加到活动表中。一个设备只要能响应链路活动调度器发出的传递令牌，就会一直保持在活动表内。反之，会被从活动表中删掉。

每当一个设备被增加到活动表、或从活动表中去掉的时候，链路活动调度器就对活动表中的所有设备广播这个变化，这样每个设备都能够保持一个正确的活动表的拷贝。

5.3.4　链路时间

H1 网段中的时间有两种含义，一种是应用时间，另一种是网络时间。应用时间用于标记网络上事件的时间，这些事件可以由用户选择的设备发布。网络时间用于通信报文调度，由执行链路活动调度的 LAS 发布。LAS 是本地链路的时间管理器，它周期性地广播一个时间发布报文帧(TD)，以便所有设备具有完全相同的数据链路时间。LAS 有一个时间同步计时器。当时间同步计时器满时，LAS 通过广播传输时间。完成 TD 的发送后，LAS 重新启动时间同步计时器。总线上的定时通信和用户应用程序中的定时功能块执行都是根据所获得的 TD 时间来工作的，因此链路时间同步非常重要。LAS 提供精确的控制时序，并发布链路调度的绝对开始时间。所有计划的周期性、非周期性和其他应用程序进程的执行时间都是由链路调度的绝对开始时间的偏移量来计算的。网络上的每个节点都根据 LAS 发布的网络时间进行同步。

5.4　H1 网段的网络管理与系统管理

为了在设备的通信模型中把第二层至第七层，即数据链路层至应用层的通信协议集成起来并监督其运行，现场总线基金会采用网络管理代理(NMA)与网络管理者(Network Manager，NMgr)的工作模式，网络管理者在相应的网络管理代理的协同下，完成网络的通信管理。

5.4.1　网络管理者与网络管理代理

网络管理者按系统管理者的规定，负责维护网络运行。网络管理者监视每个设备中通信栈的状态，在系统运行需要或系统管理者指示时，执行某个动作。网络管理者通过处理网络管理代理生成的报告，来完成其任务。在一个设备内部，网络管理与系统管理的相互作用属本地行为，但网络管理者与系统管理者之间的关系，涉及系统构成。

网络管理者(NMgr)实体指导网络管理代理(NMA)运行，由 NMgr 向 NMA 发出指示，而 NMA 收到指示后对 NMgr 作出响应，NMA 也可在一些重要的事件或状态发生时通知 NMgr。每个现场总线网络至少有一个网络管理者。每个设备都有一个网络管理代理 (NMA)，负责管理其通信栈。网络管理代理利用组态管理设置通信线内的参数，选择工作方式与内容，监视判断有无通信差错。在工作期间，网络管理代理可以观察、分析设备的通信状况，如果判断出有问题，则需要改进或者改变设备间的通信，由此便可以在设备一直工作的同时实现重新组态。能否重新组态取决于该设备与其他设备间的通信是否已经中断。尽管大部分组态信息、运行信息、出错信息实际上是驻留在通信栈内，但都包含在网络管理信息库(NMIB)中。

网络管理者主要负责以下工作：① 下载虚拟通信关系表(VCRL)或表中某个单一条目；② 对通信栈组态；③ 下载链路活动调度表；④ 运行性能监视；⑤ 差错判断监视。

网络管理代理的虚拟现场设备(Network Management Agent Virtual Field Device，NMA VFD)中的对象是关于通信栈整体或各层管理实体(LMEs)的信息。这些网络管理对象集合在网络管理信息库(NMIB)中，由网络管理者(NMgr)使用一些 FMS 服务，通过与网络管理代理(NMA)建立虚拟通信关系进行访问。网络管理者、网络管理代理及被管理对象间的相互作用关系如图 5-8 所示。

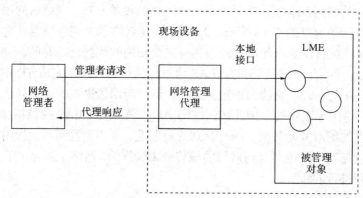

图 5-8　网络管理者、网络管理代理及被管理对象之间的相互作用关系

网络管理者(NMgr)及其网络管理代理(NMA)之间的通信有标准虚拟通信关系的规定。NMgr 与 NMA 之间的虚拟通信关系总是 VCRL 中的第一个虚拟通信关系，它提供了排队式、用户触发、双向的网络访问。网络管理代理 VCR，以含有 NMA 的所有设备都熟知的数据链路连接端点地址的形式，存在于含有 NMA 的所有设备中，要求所有的 NMA 都支持这个 VCR。通过其他 VCR，也可以访问 NMA，但只允许通过的 VCR 进行监视。

网络管理信息库(NMIB)是网络管理的重要组成部分之一，它是被管理变量的集合，包含了设备通信系统中组态、运行、差错管理的相关信息。网络管理信息库(NMIB)与系统管理信息库(SMIB)结合在一起，成为设备内部访问管理信息的中心。网络管理信息库的内容是借助虚拟现场设备管理和对象字典来描述的。

5.4.2　网络管理代理的虚拟现场设备

网络管理代理的虚拟现场设备(NMA VFD)是网络上可以看到的网络管理代理，或者说是由 FMS 看到的网络管理代理。NMA VFD 运用 FMS 服务，使得 NMA 可以通过网络进行访问。

NMA VFD 的属性有厂商名称、模块名称、版本号、行规号、逻辑状态、物理状态及 VFD 专有对象表。前三个属性由制造商规定并输入；NMA VFD 的行规号为 0X4D47，即网络管理英文字头 M、G 的 ASIC 码；逻辑状态、物理状态属于网络运行的动态数据；VFD 专有对象是指 NMA 索引对象，NMA 索引对象是 NMIB 中对象的逻辑映射，它作为一个 FMS 数组对象进行定义。

同其他虚拟现场设备一样，NMA VFD 具有它所包含的所有对象的描述，并形成对象字典，同时，它把对象字典本身作为一个对象进行描述。NMA VFD 对象字典的对象描述是该对象字典中的条目 0，其内容有标志号、存储属性(ROM/RAM)、名称长度、所支持的访问保护、OD 版本、本地地址、OD 静态条目长度、第一个索引对象目录号等。

通信行规、设备行规、制造商都可以规定 NMA VFD 中所含有的网络可访问对象，这些对象被收容在 OD 里，并增加了索引。网络管理代理要确保增加的对象定义不会受底层管理的影响，所规定的对象属性、数据类型不会被改变、替换或删除。

5.4.3　通信实体

图 5-9 所示为 H1 的通信实体所包含的内容。从图中可以看到，通信实体包含自物理层、数据链路层、现场总线访问子层(FAS)和现场总线报文规范层(FMS)直至用户层，占据了通信模型的大部分地区，是通信模型的重要组成部分。设备的通信实体由各层的协议和网络管理代理共同组成，通信栈是通信实体的核心。

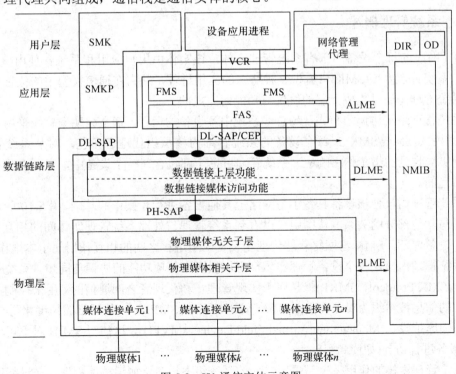

图 5-9　H1 通信实体示意图

图 5-9 中的层管理实体 LME(PLME、DLME、ALME)提供对该层协议的管理能力。FMS、

FAS、数据链路层、物理层都有自己的层管理实体，层管理实体向网络管理代理提供被管理对象的本地接口。网络对层管理实体及其对象的全部访问，都是通过网络管理代理进行的。

图 5-9 中的 PH-SAP 为物理层服务访问点；DL-SAP 为数据链路服务访问点；DL-CEP 为数据链路连接端点，它们是构成层间虚拟通信关系的接口端点。

层协议的基本目标是提供虚拟通信关系。FMS 提供 VCR 应用报文服务，如变量读、写。不过，有些设备可以不用 FMS 而直接访问 FAS。系统管理内核除采用 FMS 服务外，还可直接访问数据链路层。

FAS 对 FMS 和应用进程提供 VCR 报文传送服务，并把这些服务映射到数据链路层。FAS 提供 VCR 端点对数据链路层的访问，为运用数据链路层提供了一种辅助方式。在 FAS 中还规定了 VCR 端点的数据联络能力。

数据链路层为系统管理内核协议及总线访问子层访问总线媒体提供服务。访问通过链路活动调度器进行，访问可以是周期性的，也可是非周期性的。数据链路层的操作被分成两层，一层提供对总线的访问，另一层用于控制数据链路用户之间的数据传输。

物理层是传输数据信号的物理媒体与现场设备之间的接口，为数据链路层提供了独立于物理媒体种类的接收与发送能力，它由媒体连接单元、物理媒体相关子层、物理媒体无关子层组成。

各层协议、各层管理实体和网络管理代理组成的通信实体协同工作，共同承担网络通信任务。

5.4.4　系统管理概述

H1 网段的每个设备中都有系统管理实体，该实体由用户应用和系统管理内核(SMK)组成。系统管理内核(SMK)可看做一种特殊的应用进程，从它在通信模型中的位置可以看出，系统管理是通过集成多层的协议与功能而完成的。

系统管理用于协调分布式现场总线系统中各设备的运行。基金会现场总线采用管理员/代理者模式(SMgr/SMK)，每个设备的系统管理内核承担代理者角色，对从系统管理员(SMgr)实体收到的指示作出响应。系统管理可以全部包含在一个设备中，也可以分布在多个设备之间。

系统管理内核使该设备具备了与网络上其他设备进行互操作的基础。图 5-10 所示为系统管理与其他部分的关系，从图中可以看到系统管理与外部系统管理实体间的相互作用。在一个设备内部，SMK 与网络管理代理和设备应用进程之间的相互作用属于本地作用。

系统管理内核是一个设备管理实体，为加强网络各项功能的协调与同步。系统管理内核协议(SMK Protocol，SMKP)就是用于实现管理员和代理者之间通信的。用来控制系统管理操作的信息被组织为对象，存放在系统管理信息库(SMIB)中，从网络的角度来看，SMIB 属于管理虚拟设备(Management Virtual Field Device，MVFD)，这使得 SMIB 对象可以通过 FMS 服务进行访问(如读和写)。

系统管理内核的作用之一是采用专门的系统组态设备，如手持编程器，通过标准的现场总线接口，把系统信息置入系统管理信息库。组态可以离线进行，也可以在线进行。

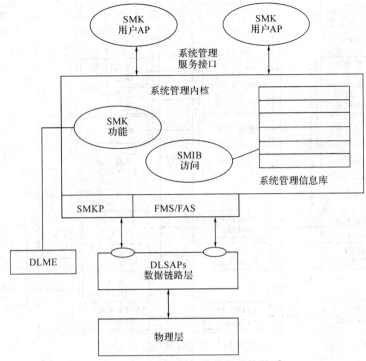

图 5-10　系统管理与其他部分的关系

SMK 采用了两种通信协议，即 FMS 与 SMKP，FMS 用于访问 SMIB；SMKP 用于实现 SMK 的其他功能。为执行 SMK 的功能，系统管理内核(SMK)必须与通信系统和设备中的应用相联系。

系统管理内核除了使用某些数据链路层服务之外，还运用 FMS 的功能来提供对系统管理信息库 SMIB 的访问。设备中的 SMK 采用与网络管理代理共享的 VFD 模式，通过应用层服务可以访问 SMIB 对象。

在地址分配过程中，系统管理(SM)必须与数据链路管理实体(Data Link Management Entity，DLME)相联系，系统管理(SM)和 DLME 的界面是在本地生成的。

系统管理内核与数据链路层有着密切联系，它直接访问数据链路层，以执行其功能。这些功能由专门的数据链路服务访问点(Data Link Layer Service Access Point，DLSAP)提供，DLSAP 地址保留在数据链路层。

系统管理内核(SMK)采用系统管理内核协议(SMKP)与远程 SMK 通信，这种通信应用有两种标准数据链路地址：一个是单地址，该地址唯一地对应了一个特殊设备的 SMK；另一个是链路的本地组地址，它标明了在一次链接中要通信的所有设备的 SMK。SMKP 采用无连接方式的数据链接服务和数据链路单元数据，而 SMK 则采用数据链路时间(DL Time)服务来支持应用时钟同步和功能块调度。

从系统管理内核与用户应用的联系来看，系统管理支持节点地址分配、应用服务调度、应用时钟同步和应用进程位号的地址解析。系统管理内核通过上述服务使用户应用得到各种地址解析功能。图 5-11 表明了 SMK 的组成模块与结构的关系，它可以作为服务器或响应者工作，也可以作为客户端工作，为设备应用提供服务界面。本地 SMK 和远程 SMK 相互作用时，本地 SMK 可以起到服务器的作用，以满足各种服务请求。

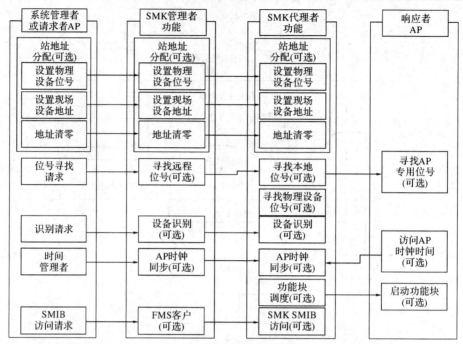

图 5-11　系统管理功能及其组织

5.4.5　系统管理的作用

系统管理可完成现场设备地址分配、寻找应用位号、应用时钟同步、功能块调度、设备识别以及对系统管理信息库 SMIB 的访问等功能。

(1) 现场设备地址分配。现场设备地址分配应确保现场总线网络上的每个设备只对应一个节点地址。首先，给未初始化的设备离线分配一个物理设备位号，然后初始化该设备。设备在初始化状态下并没有被分配节点地址，一旦它处于网络之中，组态设备就会发现该新设备并根据其物理设备位号为其分配节点地址。

分配节点地址的过程主要是由定时器控制的一系列步骤，以使系统管理代理能够定期执行其操作和响应管理员请求。在出现错误的情况下，代理必须有效地返回操作开始时的状态，并且必须拒绝与当时状态不兼容的请求。

(2) 寻找应用位号。位号标志的对象包括物理设备(PD)、虚拟现场设备(VFD)、功能块(FB)和功能块参数。现场总线系统管理允许查询由位号标志的对象，包含该对象的设备将返回响应值，其中包括对象字典目录和该对象的虚拟通信联系表。此外，现场总线管理允许在必要时使用位号与其他特定的应用程序对象连接。寻找应用位号功能还允许请求用户应用程序是否复制现场总线系统中已有的位号。

(3) 应用时钟同步。SMK 提供了网络应用时钟的同步机制。时间发布者的 SMK 负责处理应用程序时钟时间与数据链路层中存在的链路调度时间之间的关系，以实现应用程序时钟同步。基金会现场总线支持多余的时间发布者，为了解决冲突，它使用协议规则来确定发布服务器的工作时间。

SMK 不使用应用程序时钟来支持其任何功能，每个设备将应用程序时钟用作独立于现场总线数据链路时钟运行的单个时钟。换句话说，应用程序时钟时间可以根据需要由数据链路时钟计算。

(4) 功能块调度。SMK 代理的功能块调度功能是使用存储在 SMIB 中的功能块调度来通知用户要执行的功能块或其他可调度的应用程序任务。

这种调度由被称为宏周期的功能块重复执行。宏周期起点被指定为链路调度时间。所规定的功能块起始时间是相对于宏循环起点的时间偏移量，根据这条信息和当前的链路调度时间 LS-time，SMK 就能决定何时向用户应用发出执行功能块的命令。

功能块调度必须与链路活动调度器中使用的调度相协调，允许功能块的执行与输入/输出数据的传送同步。

(5) 设备识别。现场总线网络的设备识别是通过物理设备位号和设备 ID 来进行的。

除以上功能外，系统管理还具有通过 FMS 服务访问 SMIB，实现设备的组态与故障诊断的作用。

5.4.6　系统管理信息库及其访问

1. 系统管理信息库的对象

控制系统管理操作的信息被组织成对象存储起来，形成了系统管理信息库。每个系统管理内核中只有一个系统管理信息库，它包含了现场总线系统的主要组态和操作参数，如：

(1) 设备 ID。该数字唯一地标志了一台设备，由制造商设置。

(2) 物理设备位号。该位号由用户分配，以标明系统中现场设备的作用。

(3) 虚拟现场设备表。该列表为每一个所支持的虚拟现场设备提供了参考和名称。

(4) 时间对象。该对象包含了现在的应用时钟时间和分配参数。

(5) 调度对象。该对象包含了设备中各任务(功能块)间协调合作的调度信息。

(6) 组态方式/状态。它包含了支配系统管理状态的状态和控制标志。

表 5-4 列出了系统管理信息库所包含的对象。

表 5-4　系统管理信息库的对象

SMIB 对象	说　明	数据类型/结构	FMS 服务
Management VFD	管理 VFD	VFD	—
SMIB OD Description	SMIB 对象字典描述	OD 对象说明	—
VFD_REF_ENTRY	VFD 指针表条目	数据结构	—
VFD_START_ENTRY	VFD 功能块启动调度条目	数据结构	—
SMIB Directory Object	SMIB 索引对象	数组	读
SM_SUPPORT	设备 SMK 所支持的特性	BitString	读
T1	SM 单步计时器(以 1/32ms)	Unsigned32	读
T2	SM 设地址序列计时器	Unsigned32	读
T3	设地址等待计时器	Unsigned32	读
CURRENT_TIME	当前应用时钟时间	时间值	读
LOCAL_ATIME_DIFF	计算本地时间与当前时钟差	Integer32	读

SMIB 对象	说　明	数据类型/结构	FMS 服务
AP_Clk_Syn_Interval	链上时间报文发布间隔(s)	Unsigned8	读/写
TIME_LAST_RCVD	含最近时钟报文的应用时钟	时间值	读/写
Pri_Ap_Time_PUB	本链路主时间发布者节点地址	Unsigned8	读/写
Time_Publisher_Addr	发出最近时间报文的设备节点地址	Unsigned32	读/写
Macro Cycle_Duration	宏周期时间(以 1/32 ms 为单位)	Unsigned32	读
DEV_ID	设备的唯一标志(按 Profile 格式)	VisibleString	读
PD_TAG	物理设备位号	VisibleString	读/写
Operational_Powerup	该值控制 SMK 上电状态	布尔值	读
Version_Of_Schedule	调度表版本号	Unsigned16	读

2. 系统管理信息库(SMIB)的访问

(1) SMIB 包含系统管理对象。从网络角度看，SMIB 可看作是虚拟现场设备(VFD)管理，FMS 提供对它的远程应用访问服务(如读、写等)，以进行诊断和组态。VFD 管理与设备的网络管理代理共享，它也提供对网络管理代理(NMA)对象的访问。SMIB 中包含网络可视的 SMK 信息。

(2) 系统可通过 FMS 服务来访问 SMIB。无论在网络操作之前还是在操作过程中，都要允许设备的系统管理访问 SMIB，也要允许远程应用从设备中得到管理信息，因此在虚拟现场设备(VFD)的对象字典(OD)中定义了 SMIB。系统管理规范中指明了哪个信息是可写的，哪个信息是只读的，可利用系统管理内核协议(SMKP)访问这类信息。系统管理内核还可使本地应用进程通过本地接口得到系统管理信息库的信息。

5.4.7　SMK 状态

现场设备中的 SMK 在网络上可充分运行之前要经过三个主要状态，即未初始化状态、初始化状态及系统管理工作状态。

1. 未初始化状态(Uninitialized)

在未初始化状态下，设备既没有物理设备位号，又没有组态主管分配的节点地址，只能通过系统管理来访问其他设备。在此种状态下，只允许系统管理功能识别设备及使用物理设备位号来组态设备。

2. 初始化状态(Initialized)

在初始化状态下，设备有正确的物理设备位号，但未被分配节点地址，可采用缺省的系统管理节点地址将设备挂接到网络上。在这种状态下，设备除了提供系统管理服务外，不提供任何别的服务，而所提供的系统管理服务也只包括分配节点地址、消除物理设备位号和识别设备。

3. 系统管理工作状态(SM_Operational)

在系统管理工作状态下，设备既有物理设备位号，又有已分配给它的节点地址。一旦进入这种状态，设备的网络管理代理便启动应用层协议，允许应用跨越网络进行通信。为了使设备完全可操作，还需要更进一步的网络管理组态和应用组态。

如果 SMIB 中 Operational_Powerup(操作上电)布尔值为真，则 SMK 上电/复位时处于系统管理工作状态；若值为假，则处于未初始化状态。SMK 只有在系统管理工作状态下才能执行应用时钟同步功能，也只有在这个状态下才允许 FMS 访问 SMIB。

5.4.8　系统管理服务和作用过程

图 5-12 表示了系统管理内核及其所提供的服务的作用过程。从图中可以看到，系统管理内核提供的主要服务有设备地址分配、定位服务、设备识别、应用时钟同步、功能块调度。下面简要介绍这几种服务。

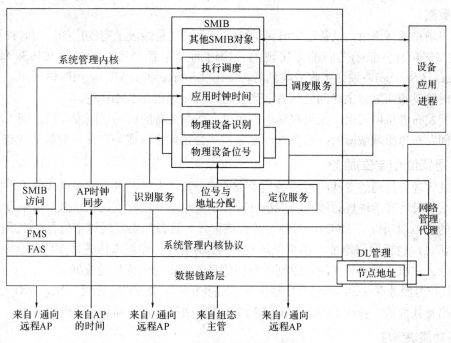

图 5-12　系统管理内核及其服务

1. 设备地址分配

每个现场总线设备都必须有一个唯一的网络地址和物理设备位号，以便现场总线对其进行操作。为了避免在仪表中设置地址开关，可以通过系统管理自动实现网络地址分配。为一个新设备分配网络地址的基本步骤如下：

(1) 通过组态设备分配给新设备一个物理设备位号，这项操作可以离线实现，也可以通过特殊的缺省网络地址在线实现。

(2) 系统管理采用缺省网络地址询问新设备的物理设备位号，并采用该物理设备位号在组态表内寻找新的网络地址。然后，系统管理给新设备发送一个特殊的地址设置信息，迫使该设备移至新的网络地址。

(3) 对进入网络的所有设备都按缺省地址重复上述步骤。

物理设备位号的设定和清除由组态设备使用 SET_PD_TAG 服务来完成，节点地址的设定采用 SET_ADDRESS 服务，地址清除采用 CLEAR_ADDRESS 服务。

2. 设备识别

SMK 的设备识别允许应用进程从远程 SMK 得到物理设备位号和设备 ID。设备 ID 是一个在系统中独立的识别标志，由生产者提供。在地址分配中，组态主管通过设备 ID 去辨认已经具有位号的设备，并为这个设备分配一个更改后的地址。

3. 应用时钟同步

基金会现场总线支持应用时钟同步功能。通常把应用时钟设置为日常的本地时钟，或者设置为统一的协调时间。系统管理者有一个时间发布器，它向所有的现场总线设备周期性地发布应用时钟同步信号。数据链路调度时间与应用时钟一起被采样、传送，使得正在接收的设备有可能调整它们的本地时间。应用时钟同步允许设备通过现场总线校准带时间标志的数据。

在现场总线网络上，设备应用时钟的同步是通过在总线段上定期广播应用时钟和本地链路调度时间(LS-time)之间的差实现的。由时间发布者广播时钟报文 Clock_Message (AP_time，LS_time)，预订接收者收到后，读出 LS-time 并计算出应用时钟时间。有关对象，如时钟发布间隔、主时间发布者、当前时间等被保留在 SMIB 中。

时间发布者可以冗余，如果在现场总线上有一个后备的应用时间发布器，则当正在使用的时间发布器出现故障时，后备时间发布器就会替代它而成为起作用的时间发布器。

4. 寻找位号(定位)服务

系统管理支持通过寻找位号服务搜索设备或变量，为主机系统和便携式维护设备提供方便。系统对所有的现场总线设备广播位号查询信息，一旦收到这个信息，每个设备都将搜索它的虚拟现场设备(VFD)，看是否符合该位号。设备如果发现这个位号，则返回完整的路径信息，包括网络地址、虚拟现场设备(VFD)编号、虚拟通信关系(VCR)目录、对象字典目录。主机或维护设备通过返回的路径信息就能访问该位号的数据。

寻找位号服务查找的对象包括物理位号、功能块(参数)及 VFD，使用 FIND_TAG_QUERY 服务发出查找请求，使用 FIND_TAG_REPLY 服务回答，它们都是确认性服务。

5. 功能块调度

功能块调度向用户指示，现在已经是执行某个功能块或其他可执行任务的时间了。SMK 使用它的 SMIB 中的调度对象和由数据链路层保留的链路调度时间来决定何时向它的用户应用发布命令。

功能块执行是可重复的，每一次重复称为一个宏周期(Macrocycle)，宏周期通过使用链路调度时间 0 作为它起始时间的基准，来实现链路时间同步。也就是说，如果一个特定的宏周期生命周期是 1000，那么它将以 0、1000、2000 等时间点作为起始点。每个设备都按宏周期执行其功能块调度，数据传输和功能块执行时间都通过它们各自偏离宏周期起点的时间来进行。

当功能块控制一个过程时，发生在固定时间间隔上的控制和输出改变是十分重要的。功能块的执行时间间隔与该固定时间间隔的偏差称为抖动，其值必须很小，以使功能块能精确地在固定时间间隔上执行。合适的功能块调度和它的宏周期必须下载到执行该功能块设备的 SMIB 中，设备通过这些对象和当前本地链路调度时间来决定何时执行它的功能块。

可以采用调度组建工具来生成功能块和链路活动调度表。假定调度组建工具已经为某个控制回路组建了表 5-5 所示的调度表，该调度表包含各项功能执行的开始时间，这个开始时间是指偏离绝对链路调度开始时间起点的数值。总线上所有设备都知道绝对链路调度的开始时间。

表 5-5　某控制回路调度表

受调度的功能块	与绝对链路调度开始时间的偏离值
受调度的 AI 功能块执行	0
受调度的 AI 通信	20
受调度的 PID 功能块执行	30
受调度的 AO 功能块执行	50

图 5-13 描述了绝对链路调度开始时间、链路活动调度周期、功能块调度与绝对开始时间偏离值之间的关系。

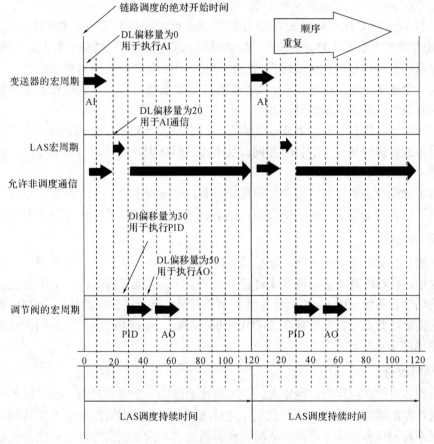

图 5-13　功能块调度与宏周期

在偏离值为 0 的时刻，变送器中的系统管理会引发 AI 功能块的执行；在偏离值为 20 的时刻，链路活动调度器向变送器内的 AI 功能块的缓冲器发送一个强制数据 CD，此时缓冲器中的数据将发布到总线上；在偏离值为 30 的时刻，调节阀中的系统管理引发 PID 功能块的执行；随后在偏离值为 50 的时刻，系统执行 AO 功能块。控制回路将准确地重复这种模式。

　　注意，在功能块执行的间隙，链路活动调度器 LAS 还向所有现场设备发送令牌消息，以便它们可以发送非周期报文，如报警通知、改变给定值等。在图 5-13 中只有偏离值在 20～30 范围内，即当 AI 功能块数据正在总线上发布的时间段内不能传送非周期信息。

　　在 SMIB 的 FB Start 条目(也称功能块启动表)中，规定设备在其宏周期中调度的功能块，由非确认性服务 FB_START.ind(VFD_ref，FB_Index)指示用户应用开始执行某功能块。

5.4.9　地址与地址分配

　　系统管理用于使设备进入控制网络的可操作状态，包括通信初始化、通信组态、应用组态和操作这一系列有序的步骤，该步骤都与设备的节点地址相关。

　　H1 的设备标志有三种，一是前面提到过的设备 ID，这是设备制造商为设备指定的序列号，如 003453ACME39483847；二是用户为标志设备在系统中的作用而设定的设备位号 TAG，如 TT-101；三是设备在网络上唯一的网络地址，如 35。

　　系统管理过程允许在物理设备位号和节点地址之间建立联系，例如物理设备位号"TIC-101"的节点地址是 23。系统管理提供机制，以确保每一条链路上节点地址的单一性。

　　虚拟现场设备位号是虚拟现场设备在物理设备中的标志。现场总线中的每个物理设备可以包含一个或多个虚拟现场设备，每个虚拟现场设备位号在一台物理设备中是独一无二的，它的有效范围就是这个物理设备。

　　功能块位号是用户分配给虚拟现场设备中一个或多个对象集合的名称，它的值可能会与物理设备或虚拟现场设备的位号相同。整个控制网络中功能块位号必须是唯一的，但系统管理并不提供这种保障机制。

　　与地址分配有关的设备有三类，即现场设备、临时设备和组态主设备。设备启动时经历的状态和执行的动作取决于它的类型，也取决于它在网络中历经的系统管理功能。

1. 现场设备

　　为了避免与运行设备的冲突，现场设备以被动方式加入到网络，先选择一个数据链路层缺省地址，再等待链路活动调度器将它送入网络，然后此设备等待一个组态主设备或离线组态的临时设备给它的 SMK 分配个数据链路层节点地址。获得地址后，SMK 通过接口将此地址提供给数据链路层管理实体(Data Link Management Entity，DLME)，该地址即为 DLME 使用的节点地址。

2. 临时设备

　　临时设备可用在已运行的网络上，也可离线地组态一个现场设备。临时设备首先必须对网络进行监听以确定现行系统的状况，然后选择一个由数据链路层定义的访问地址，并且承担网络控制任务，或者等链路活动调度器将它送入网络。当与网络相连的时候，临时设备一直保留在这个访问地址上，并不会转移到某个已分配地址。

3. 组态主设备

　　组态主设备了解某段线路上所有设备的节点地址。当节点进入网络的时候，它使用自己的预组态节点地址，并响应为现场设备分配地址的请求。如果有一个以上的组态主设备存在，那么所有组态主设备都应该具有相同的网络组态信息，系统管理不对这一条件进行检查。

系统管理使用的地址包括访问者地址(Visitor Address)、缺省地址(Default Address)、分配地址(Assigned Address)、系统管理实体单地址(Individual SM Entity Address)及系统管理实体组地址(Group SM Entity Address)。查询数据链路层说明可得知这些地址的范围和形式。

(1) 访问者地址。访问者地址是保留给网络上不经常持续存在的设备使用的节点地址。在 FF 网络中，访问者地址。由临时设备使用，例如手持终端、组态工具或诊断设备。

(2) 缺省地址。缺省地址是保留给正等待节点地址分配的数据链路实体使用的非访问节点地址。处于未初始化或初始化状态的现场设备和还没有被组态主设备分配地址的设备使用缺省地址，缺省地址的范围在数据链路层说明中定义和保存。

(3) 分配地址。分配地址是保留给网络中正在使用的设备的节点地址。除了临时设备外，网络中的每个设备在它的通信栈变为可操作之前都必须被分配一个节点地址，该节点地址就是数据链路层地址。在网络设备进行通信时，用节点地址来唯一标志现场设备。

(4) 系统管理实体单地址。系统管理实体 SMK 单地址是分配给含有 SMK 设备的节点地址和 DLSAP 选择器的地址。在数据链路层规范中，把 DLSAP 选择器规定为"节点的系统管理应用实体 SMAE(Systems Management Application Entity)的 DLSAP"。该 DLSAP 地址是 SMK 唯一的数据链路层地址，在数据链路层规范中把 SMK 称为系统管理应用实体。

(5) 系统管理实体组地址。系统管理实体组地址用来给网络中的一组 SMK 多路发布消息。应用时钟同步协议要求给本地数据链路的所有系统管理实体分配地址，并允许本地用户应用采用 SMK 组地址与远程 SMK 相联系，以设置和取消远程设备的物理设备位号。

H1 的设备地址范围是 0~255，其中 0~15 被保留为一组特殊地址，现场设备的可用地址范围是 16~247，地址 248~251 为永久缺省地址，地址 252~255 为临时设备地址。

系统管理对设备地址即永久地址的分配过程如下：

(1) 对设备的位号赋值；
(2) 将设备连接到总线上并为其在 248~251 的范围内随机选择一地址；
(3) 组态工具发出 SET-ADDRESS；
(4) 设备得到永久地址；
(5) 电源断电后，设备需再次要求永久地址。

5.5 FF 的功能块

功能块位于 FF 通信模型的最高层——用户层，用户层是 FF 在 ISO/OSI 参考模型中七层结构的基础上添加的一层。功能块应用进程作为用户层的重要组成部分，用于完成 FF 网络中的自动化系统功能。而完成功能块应用的过程要运用 FMS 子层。

5.5.1 功能块的内部结构与功能块连接

功能块应用进程提供一个通用结构，该通用结构是把实现控制系统所需的各种功能划分为功能模块，使其公共特征标准化，并规定功能块各自的输入、输出、算法、事件、参数与块控制图，把按时间反复执行的函数模块转化为算法，把输入参数按功能块算法转换为输出参数。反复执行意味着功能块或是按周期，或是按事件进行重复作用。图 5-14 为一个功能块的内部结构。

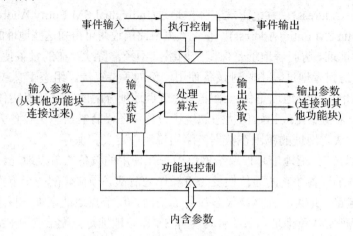

图 5-14　功能块的内部结构

从图中的结构可以看到，不管功能块内部执行的是哪一种算法，实现的是哪一种功能，它们与功能块外部的联络结构是通用的。位于图中左、右两边的一组输入参数与输出参数，是本功能块与其他功能块之间要交换的数据和信息，其中输出参数是由输入参数、本功能块的内含参数、算法共同作用而产生的。图中上部的执行控制用于在某个外部事件的驱动下，触发本功能块的运行，并向外部传送本功能块执行的状态。

例如，生产过程控制中常用的 PID 算法就是一个标准的功能块。把被控参数测量 AI 模块的输出连接到 PID 功能块就成为 PID 功能块的输入参数。当采用串级控制时，其他 PID 功能块的输出也可以作为输入参数，置入 PID 功能块内作为给定值。比例带、积分时间、微分时间等所有不参与连接的参数则是本功能块的内含参数。处理算法就是开发者编写的 PID 算式的运行程序。由链路活动调度器根据时钟时间触发 PID 功能块的运行，由运行结果产生输出参数，将输出参数送往与本功能块连接的 AO 模块，成为 AO 模块的输入参数，该输入参数通过 AO 模块的作用后被送往指定的阀门执行器。

在功能块的通用结构中，内部的处理算法与功能块的框架结构相对独立，使用者无需了解功能与算法的具体实现过程。这种结构有助于实现不同功能块之间的连接，便于实现同种功能块算法版本的升级，也便于实现不同制造商产品的混合组态与调用。功能块的通用结构是实现开放系统构架的基础，也是实现各种网络功能与自动化功能的基础。

功能块由其输入参数，输出参数，内含参数及操作算法所定义。并使用一位号(Tag)和个 OD 索引识别。功能块被单个设计和定义，并集成为功能块应用。某个功能块被定义好后，可以用于其他功能块的应用之中。

功能块连接是指把一个功能块的输入连接到另一个功能块的输出，以实现功能块之间的参数传递与功能集成。功能块连接存在于功能块应用进程内部，也存在于功能块应用进程之间。同一设备内部留驻的功能块连接称为本地连接，不同设备内的功能块连接则需使用功能块服务程序，功能块服务程序提供对 FMS 应用层服务的访问。图 5-15 所示为功能块应用进程中的模块及其与对象的连接。

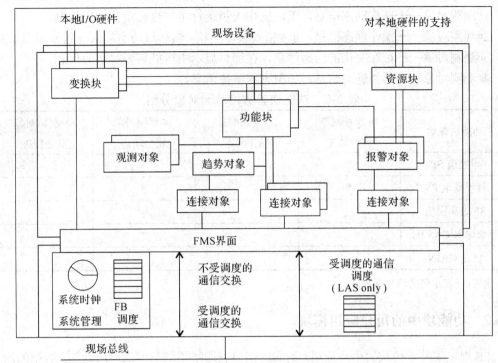

图 5-15　功能块应用进程中的模块及其与对象的连接

在图 5-15 中采用了以下对象：

(1) 连接对象。连接对象规定了功能块之间的连接关系，包括一个设备内部各块之间的连接关系，也包括跨越现场总线的不同设备间的输入与输出之间的连接关系。连接对象把不同功能块连接在一起，用于定义输入/输出参数之间的连接关系，也用来规定从外部对观测、趋势和报警对象的访问。连接对象要识别被连接的参数或对象，识别用于传输数据的 FMS 服务，识别用于传输的虚拟通信关系 VCR。对于跨越现场总线的不同设备间的输入/输出参数连接，连接对象还要识别远程参数。

(2) 趋势对象。趋势对象允许将功能块参数局部趋势化，可以为主机或其他设备所访问。趋势对象收集短期历史数据并存储在一个设备中，它提供了回顾其特征的历史信息。

(3) 报警对象。报警对象用于通知报警状态和控制网络中发生的事件，当判断出有报警或事件发生时，报警对象生成通知信息。报警对象监测功能块状态，它在报警和事件发生时，发出事件通知，并在一个特定的接收响应时间内等待响应。如果在预定的时间之内没有收到响应，则报警对象将重发事件通知，以确保报警信息不会丢失。

功能块、事件报告共有两类报警。一类是当功能块偏离了一个特定的状态时，例如一个参数越过了规定的门槛，采用事件表报告状态变化。另一类是在功能块进入特殊状态后又返回到正常状态时，也使用报警，以表明状态发生了变化。

(4) 观测对象。观测对象支持功能块的管理和控制，使功能块的状态与操作可视化。观测对象将操作数据转换成组并处理，使参数可被一个通信请求成组地访问。

根据预先定义的观测对象，可把人机接口采用的块参数组分成几类，功能块规范中为每种功能块规定了四个观测对象。表 5-6 所示为一般功能块参数按观测对象分组的情况，该表只给出了功能块参数的部分列表，对四个观测对象介绍如下：

1#观测对象——操作动态信息，工厂操作人员运行生产过程所需要的信息。

2#观测对象——操作静态信息，可能需要读取一次，然后与动态数据一起显示的信息。

3#观测对象——正在变化的动态信息，在细目显示中可能需要参照的信息。

4#观测对象——其他静态信息，如组态与维护信息。

表 5-6　功能块参数按观测对象分组

功能块参数	1# 观测对象 操作动态	2# 观测对象 操作静态	3# 观测对象 完全动态	4# 观测对象 其他静态
设定值 SP	*		*	
过程变量 PV	*		*	
SP 最高限值		*		
串级输入 CAS IN			*	
增益 GAIN				*

说明：*表示包括该项参数。

5.5.2　功能块中的用户应用模块

FF 规定了基于模块的用户应用，不同的模块表达了不同类型的应用功能。典型的用户应用模块可以分为资源块、转换块和功能块。

(1) 资源块。资源块描述了现场设备的一般信息，如设备名、制造者、系列号。为了使资源块能够表达这些特性，FF 规定了一组参数，但是资源块没有输入或输出参数。资源块将功能块与设备硬件特性隔离，可以通过资源块在网络上访问与资源块相关设备的硬件特性。

资源块也有其算法，用以监视和控制物理设备硬件的一般操作。该算法的执行取决于物理设备的特性，由制造商规定。因此，资源块算法可能引起事件的发生，一个设备中只有唯一的一个资源块。

(2) 转换块。转换块读取传感器硬件数据，并将数据写入相应的要接收这一数据的硬件中，同时转换块按所要求的频率从传感器中取得良好的数据，并确保数据合适地写入要读取数据的硬件之中。转换块不含有运用该数据的功能块，这样便于把读取、写入数据的过程从制造商的专有物理 I/O 特性中分离出来，提供功能块的设备入口，并执行一些功能。

转换块包含有量程数据、传感器类型、线性化、I/O 数据表示等校准信息，它可以加入本地读取传感器功能块或硬件输出的功能块中。通常每个输入或输出功能块内都会有一个转换块。

(3) 功能块。功能块是参数、算法和事件的完整组成。由外部事件驱动功能块的执行，通过算法把输入参数转换为输出参数，实现应用系统的控制功能。对输入和输出功能来说，把它们在本地连接到变换块，与设备的 I/O 硬件相互联系。

与资源块和转换块不同，功能块的执行是按周期性调度或按事件驱动的。功能块提供控制系统功能，其输入/输出参数可以跨越网段实现连接，使得每个功能块的执行受到准确地调度。单一的用户应用中可能有多个功能块。

FF 规定的一组基本标准功能块如表 5-7 所示。

表 5-7　FF 的基本标准功能块

功能块名称	功能块符号	功能块名称	功能块符号
模拟量输入	AI	离散输出	DO
模拟量输出	AO	手动装载	M L
偏置/增益	BG	比例微分	PD
控制选择	CS	比例积分微分	PID
离散输入	DI	比例系数	RA

此外，FF 还为先进控制规定了被称为 Part3 的 19 个标准高级功能块，它们是导前滞后、死区、累积器、设备控制、特征信号发生器、分程输出、斜坡设定值发生器、输入选择器、算术计算器、定时器、模拟信号报警、计算、脉冲输入、复杂 AO、复杂 DO、步进输出 PID、数字信号报警、模拟信号人机界面、数字信号人机界面。规定的被称为 Part4 的功能块有多模拟信号输入、多模拟信号输出、多离散信号输入、多离散信号输出。功能块 Part5 由柔性功能块构成，后来还添加了用于批量控制的功能块。

功能块可以按照对设备的功能需要设置在现场设备内。例如，简单的温度变送器可能包含一个 AI 模拟量输入功能块，而调节阀则可能包含一个 PID 功能块和 AO 模拟量输出功能块，这样一个完整的控制回路就可以只由一个变送器和一个调节阀组成。有时，也可以把 PID 功能块装入温度、压力等变送器内。

5.5.3　功能块的块参数

功能块块参数的标准化分四个层次，即现场总线基金会定义的六个通用参数、各种功能块的功能参数、FF 行规组定义的设备参数(写入 DD 库)及制造商定义的特殊参数(用 DDL 描述)。

不同的功能块有不同的标准功能参数，但六个通用参数是必须含有的，它们是参数表的开头六个子项，即静态版本(ST_REV，Unsigned16)、位号说明(TAG_DESC，字节串)、策略(STRATEGY，Unsigned16)、警键(ALERT_KEY，Unsigned8)、模式(MODE_BLK)及功能块块出错(BLOCK_ERR)。模式(MODE_BLK)含有四个子项，分别是目标模式、实际模式、允许模式及正常模式。功能块块出错(BLOCK_ERR)属于位串类型，如 1 表示块组错误；2 表示连接组态错误；8 表示输出错误；9 表示存储器错误；13 表示设备需要维修等。上述通用参数都是内含参数。

1. 资源块参数

资源块的所有参数都是内含参数，所以它没有连接。除目录号 1～6 的六个通用参数外，资源块的其他参数列于表 5-8 中。其中 RS_STATE 描述了资源状态总貌(1 为启动；2 为初始化；3 为在线连接；4 为在线；5 为备用；6 为失败)。参数 MANUFAC_ID，DEV_TYPE，DEV_REV，DD_RESOURSE，DD_REV 用以识别和寻找 DD，以便 DD 服务可正确地选择资源所用的设备描述 DD。RESTART 描述资源的启动状态(1 为运行；2 为重启资源；3 为缺省重启；4 为处理器重启)。HARD_TYPES 说明硬件 I/O 类型(属于位串类型，分别为位 0-AI、位 1-AO、位 2-D1 及位 3-DO)。CYCLE_TYPES 和 CYCLE_SEL 说明资源支持的性能(位 0 为代码类型；位 1 为报告；位 2 为失效保护；位 3 为软写保护；位 4 为硬写保护；位 5 为输出反馈；位 6 为硬件直接接入输出)。

表 5-8　资源块参数表

目录号	参数助记符	说　明	目录号	参数助记符	说　明
7	RS_STATE	资源的状态	24	FREE_SPACE	剩余空间
8	TEST_RW	读写测试参数	25	FREE_TIME	剩余时间
9	DD_RESOURSE	包含 DD 的资源的位号	26	SHED_RCAS	远程串级屏蔽
10	MANUFAC_ID	制造商识别符	27	SHED_ROUT	远程输出屏蔽
11	DEV_TYPE	设备类型	28	FAIL_SAFE	失效保护
12	DEV_REV	设备版本	29	SET_FSAFEM	设置失效保护
13	DD_REV	DD 版本	30	CLR_FSAFE	消除失效保护
14	GRANAT_DENY	访问允许或禁止	31	MAX_NOTIFY	报警最大通知数
15	HARD_TYPES	硬件类型	32	LIM_NOTIFY	通知数极限
16	RESTART	允许重启状态	33	CONFRIM_TIME	确认时间
17	FEATURES	特性	34	WRITE_LOCK	写保护
18	FEATURE_SEL	特性选择	35	UPDATE_EVT	更新事件
19	CYCLE_TYPE	循环类型	36	BLOCK_ALM	块报警
20	CYCEJ_SEL	循环选择	37	ALARM_SUM	报警总数
21	MIN_CYCLE_T	最小循环时间	38	ACK_OPTION	确认选项
22	MEMORY_SIZE	存储器大小	39	WRITE_PRI	清除写保护报警的优先级
23	NV_CYCLE_T	参数写入 NV 的时间	40	WRITE_ALM	清除写保护报警

2. 转换块参数

FF 设备的功能块应用进程可分作两个部分：控制应用进程(CAP)和设备应用进程(DAP)。CAP 由 I/O 模块、计算模块及控制模块的连接、组态定义，可在一个设备中或在几个设备间存在。DAP 总是存在于一个设备中，由资源块和转换块定义，没有通信链接。资源块描述 VFD 的资源对象，而转换块包含 VFD 中部分或全部描述物理 I/O 特性的对象。一个设备只有一个资源块，但可以有多个转换块，也可以没有转换块。DAP 运用通道(Channels)与 CAP 进行通信，通道可以是双向的，可以有多个值。

转换块分作三个子类，即输入转换块、输出转换块及显示转换挟，所有转换块的参数表除包含六个通用参数外，还有六个转换块参数，按目录号依次为 UPDATE_EVT(更新发生的事件)、BLOCK_ALM(块报警)、TRANSDUCER_DIRECTORY(转换块说明)、TRANSDUCER_TYPE(转换块类型)、XD_ERROR(转换块错误代码)及 COLLECTION_DIRECTORY(转换块的说明集)。

转换换参数也都是内含参数。

3. 功能块参数

不同作用的功能块设置有不同的参数，下面以 AI 和 PID 功能块为例介绍其功能块参数。

1) AI 功能块

AI 功能块的参数列于表 5-9 中，前面六个通用参数未列出。

表 5-9　AI 功能块参数表

目录号	参数助记符	说明	目录号	参数助记符	说明
7	PV	过程变量	22	ALARM_SUM	报警总数
8	OUT	功能执行结果值	23	ACK_OPTION	自动确认选项
9	SIMULATE	仿真参数	24	ALARM_HYS	报警期间的 PV 值
10	XD_SCALE	变换器量程	25	HI_HI_PRI	高_高报警优先级
11	OUT_SCALE	输出量程	26	HI_HI_LIM	高_高报警限
12	GRANT_DENY	允许/禁止	27	HI_PRI	高报警优先级
13	IO_OPTS	输入输出选项	28	HT_LIM	高报警限
14	STATUS_OPTS	块状态选项	29	LO_PRI	低报警优先级
15	CHANNEL	变换块通道值	30	LO_LIM	低报警限
16	L_TYPE	线性化类型	31	LO_LO_PRl	低_低报警优先级
17	LOW_CUT	小信号切除	32	LO_LO_LIM	低低报警限
18	PV_FTIME	PV 信号滤波时间常数	33	HI_HI_ALM	高_高报警
19	FIELD_VAL	现场值 (未线性化，未滤波)	34	HT_ALM	高报警
20	UPDATE_EVT	更新发生的事件	35	LO_ALM	低报警
21	BLOCK_ALM	块报警	36	LO_LO_ALM	低_低报警

AI 功能块的内部框图如图 5-16 所示，通道值来自输入转换块。通道值可以给出仿真值。仿真块是一个包括五个变量的数据结构(包括 Simulate Status、Simulate Value、Transducer Status、Transducer Value 及 Enable/Disable)。当仿真允许(Enable = 2)时，仿真块手动提供块输入值和状态；当仿真禁止(Enable = 1)时，输入值为转换块值，该输入值在 AI 模块中还需经过各种转换计算，如工程量转换计算、线性化处理等。

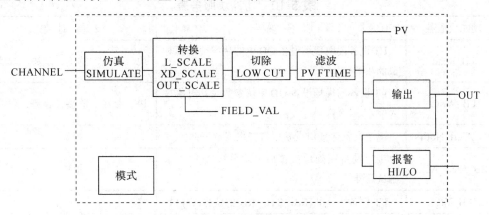

图 5-16　AI 功能块的内部框图

线性化类型(L_TYPE)为直接时，PV = Channel_Val；线性化类型(L_TYPE)为间接时，

PV = Channel_Val* [OUT_SCALE]。此外，还需要进行小信号切除 LOW_CUT、滤波处理等。

AI 功能块支持的工作模式有：Auto(即按 AI 功能块执行结果输出的自动模式)、Man(由操作者的操作决定 AI 输出的手动模式)及 OOS(Out Of Service，非工作状态的 OOS 模式)。

2) PID 功能块

图 5-17 为 PID 功能块的内部结构。

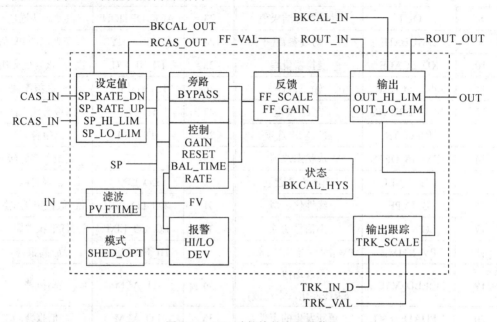

图 5-17　PID 功能块的内部结构

5.5.4　功能块服务

功能块服务描述了在接口设备、临时性设备与含有功能块应用的现场设备之间，运用 FMS 所进行的相互作用。功能块服务分别为 FB_Read、FB_Write、FB_Alert_Notify、FB_Alert_Ack、FB_Tag 及 FB_Action，各服务的说明见表 5.10。

表 5-10　功能块服务表

功能块服务	服务说明	支持对象
FB_Read	I/T 设备读取现场设备 OD 中的块参数及其对象的相关值	块、参数、链接、趋势、观测
FB_Write	I/T 设备向现场设备 OD 中块参数及其对象入值	块、参数、链接、趋势、观测
FB_Alert_Notify	现场设备向接口设备报告警报或者事件	报警
FB_Alert_Ack	接口设备在处理报警后清除警报/事件的未确认属性	报警
FB_Tag	I/T 设备更换块(FB，TB，RB)的位号(Tag)	块
FB_Action	使一个块或对象的一个实例被创建或者删除	块、链接、趋势

表 5-10 中的服务都要求确认，确认结果为成功时返回结果为(+)，失败时返回结果为(−)。这些服务都有两个状态，即正常状态与等待状态。服务的具体描述如下：

(1) FB_Read

FB_Read.req(VCR，Invoke ID，Index，Subindex)；

FB_Read.cnf(+)(VCR，Invoke ID，Data)；

FB_Read.cnf(−)(VCR，Invoke ID，Reason Code)。

(2) FB_Write

FB_Write.req(VCR，Invoke ID，Index，Subindex，Data)；

FB_Write.cnf(−)(VCR，Invoke ID)；

FB_Write.cnf(−)(VCR，ID，Reason Code)。

(3) FB_Alert_Notify

FB_Alert_Notify.req(VCR，Index of FBAlarm/Event)；

FB_Alert_Notify.cnf(+)(VCR)；

FB_Alert_Notify.cnf(−)(VCR)。

(4) FB_Alert_Ack

FB_Alert_Ack.req(lndex，VCR，Invoke ID)；

FB_Alert_Ack.cnf(+)(VCR，Invoke ID)；

FB_Alert_Ack.cnf(−)(VCR，Invoke ID，ReasonCode)。

(5) FB_Tag

FB_Tag.req(VCR，Invoke ID，FB Index，FB Tag)；

FB_Tag.cnf(+)(VCR，Invoke ID)；

FB_Tag.cnf(−)(VCR，Invoke ID，Reason Code)。

(6) FB_Action

FB_Action.req(VCR，Invoke ID，Index，Data(Action，Function，Occurrence))；

FB_Action.cnf(+)()；

FB_Action.cnf(−)(Reason Code)。

这里，VCR 是用于向现场设备发出通信请求的虚拟通信关系的标志；Invoke ID 是分配给请求者的发起标志；Index 指对象在 OD 中的索引；Subindex 是对象属性的逻辑子地址(值为 0 时，表示整个对象)；Data 即指参数，作用对象有三个参数：Action 表示作用类型，Function 为块或对象的 DD(Item ID)；Occurrence 为对象在作用类型中出现的次序；Reason Code 表示服务失败的原因。

挂接在控制网络上的设备，除了包含功能块应用的现场设备外，还有接口设备、临时性设备及监视设备三种。接口设备是具有永久性地址的设备，如具有总线网络接口的 PC。手持组态器一般为临时性设备，只具有临时地址。而监视设备一般没有通信地址。接口设备和临时设备(I/T 设备)都具有对现场设备应用参数的组态及诊断能力。

5.5.5　功能块对象字典

对象字典(OD)在功能块应用中作为信息指南使用。从网络上可以看到的所有参数在对象字典中都必须有一个登记项。用户要把一个块放置到现场设备中，就必须把这个块的所有参数登记在 OD 中。图 5-18 所示为功能块对象字典的结构。

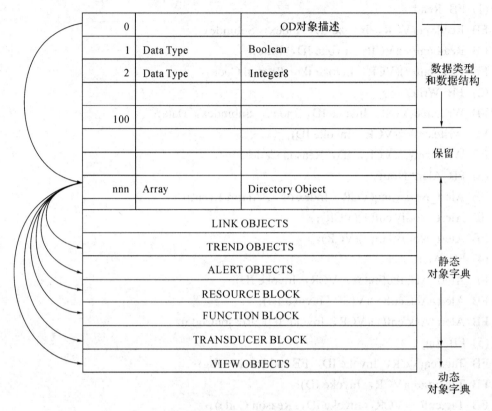

图 5-18　功能块对象字典的结构

对象字典的第一个条目即条目 0 是对对象字典本身概貌的说明，如每组条目的序号、组内的条目数等，接着是数据类型与数据结构的定义，再接着就是目录对象。

目录对象分成以下四个部分：

(1) 对象指针。指针对象指明本地的地址参数，用来直接访问对象，并进行读写操作。

(2) OD 的基本描述指针。几个对象公用的对象描述称为基本描述，基本描述指针指向该基本描述的本地地址，用来确定数据类型和对象长度。

(3) OD 的专有描述指针。每个对象专有的描述称为专有描述，它指向该专有描述的本地地址，用来确定参数的访问、使用和指定功能块参数的读、写方法。

(4) 扩展描述指针。扩展描述为设备描述 DD 的相关信息，扩展描述指针指向扩展信息的本地地址，用来确定参数名、DD 的 Item ID 和 Member ID。

功能块对象字典还包括对各个对象具体的对象描述，又分为静态对象字典和动态对象字典两部分。在系统运行过程中数值会发生变化的对象，如视图对象，属于动态对象字典部分；而对功能块、资源块、链接对象等的对象描述则属于静态对象字典部分。

图 5-19 所示为功能块对象字典的具体内容，包括功能块的目录项、功能块的特性、静态版本号、位号描述以及功能块的具体参数。

图 5-19　功能块对象字典的具体内容

5.5.6　功能块应用

现场设备的功能由它所具有的块以及块与块之间的相互连接关系所决定。表 5-7 中的 10 个基本功能块已可满足低速网段 80%的应用需求。

由标准功能块组成的几种控制系统的典型应用形式如图 5-20 所示，包括输入、输出、手动控制(ML + AO)、反馈控制(AI + PID + AO)、串级控制、比值控制等。

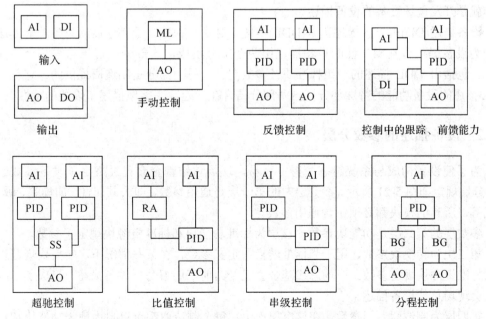

图 5-20　由标准功能块组成的典型应用形式

在功能块应用中，不同的功能块有各自的工作模式，而同一功能块处于不同工作模式下的作用方式也是有区别的，如 PID 模块支持以下工作模式。

　　Out of Service(OOS)：模块的非工作状态。

　　Manual(手动状态)：OUT 值由操作人员决定，但受到 OUT_SCALE 的限制。

　　AUTO(自动状态)：以测量值 PV 和设定值 SP 为输入，偏差经 PID 运算得到 OUT 值。

　　Cascade(AUTO + CAS，串级控制状态)：以 CAS_IN 为设定值，PV 为测量输入，偏差经 PID 运算得到 OUT 值。

　　Remote Cascade(AUTO + RCAS，远程串级控制状态)：以 RCAS_IN 为设定值，PV 为测量输入，偏差经 PID 运算得到 OUT 值。

　　Remote Output(AUTO + ROUT，远程输出状态)：OUT 值为 ROUT_IN 的值。

5.6　设备描述与设备描述语言

5.6.1　设备描述

　　设备描述(DD)是 FF 为实现设备间的可互操作而提供的关键技术和重要工具。要求现场设备具备互操作性，一方面必须使功能块参数与性能的规定标准化，另一方面也为用户和制造商加入新的模块或参数提供条件。系统正是凭借设备描述(DD)来理解来自不同制造商的设备的数据意义，即设备描述为理解设备的数据意义提供必需的信息。因此，设备描述也可以看做是控制系统或主机对某个设备的驱动程序，可以说设备描述是设备驱动的基础。

　　DD 为虚拟现场设备中的每个对象提供了扩展描述，DD 内包括参数的位号、工程单位、要显示的十进制数、参数关系、量程与诊断菜单。在 FF 现场设备开发中的一项重要内容就是开发现场设备的设备描述。

　　设备描述(DD)由设备描述语言(DDL)实现，这是一种独立于制造商的设备功能方法。这种为设备提供可互操作性的设备描述由两个部分组成，一部分是现场总线基金会提供的，它包括由 DDL 描述的一组标准块及参数定义；另一部分是制造商提供的，它包括由 DDL 描述的设备功能的特殊部分。这两部分结合在一起，完整地描述了设备的特性。

5.6.2　设备描述的参数分层

　　为了使设备构成与系统组态变得更容易，现场总结基金会已经规定了设备参数的分层，分层规定如图 5-21 所示。参数层中的第一层是通用参数，即公共属性，如标签、版本、模式等，所有的模块都必须包含通用参数。

　　参数层的第二层是功能块参数，该层为标准功能块和标准资源块规定了参数。

　　第三层为转换块参数，用于为标准转换块定义参数，在某些情况下，转换块规范也可能为标准资源块规定参数。现场总线基金会已经为前三层编写了设备描述，形成了标准的基金会现场总线设备描述。

　　第四层为制造商专用参数，在这个层次上，每个制造商都可以自由地为功能块和转换块增加自己的参数，这些新增加的参数应该包含在附加 DD 中。

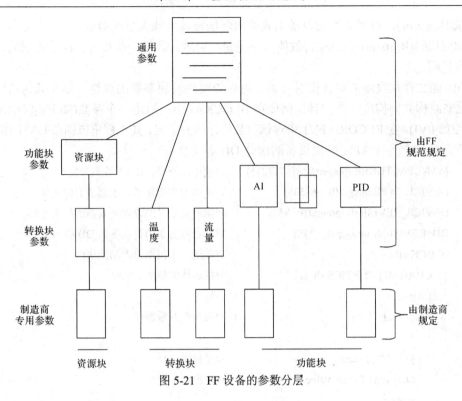

图 5-21　FF 设备的参数分层

5.6.3　设备描述语言

设备描述语言(DDL)是设备描述的标准编程语言，用于描述现场总线接口可访问的信息。DDL 是可读的结构文本语言，表示一个现场设备如何与主机及其他现场设备互相作用。通过设备描述编译器，把 DDL 编写的设备描述的源程序转化为机器可读的输出文件，控制系统正是凭借这些机器可读的输出文件来理解各制造商的设备的数据意义。现场总线基金会把基金会的标准 DD 和经基金会注册过的制造商附加 DD 写成 CD-ROM，提供给用户。

DDL 由一些基本结构件(Constructs)组成，每个结构件有一组相应的属性，属性可以是静态的，也可以是动态的，它随参数值的改变而改变。现场总线基金会规定的 DDL 共有16 种基本结构。具体如下：

块(Blocks)，描述一个块的外部特性。

变量(Variables)、记录(Records)、数组(Arrays)，分别描述设备包含的数据。

菜单(Menus)、编辑显示(Edit Displays)，提供人机界面的支持方法，描述主机如何提供数据。

方法(Methods)，描述主机应用与现场设备间发生相互作用的复杂序列的处理过程。

单位关系(Unit Relations)、刷新关系(Refresh Relations)及整体写入关系(Write_As_One Relations)，描述变量、记录、数组间的相互关系。

变量表(Variable Lists)，按成组特性描述设备数据的逻辑分组。

项目数组(Iterm Arrays)、数集(Collections)，描述数据的逻辑分组。

程序(Programs)，说明主机如何激活设备的可执行代码。

域(Domains)，用于从现场设备上载或向现场设备下载大量的数据。

响应代码(Response Codes)，说明一个变量、记录、数组、变量表、程序或域的具体应用响应代码。

DD 源文件从设备的描述信息开始，然后说明块及块参数的属性，以及其他结构的属性，这些结构共同构成一个整体。例如在 BLOCKAI 中，描述一个参数(如 PV)时给出了其项目名(如 PVI)，在 RECORD PV1 中对该参数作详细的定义，其工程单位则在 UNIT 中定义。

下面是一个具有 AI 功能块设备的部分 DD 源文件：

```
MANUFACTURER integer(0~16777215)      /*制造商序号，由 FF 注册分配*/
DEVICE-TYPE integer(0~65535)          /*设备类型识别号，由制造商定义*/
DEVICE_REVISION integer(0~255)        /*制造商定义的该现场设备的版本号*/
DD_REVISION integer(0~255)            /*制造商定义的该设备的 DD 版本号*/
BLOCK ail                             /*制造一个模拟输入功能块*/
{  CHARACTETISTICS fb_ai             /*描述块类型的记录*/
   LABEL                             /*标签*/
   PARTAMETERS                       /*块包含的参数*/
   {  …
      PV, PV1, Process Variable       /*过程变量*/
      OUT out1 Result Value           /*输出结果值*/
      ……
   }
   ……                               /*其他可选属性，如变量表、帮助等*/
}
RECORD PV1                           /*PV1 是一个记录*/
{
   MEMBERS                          /*成员*/
   {  …
   }
   LABEL                            /*标签*/
}
```

5.6.4　设备描述的开发

设备描述(DD)的开发可分为以下几个步骤：

1) 采用标准编程语言即设备描述语言 DDL 编写设备描述的源程序

开发者用 DDL 语言描述其设备，并将描述写成 DD 源文件。DD 源文件是标准的、用户组定义的以及设备专用的块及参数的定义，包含了设备中所有可访问信息的应用说明。

2) 采用 DD 源文件编译器(DD Tokenizer)对源文件进行编译，生成 DD 目标文件

DD 源文件编译器可对源文件进行差错检查，编译生成的二进制格式的目标文件为机器可读格式，可在网络上传送。一般在 PC 内，也可在专用装置内，采用编译器作为工具，

把 DD 的输入源文件转化为 DD 目标输出文件。以下为一个 DD 源文件。

```
VARIABLE Process Variable
{   LABEL"MEASURED_VALUE";
    TYPE FLOAT
{   DISPLAY_FORMAT"3.1f";
    MAX_VALUE 110.0;
    MIN_VALUE 0.0}

}
```

　　现场总线基金会为所有标准的功能块和变换块提供设备描述。设备制造商一般要参照标准 DD，准备另一个附加 DD。制造商可以为自己的产品增加特殊作用与特性，如自己产品的量程、诊断程序等，并把对这些增加的特色所作的描述，写入附加 DD 中。

　　3) 开发或配置 DD 库

　　开发好 DD 源文件并进行编译后，应提交基金会进行互可操作性实验。实验通过后，由基金会进行设备注册，颁发 FF 标志，并将该设备的 DD 目标文件加入到 FF 的 DD 库中，并分发给用户。这样，所有的现场总线系统用户就可直接使用该设备了。

　　现场总线基金会为标准 DD 制作了 CD-ROM 并向用户提供这些光盘。制造商可以为用户提供自己的附加 DD。如果制造商向现场总线基金会注册过附加 DD，则现场总线基金会可以向用户提供附加 DD，并把它与标准 DD 一起写入 CD-ROM 中。

　　4) 开发或配置设备描述服务

　　在主机一侧，采用设备描述服务 DDS(DD Services)的库函数来读取设备描述。注意，DDS 读取的是描述，而不是操作值。跨越现场总线从现场设备中读取操作值应采用 FMS 通信服务。

　　由主机系统把 FF 提供的 DDS 作为解释工具，对 DD 目标文件信息进行解释，实现设备的可互操作性。DD 目标文件一般存在于主机系统中，也可存在于现场设备中。设备描述服务 DDS 提供了一种技术，只需采用一个版本的人机接口程序，便可使来自不同供应商的设备能挂接在同一段总结上协同工作。

　　如果一个设备支持上载服务且含有对 DD 进行读取的虚拟现场设备，则可跨越现场总线直接从设备中读取附加的设备描述。设备描述(DD)为控制系统、主机及包括人机接口理解存在于 VFD 内的数据意义提供所需要的信息，因此，DD 可以被看成设备的驱动程序。这有点类似于 PC 和与它连接的打印机之间的驱动关系，当 PC 装入不同厂家生产的打印机的驱动程序后，通过驱动程序，理解并与打印机沟通信息，就可以与不同厂家生产的打印机联机工作。同理，任何控制系统或主机装有某个设备的驱动程序 DD 后，就可以与该设备一起协同工作。要把一个新设备加到现场总线上，只需简单地通过连线把设备接到总线上，并把标准 DD 和对这个新设备进行描述的附加 DD(如果有的话)装入控制系统或主机，新设备就可以与系统协同工作了。

5.6.5　CFF 文件

　　CFF(Common File Format)文件是指采用公共文件格式写成的设备能力文件(Capability

File)，这是基金会为保证设备可互操作性而采用的又一种方式。基金会要求，从 1999 年 9 月开始，制造商在设备注册时，不仅要提供设备描述，同时还要提供 CFF 文件，并由基金会负责对已注册设备的设备描述和 CFF 文件进行维护。

CFF 文件基于共同的文件格式规范，其主要作用是为主机等离线组态工具提供设备的细节信息。CFF 文件包含设备内的行规信息、设备内部功能块的实际数量、功能块定时、提供通信与功能块数据的确切含义，以及主机系统离线组态时需要的其他细节内容。因此，CFF 文件所提供的信息内容不同于设备描述(DD)，设备描述说明的是功能块参数及参数之间的关联关系、用于组态设备功能块的菜单与程序、位号和帮助信息等。

下面是 CFF 文件的一个示例。

```
// ================
//File Header
// ================
[File Header]
FileType = CapabilitiesFile
FileDate = 1999.06.14                // 14 June，1999
Description = "This is an example of a Capabilities File of the PT451 Pressure Transmitter"
// ================
//Device Header
// ================
[Device Header]
[Device VFD1]
//Each VFD contains the three following attributes for FMS Identify.
VendorName = "Fieldhus Foundation" ModelName = "PT451" Revision = "Rev 3.0- Management"
```

5.7　FF 通信控制器与网卡

5.7.1　FF 的通信控制器 FB3050

本节以 SMAR 公司生产的 FB3050 为例，介绍基金会现场总线通信控制器。FB3050 是 SMAR 公司推出的第三代基金会现场总线通信控制器芯片。设计该芯片时考虑了和各种流行微处理器的接口问题，该芯片可用作现场总线上主设备的通信接口，也可以用作从设备的通信接口。

1. FB3050 的功能框图

FB3050 的功能框图见图 5-22。从 FB3050 的功能框图可以看出，图的左边部分是 CPU 地址、数据和控制总线，FB3050 通过三总线和 CPU 相连接；右边部分是 FB3050 输出的存储器总线；下面部分是 FB3050 与现场总线相连接；中间部分是 FB3050 的内部功能块。

FB3050 的数据总线宽度为 8 位，外接 CPU 的 16 位地址线，该 16 位地址线经过 FB3050 缓冲和变换后输出，输出的地址线称作存储器总线，CPU 和 FB3050 都能通过存储器总线访问挂接在该总线上的存储器。因此，挂接在总线上的存储器是 CPU 和 FB3050 的公用存储器。

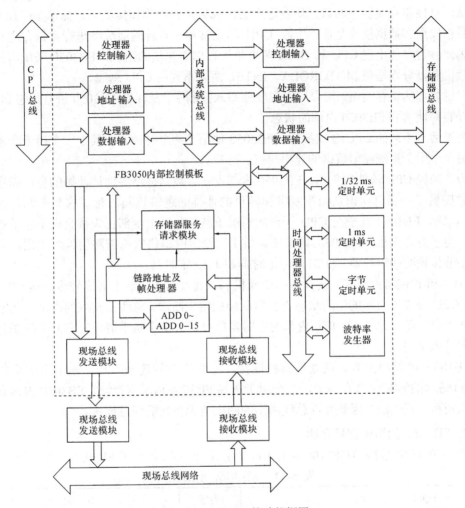

图 5-22　FB3050 的功能框图

FB3050 通信控制器的发送和接收模块分别包含曼彻斯特数据编码和解码器，该编码和解码器可以对发送和接收的数据进行曼彻斯特编码和解码。因此，FB3050 仅需要一个外部介质存取单元和相应的滤波线路就可以直接接到现场总线上，简化了用户电路的设计。

FB3050 内部含有帧校验逻辑，该逻辑在接收数据的过程中能自动对接收数据进行帧校验。在发送数据过程中，是否对发送数据产生帧校验序列由用户通过软件编程来控制，帧的状态信息随时供软件读取和查询。

为了确保网络通信系统的可靠性，FB3050 内部设置了"禁止闲谈"的功能，保证本节点不会无限制地占用网络，从而保证了网络的可靠性。所谓的"禁止闲谈"功能，实际上是个定时器，因为根据基金会现场总线的规范，信息帧的长度是有限制的，当传输速率一定时，每发送一帧的时间就不会超过某个确定的时间间隔。只有当某个节点在非正常情况下，比如软件出现死锁，可能会长期占用网络的发送权，使得整个网络通信瘫痪，在通信控制器内设置一个定时器，从本节点占有发送权开始计时，若超过规定时间仍然不交出发送权，则定时器将强制剥夺本节点的发送权。

FB3050 通信控制器内部有两个 DMA 电路，DMA 电路可以通过存储器总线访问存储器，从而直接将存储器中的数据块发送出去，或直接将数据帧接收到存储器中。DMA 控制的数据发送和数据接收是在不中断 CPU 的正常程序执行的情况下进行数据发送和接收的，因此就有可能出现 CPU 和 DMA 两者争用存储器总线的情况，FB3050 采用两种不同的仲裁机制以分别适应 MOTOROLA、INTEL 两大系列的 CPU 总线。

通过内部的寄存器组，用户可以方便地写入控制字，从而对 FB3050 进行组态和操作，也可以容易地读到 FB3050 内部的状态。

为了适应不同的 CPU 总线接口，FB3050 使用了两个时钟源，其中一个用于和系统同步，另一个用于控制通信数据的速率。

为了减轻 CPU 软件的负担，FB3050 内部设计了数据链路层地址及帧的自动识别处理器，并提供了一套自动识别帧控制字和帧目的地址的逻辑机制，有了这套机制，再加上 DMA 电路，FB3050 几乎在 CPU 干预的情况下就能从网上全部正确接收属于本节点的信息帧。为了方便编程，FB3050 内部还提供了三个定时器供数据链路层编程使用，它们分别是字节传输时间定时器、(1/32) ms 定时器和 1 ms 定时器。

FB3050 控制器内部有一套灵活的中断机制，通过一条中断申请信号线，向 CPU 申请中断，CPU 通过读内部的中断状态寄存器就能确定中断源。总线上发生的许多变化条件都可以作为中断源。此外 FB3050 内部的定时器都可以产生中断申请。所有的中断源都是可屏蔽和可识别的。

FB3050 可以和大多数微处理器相连接，它有两个片选输入端，一个用于选择通过 FB3050 访问的 64K 字节存储器，一个用于选择 FB3050 内部寄存器。FB3050 内部有信号极性识别和矫正电路，因此允许总线网络的两根线无极性的任意连接。

2. FB3050 的引脚信号介绍

FB3050 采用的封装 TQPF100 共有 100 条引脚，表 5-11 绘出了 FB3050 引脚信号一览表。

表 5-11 FB3050 引脚信号

TQFP	名称	类型	描　　述
71	PI_CLOCK	输入	与 CPU 同步的系统时间
49	PI_NETCLOCK	输入	现场总线网络时钟输入
46	PO_CLK125	输出	通用的 125 kHz 时钟信号
55~93	PI_ADDR[15：0]	输入	16 位 CPU 地址总线
56~70	PB_CDATA[7：0]	双向	8 位 CPU 数据总线
37	PI_CS64K_I	输入	64 K 字节存储器的片选
36	PI_CSF31_I	输入	内部寄存器片选
54	PI_RESET_I	输入	系统复位
72	PI_CRW	输入	写选通信号
73	PI_CET	输入	读选通信号
74	PI_CAS	输入	地址锁存

续表

TQFP	名称	类型	描述
44	PI_MUXON	输入	选用地址/数据复用总线信号
38	PI_MODE	输入	选用 CPU 系列的信号
52	PO_READY	输出	请求等待信号
53	PO_INT_I	输出	中断申请信号
43	PI_INT_I	输入	外部电路中断申请输入信号
16~94	PO_MADDR[15:0]	输出	16 位存储器地址总线
TQFP	名称	类型	描述
17~28	PB_MDATA[7:0]	双向	8 位存储器数据总线
39	PO_MOD	输出	存储器总线读选通信号
42	PO_MWR	输出	存储器总线写选通信号
77~84	PO_XADDR[7:0]	输出	存储器总线扩展地址线(段地址线)
41	PO_MRAM_I	豁出	RAM 片选
40	PO_MROM_I	输出	ROM 片选
32	PO_MCSC	输出	(BCxxH)或(0CxxH)地址选择
33	PO_MCSD_I	输出	(BDxxH)或(0DxxH)地址选择
34	PO_MCSE_I	输出	(BExxH)或(0ExxH)地址选择
35	PO_MCSF_I	输出	(BFxxH)或(0FxxH)地址选择
29	Pl_PHPDU	输入	接收现场总线信号输入
31	PO_PHPDU	输出	发送现场总线信号输出
30	PO_TACT	输出	数据发送允许信号
2	PO_SOH	输出	收到帧头的状态信号
11	PO_EOH	输出	收到帧尾的状态信号
23	PO_TDRE	输出	发送数据寄存器空的状态信号
24	PO_RDRF	输出	接收数据寄存器满的状态信号
14	PO_SYN	输出	接收器正在接收数据的状态信号
45	PI_EDGE	输入	同步系统时钟沿的选择信号
12，25，50，75，100	VCC		+3.3 V 或 +5 V 电源
1，13，26，48，51，76	GND		信号地
88			

下面分组介绍各引脚信号的功能。

1) 时钟和定时功能信号

时钟和定时功能信号共有四个，其中三个输入信号分别用于 FB3050 的系统时钟、传输数据速率时钟以及规定 FB3050 的系统时钟同步沿；一个 125 kHz 的输出信号供用户线路中使用。

PI_CLOCK、PI_NETCLOCK 为两条时钟信号输入线，前者用于将 FB3050 的存储器读、写操作与系统同步，后者则用于确定现场总线上数据传输速率及相关定时器的定时间隔。FB3050 要求两个时钟信号同源，即 PI_NETCLOCK 是 PI_CLOCK 经分频而产生的。

PO_CLK125 输出：FB3050 产生并输出的 125 kHz 的通用时钟信号。

PI_EDGE 输入：用于确定 FB3050 与 PI_CLOCK 的同步沿。若信号为高电平，则同步于上升沿，否则同步于下降沿，这主要是出于对 FB3050 以适应不同 CPU 总线的考虑。

2) CPU 接口信号

CPU 接口这些信号用于 FB3050 和 CPU 的接口，包括 16 条地址线、8 条地址线、两条片选线、两条读写控制线和中断申请线等。各信号说明如下：

PI_ADDR[15:0]输入：接 CPU 的地址总线，当采用地址/数据分时复用总线时，Pl_ADDR[7:0]应接信号地。

PB_CDATA[7: 0]双向：接 CPU 的数据总线或地址/数据分时复用总线。

PI_CS64K_I 输入：为低电平表示 CPU 通过 FB3050 寻址 64 KB 存储器。

PI_CSF31_I 输入：为低电平表示 CPU 访问 FB3050 内部寄存器。

PI_RESET_I 输入：为系统复位信号，低电平时强迫 F83050 回到初始状态。

PI_CRW 输入：对于 MOTOROLA 系列 CPU，表示读/写控制信号；对于 INTEL 系列 CPU，表示写控制信号。

PI_CET 输入：为读控制信号。

PI_MUXON 输入：为高电平表示使用的是地址/数据复合总线，否则接信号地。

PI_MODE 输入：为高电平表示使用 INTEL 系列 CPU，为低电平表示使用 MOTOROLA 系列 CPU。

PO_READY 输出：此信号有两个作用，一是当 FB3050 连接高速 CPU 接口时，CPU 访问 FB3050 的内部寄存器，由于 FB3050 的速率小，所以用此引脚指示 CPU 插入等待状态；二是当 FB3050 的 DMA 操作和 CPU 争用存储器总线时，因此引脚指示 CPU 插入等待状态，协调二者的操作。

PO_INT_I 输出：低电平表示 FB3050 产生了中断申请信号。

PI_INT_I 输入：低电平表示外部其他设备通过 FB3050 向 CPU 申请中断。

3) 存储器总线信号

存储器总线信号是通过 FB3050 对 CPU 的地址总线进行变换后所产生的一组存储器总线，这组存储器总线上可以挂接 RAM、ROM 等存储器，也可以挂接存储器映射的 I/O 设备。变换后的存储器总线增加了八条扩展存储器地址线，配合使用 FB3050 内部增加的段地址寄存器，使得存储器总线的寻址范围大大超出了原 CPU 输入的 64 KB 容量，另外还输出了六条可编程的片选信号。CPU 可以通过 PI_CS64K_I 片选信号和这组存储器总线，访问挂接在总线上的存储器，FB3050 也可以通过 DMA 线路访问总线上的存储器。因此，这组存储器总线和所挂接的存储器是 CPU 和 FB3050 共享的。SMAR 公司采用这种设计方式的主要原因是，SMAR 公司的通信栈软件是在 MOTOROLA 的单片机 68HC11 上开发的，而 68HC11 单片机的寻址能力比较小，只有 64 KB，因此通过在通信控制器上增加段寄存器来扩展 CPU 的寻址能力。通过存储器总线扩展的存储空间，是 CPU 和 FB3050 都能访问的，因此使用一般的存储器芯片即可构成一个共享存储空间，避免了使用价格较高的双口 RAM 芯片；同时，FB3050 将片选译码采用编程的方式解决，避免了片外再加译码逻辑电路。这种设计虽然是针对 68HC11 的，但由于采用了可编程的灵活方式，因此对其他系列的单片机和微处理器也是可用的。各信号说明如下：

PI_MADDR[15：0]输出：为 16 位存储器地址线。

PB_MDATA[7：0]双向：为存储器数据总线。

PO_MOD 输出：低电平有效，为存储器总线的读控制线。

PO_MWR 输出：为存储器总线上的写控制信号。

PO_XADDR[7：0]输出：为存储器总线上的扩展地址线。

PO_MRAM_I 输出：低电平有效，为存储器总线上的 RAM 片选线，其地址范围由内部寄存器编程决定，详见寄存器编程部分。

PO_MROM_I 输出：低电平有效，为存储器总线上的 ROM 片选线，其地址范围由内部寄存器编程决定，详见寄存器编程部分。

PO_MCSC 输出：高电平有效，为存储器总线上的存储器映射的 I/O 片选线，其地址范围由内部寄存器编程决定，详见寄存器编程部分。

PO_MCSD_I 输出：低电平有效，为存储器总线上的存储器映射的 I/O 片选线，其地址范围由内部寄存器编程决定，详见寄存器编程部分。

PO_MCSE_I 输出：低电平有效，为存储器总线上的存储器映射的 I/O 片选线，其地址范围由内部寄存器编程决定，详见寄存器编程部分。

PO_MCSF_I 输出：低电平有效，为存储器总线上的存储器映射的 I/O 片选线，其地址范围由内部寄存器编程决定，详见寄存器编程部分。

4) 现场总线接口引脚

FB3050 共有八条现场总线接口线，其中三条分别为接收数据的信号线、发送数据的信号线及控制总线发送器工作状态的控制线另五条为状态信号线。各信号说明如下：

PI_PHPDU 输入：接收来自介质存取单元的总线信号，接收的数据信号的格式符合总线曼彻斯特编码规则。

PO_PHPDU 输出：发送数据到介质存取单元，发送的数据的格式符合总线曼彻斯特编码规则。

PO_TACT 输出：高电平表示 FB3050 发送器开始发送数据，此信号用于控制介质存取单元数据发送的开始。

PO_SOH 输出：高电平表示 FB3050 接收到了一个有效的帧前定界码；此信号的状态可以从 FB3050 内部中断状态寄存器读到。

PO_EOH 输出：高电平表示 FB3050 收到了一个有效的帧结束码。

PO_TDRE 输出：高电平表示 FB3050 发送数据寄存器空，CPU 可以向发送寄存器写入下一个发送数据。此信号的状态可以从 FB3050 内部中断状态寄存器读到。

PO_RDRF 输出：高电平表示 FB3050 接收数据寄存器满，CPU 可以从接收寄存器读出有效的接收数据。此信号的状态可以从 FB3050 内部中断状态寄存器读到。

PO_SYN 输出：高电平表示 FB3050 接收器开始工作，而且正在接收现场总线信号。此信号的状态可以从 FB3050 内部中断状态寄存器读到。

3. FB3050 的内部寄存器

FB3050 内部共有几十个可寻址的寄存器，寄存器是通过片选信号 PI_CSF31 和 CPU 地址总线的低 6 位来寻址的。表 5-12 是 FB3050 内部寄存器一览表。

表 5-12　FB3050 内部寄存器

地址	寄存器名称	可操作类型	地址	寄存器名称	可操作类型
xx00	接收寄存器	读	xx16	16 位地址表地址指针高字节	写
xx00	发送寄存器	写	xx17	地址匹配矢量低字节	读
xx01	控制寄存器 0	读/写	xx17	16 位地址表地址指针低字节	写
xx02	控制寄存器 1	读/写	xx18	帧码	读
xx03	中断状态主寄存锯	读	xx18	32 位地址表地址指针高字节	写
xx03	控制寄存器 2	写	xx19	帧控制码	读
xx04	中断状态寄存器 0	读/写_清零	xx19	32 位地址表地址指针高字节	写
xx05	中断状态寄存器 1	读/写_清零	xx1A	地址表的地址段	读/写
xx06	中断状态寄存器 2	读/写_清零	xx1B	节点标志	读/写
xx07	中断状态寄存器 3	读/写_清零	xx1C	状态 0	读
xx08	中断屏蔽寄存器 0	读/写	xx1D	状态 1	读
xx09	中断屏蔽寄存器 1	读/写	xx1E	状态 2	读
xx0A	中断屏蔽寄存器 2	读/写	xx1F	HC11 数据段 A	读/写
xx0B	中断屏蔽寄存器 3	读/写	xx20	(1/32) ms 计数器计数值高字节	读
xx0C	发送字节计数器高字节	读/写	xx20	(1/32) ms 计数器计数值比较值高字节	写
xx0D	发送字节计数器低字节	读/写	xx21	(1/32) ms 计数器计数值低字节	读
xx0E	发送数据缓冲区地址指针高字节	读/写	xx21	(1/32) ms 计数器计数值比较值低字节	写
xx0F	发送数据缓冲区地址指针低字节	读/写	xx22	1 ms 计数器计数值高字节	读
xx10	发送数据缓冲区地址段	读/写	xx22	1 ms 计数器计数值比较值高字节	写
xx11	HC11 数据段 B	读/写	xx23	1 ms 计数器计数值低字节	读
xx12	接收数据缓冲区地址指针高字节	读/写	xx23	1 ms 计数器计数值比较值低字节	写
xx13	接收数据缓冲区地址指针低字节	读/写	xx24	字节时间计数器计数值高字节	读
xx14	接收数据缓冲区地址段	读/写	xx24	字节时间计数器计数值比较值高字节	写
xx15	HC11 代码段	读/写	xx25	字节时间计数器计数值低字节	读
xx16	地址匹配矢量高字节	读	xx25	字节时阅计数器计数值比较值低字节	写

4. FB3050 的工作方式

FB3050 现场总线通信控制器允许用户以程序查询、中断、DMA、帧和帧目的地址自动识别等四种不同的方式工作，下面结合各个寄存器的编程、使用及其注意事项分别对几种工作方式进行详细介绍。

1) 寄存器运行方式

所谓寄存器运行方式就是指 CPU 通过查询状态寄存器的内容，或结合部分必要的中断条件，完成现场总线的通信工作。这是最基本的一种运行方式，这种方式的特点是接收和发送的每一个字节都必须由 CPU 进行读取和写入，每一种逻辑条件都要由 CPU 来判断，因而 CPU 的时间开销比较大。这种方式用到了通信控制器的大部分寄存器。

(1) 发送、接收数据寄存器。

发送数据寄存器存放要发送的数据字节，该寄存器由 CPU 或 FB3050 内部的发送 DMA 写入数据，FB3050 的发送逻辑将要发送数据装入发送移位寄存器，再逐位通过 PO_PHPDU 的引脚发送出去。每当发送寄存器空时，对应的中断状态寄存器 0 的 D0 状态位 TDRE 和引脚 PO_TDRE 变为 1，继而向 CPU 或 DMA 申请下一个要发送的数据。用户可以采用程序查询、中断或选择 DMA 中任何一种方式来填入发送数据。有两种情况需要注意，一是当移位寄存器的数据发送完后，下一个发送数据仍然没有写入发送数据寄存器，则通信控制器认为本帧结束，接着就发送帧校验码和帧后定界码，结束本帧的发送；二是当发送数据寄存器不为空时，写入新的数据将覆盖旧数据，导致发送过载。

接收数据寄存器是存放 FB3050 从总线上接收到并装配好的数据字节，每当该寄存器接收到一个完整的字节时，对应的中断状态寄存器 0 的 D7 状态位 RDRF 和 FB3050 的引脚 PI_RDRF 变为 1，并通知 CPU 或接收 DMA 来读取数据。用户可以通过程序查询、中断或选择 DMA 任何一种方式读取该寄存器的数据。如果接收的数据不被及时读取，则会被下一个接收的数据覆盖，造成接收过载。

发送、接收数据寄存器共用一个地址 00H，写该地址是对发送寄存器操作，而读该地址则是对接收寄存器操作。

(2) 控制寄存器 0。

控制寄存器 0 是一个命令寄存器，口地址为 01H，可读、可写，其数据内容如下：

D7：片选基地址选择位。本位确定 FB3050 各个片选信号的基地址，当本位为 1 时，片选信号的基地址为 B000H，否则为 0000H。

D6：未用。

D5：为 1 时，允许接收器工作，否则禁止接收器工作。

D4：为 1 时，允许全双工工作，否则为半双工工作。

D3：为 1 时，允许发送器工作，否则禁止发送器工作。

D2：为 1 时，允许发送器进行帧校验，否则禁止发送器进行帧校验。

D1、D0：确定发送帧前导码的长度。00 表示帧前导码为一个字节；01 表示帧前导码为两个字节；10 表示帧前导码为三个字节；11 表示帧前导码为四个字节。

(3) 控制寄存器 1。

控制寄存器 1 是一个命令寄存器，口地址为 02H，可读、可写，其读、写数据内容如下：

D7～D5：未用。

D4～D3：确定在 DMA 或 INTEL 类型的 CPU 通过 FB3050 访问存储器时应插入的等待周期数。

D2：为 1 时，允许数据以 DMA 方式发送。

D1：为 1 时，允许数据以 DMA 方式接收。

D0：为 1 时，允许 DMA 分频。

(4) 控制寄存器 2。

控制寄存器 2 是一个命令寄存器，口地址为 03H；其数据内容如下：

D7：确定 FB3050 传输数据的时钟源。D7 为 1 时，使用 PI_NETCLOCK；D7 为 0 时，使用 PI_CLOCK。

D6、D5：确定总线上数据的传输速率。00 表示禁止时钟源工作；01 表示总线采用 H1 模式，传输速率的 31.25 kb/s；10 表示总线采用 H2 模式，传输速率为 1.0 Mb/s；11 表示总线采用 H2 模式，传输速率为 2.5 Mb/s。

D4~D0：表示分频数。BR_4-BR_0 表示的数加 1 作为分频因子，对由本控制寄存器的 D7 位所决定的时钟源信号进行分频，产生 16 倍于传输位速率的时钟信号。表 5-13 是几个分频计数的例子。

表 5-13　分频计数实例

时钟信号	BR_4-BR_0	分频因子	位速率 × 16	位速率
16 MHz	00000	1	16 Mb/s	1 Mb/s
16 MHz	11111	32	0.5 Mb/s	31.25 kb/s
8 MHz	01111	16	0.5 Mb/s	31.25 kb/s

(5) 中断状态主寄存器。

中断状态主寄存器是一个只读状态寄存器，口地址为 03H，CPU 能从该寄存器中读出目前产生中断的中断源类别，由于在每个类别里还有若干个中断源，所以进一步的信息还需要阅读对应的中断状态寄存器，读出的内容如下：

D7：为 1 时，表示从 PI_INT_I 引脚上发出中断申请。

D6~D3：未用。

D2：为 1 时，表示定时单元产生中断申请。

D1：为 1 时，表示地址查找部分产生中断申请。

D0：为 1 时，表示通信接口部分产生中断申请。

(6) 中断状态寄存器 0。

中断状态寄存器 0 是一个读、写寄存器，口地址为 04H，读写的内容如下：

D7(RDRF)：为 1 时，表示接收寄存器满。

D6(接收激活)：为 1 时，表示接收器正在接收数据。

D5(收到帧头)：为 1 时，表示接收器收到一个帧头定界码。

D4(接收出错)：为 1 时，表示接收器过载。

D3(收到帧尾)：为 1 时，表示接收器收到一个帧尾定界码。

D2(接收空闲)：为 1 时，表示接收器刚刚收完一帧信息。

D1(发送空闲)：为 1 时，表示发送器刚刚发送完一帧信息。

D0(TDRE)：为 1 时，表示发送寄存器空。

本中断状态寄存器包含了通信接口的八个中断状态，如果其中某个中断没有被屏蔽，而其代表的条件满足后，则向 CPU 发出中断申请，本寄存器的对应位被置 1，通过读本寄存器，CPU 便可以查到通信接口的中断源。

写本寄存器的目的是为了清除中断及中断状态，而不是真正要把数据写入寄存器。若对某一位写 1，则使该中断清除，并使本寄存器对应位清零。写 0 则对该中断无影响。

(7) 中断状态寄存器 1。

中断状态寄存器 1 是一个读、写寄存器，口地址为 05H，读、写的内容如下：

D7～D4：未用。

D3(收到帧码)：为 1 时，表示接收器收到一个帧的控制码。

D2(地址表尾)：为 1 时，表示查到地址表的结束符。

D1(地址符合)：为 1 时，表示正在接收的帧的目的地址与地址表中的某一地址相符合。

D0(收到广播)：为 1 时，表示接收器收到一个广播帧。

本中断状态寄存器包含了帧自动识别模式下的四个中断状态，在用户编程允许接收器进行帧自动识别的情况下(控制寄存器 1 的 D0 位置 1)，如果其中某个中断没有被屏蔽，而其代表的条件满足后，则向 CPU 发出中断申请，本寄存器的对应位被置 1，通过读本寄存器，CPU 便可以查到帧地址自动识别的中断源。

(8) 中断状态寄存器 2。

中断状态寄存器 2 是一个读、写寄存器，口地扯为 06H，读、写的内容如下：

D7、D6：未用。

D5(OCTET CMP)：为 1 时，表示以字节时间为单位的计数器达到比较监视值。

D4(OCTET OVF)：为 1 时，表示以字节时间为单位的计数器回 0。

D3(1 ms CMP)：为 1 时，表示以毫秒为单位的计数器达到比较监视值。

D2(1 ms OVF)：为 1 时，表示以毫秒为单位的计数器回 0。

D1((1/32 ms)CMP)：为 1 时，表示以(1/32) ms 为单位的计数器达到比较监视值。

D0((1/32 ms)OVF)：为 1 时，表示以(1/32) ms 为单位的计数器回 0。

本中断状态寄存器包含了与定时器有关的六个中断状态，FB3050 为数据链路层提供了三个 16 位的定时器，分别以 1 ms，(1/32) ms、字节传输时间为单位进行计数，对每一个计数器又设置了一个相应的计数值比较器，用于存放比较值。设计芯片时规定每个定时器可以在两种情况下产生中断申请，一是计数值达到对应的比较值，二是计数值回 0。如果其中某个中断没有被屏蔽，而其代表的条件满足后，则向 CPU 发出中断申请，本寄存器的对应位被置 1，通过读本寄存器，CPU 便可以查到中断源。

(9) 中断状态寄存器 3。

中断状态寄存器 3 的口地址为 07H，目前保留未用。

(10) 中断屏蔽寄存器 0、1、2、3。

FB3050 中对应四个中断状态寄存器，相应地设置了四个中断屏蔽寄存器，它们的口地址分别为 08H、09H、0AH、0BH。中断屏蔽寄存器的位定义与对应的中断状态寄存器完全相同，也是可读、可写的。若某一位写入 1，则对应的中断源被允许中断，写入 0 则该中断源被屏蔽。允许中断的中断源在中断条件满足后，通过 FB3050 的 PO_INT_I 引脚向 CPU 发出中断申请，CPU 接到申请后，转入中断服务子程序，在中断服务子程序中通过查询中断状态寄存器，才能真正找到中断源进而为其服务。

2) DMA 运行方式

在寄存器运行方式下，通信控制器每接收到一个数据或发送完一个数据都需要 CPU

进行读数或取数，否则就会造成接收或发送过载，从而导致本次通信失败。这在 CPU 有其他工作要做的多任务情况下，使得软件设计比较困难。DMA 运行方式是把正常的读数和取数工作由 DMA 来承担，从而减轻了 CPU 的负担，使编程变得更容易。FB3050 中有两个 DMA 控制器，一个用于数据发送，另一个用于数据接收。用户是否采用 DMA 方式，选用 DMA 的一个控制器还是两个完全由用户决定。

采用 DMA 发送一帧数据的大概过程如下：首先用户需要将要发送的数据放到一个 DMA 能读取的存储器缓冲区内，把缓冲区的起始地址和数据长度告诉 DMA，再将控制寄存器 1 的允许 DMA 发送位置 1，并将发送过程中用户希望的中断开放，在收到 LAS 允许本节点发送的令牌后，将控制寄存器 0 的允许发送控制位置 1，然后由 CPU 写入发送数据寄存器第一个要发送的字节，通信控制器开始一帧的发送，每发完一个字节，发送数据寄存器变空，相应的 TDRE 置位 1，继而向 DMA 申请数据，DMA 接到申请后，从数据缓冲区取出下一个数据，送往发送数据寄存器，并把发送字节计数器减 1，如此反复循环，一直到发送字节计数器等于 0，DMA 不再送数，通信控制器在得不到新数据的情况下，就发送帧校验序列和帧尾定界码，结束一帧的发送工作。发送完毕可以通过发送器空闲的中断通知 CPU。

与 DMA 发送方式有关的寄存器有以下几种：

(1) 发送字节计数器：16 位，高字节口地址为 0CH，低字节口地址为 0DH，可读、可写，计数器放置发送帧长度，基金会现场总线允许的帧长度最大值为 511。

(2) 发送数据缓冲区的地址指针寄存器：16 位，高字节口地址为 0EH，低字节口地址为 0FH，可读、可写。

(3) 发送缓冲区段地址寄存器：8 位，口地址为 10H，可读、可写。

采用 DMA 方式接收数据，首先要为通信控制器指出接收的数据应放置的地址，所以要将接收数据缓冲区的地址写入其地址寄存器中，然后将控制寄存器 1 设置为允许接收 DMA 方式的状态，将控制寄存器 0 设置为允许接收状态。通信控制器将在网上自动搜寻帧头，从帧头开始到帧结束为止，DMA 将一帧数据完全接收到指定的存储器缓冲区。帧结束后可以用中断的方式通知 CPU，CPU 根据接收缓冲区的地址指针变化来计算所接收帧的长度。

与 DMA 接收方式有关的寄存器如下：

(1) 接收数据缓冲区的地址指针寄存器：16 位，高字节口地址为 12H，低字节口地址为 13H，可读、可写。

(2) 发送缓冲区段地址寄存器：8 位，口地址为 14H，可读、可写。

3) 带帧及地址自动识别的 DMA 接收方式

采用 DMA 方式进行帧接收，虽然避免了 CPU 对每个字节数据的读取，减轻了 CPU 的负担，但是在 DMA 帧接收中，所接收到的帧不一定是发给本节点的，也许与本节点毫无关系，通信控制器在接收的时候并不识别帧的地址。接收的帧是否发给本节点，还需要 CPU 进一步去辨认。

FB3050 还提供了另一种带数据链路层帧及地址识别的 DMA 接收方式，这种方式下，接收器每遇到一个帧头，都要对帧的控制字节进行自动译码，以确定此帧有无目的地址域，然后再对目的地址进行识别，以确定本帧是否应该由本节点接收。从本章前面对数据链路层的控制字的介绍中，我们知道基金会现场总线的信息帧有无目的地址域、8 位目的地址域、16 位目的地址域和 32 位目的地址域四种，属于本节点的地址标志事先由 CPU 存入相应的寄存器和存储器缓冲区，接收器通过分别比较来确定正在接收的帧是否属于本站。只有确定帧是属于本节点接收的，才将其接收下来，否则不予接收。具体接收过程和前面的一般 DMA 接收方式完全相同。除此之外，带地址自动识别的接收方式还可以产生收到控制码、收到广播帧、收到 PSA 帧、地址匹配及地址表结束等中断，接收器对这些中断分别进行相应的编程，以决定是允许还是禁止其中断，在中断发生后，从相应的状态寄存器或矢量地址寄存器中读出信息，并进行处理。使用带地址自动识别的 DMA 接收方式，首先填写有关寄存器和相应的存储器缓冲区，然后再设置控制寄存器 1 的 D0 位，允许使用地址自动识别模式。

与地址自动识别的 DMA 接收方式有关的寄存器有以下几种：

(1) 接收数据缓冲区的地址指针寄存器：16 位，高字节口地址为 12H，低字节口地址为 13H，可读、可写。

(2) 发送缓冲区段地址寄存器：8 位，口地址为 14H，可读、可写。

(3) 节点选择器(Node Selector)地址表起始地址指针寄存器：高字节口地址为 16H，低字节口地址为 17H，只写。从节点选择器地址表起始地址指针寄存器指出的存储器缓冲区顺序放置属于本站的节点选择地址，连续三个字节的 0 代表节点选择地址表结束。

(4) 网段节点选择器(Link Node Selector)地址表起始地址指针寄存器：高字节口地址为 18H，低字节口地址为 19H，只写。从网段节点选择器地址表起始地址指针寄存器指出的存储器缓冲区顺序放置本站的网段节点选择器地址，连续六个字节的 0 代表 32 位地址表结束。

(5) 地址表段地址寄存器：口地址为 1AH，可读、可写。

(6) 节点标志(8 位地址)寄存器：口地址为 1BH，可读、可写。匹配地址寄存器为 16 位，高字节口地址为 16H，低字节口地址为 17H，只读。由匹配地址寄存器指出接收的地址和地址表中第几个地址相匹配，具体是和节点选择器，还是和链接节点选择器匹配，可从状态寄存器 1 中读出。

(7) 帧码寄存器：存放接收到的帧控制字的顺序号，口地址为 18H，只读。

(8) 帧控制码寄存器：放置接收到的本帧的控制码，口地址为 19H，只读。

为了配合地址自动识别模式的工作，FB3050 还提供了三个状态寄存器供用户查询网络的静态信息。

(1) 状态寄存器 0。状态寄存器 0 是一个只读寄存器，口地址为 1CH，读出的内容如下：

D7(RDRF)：为 1 时，表示接收寄存器满。

D6(接收激活)：为 1 时，表示接收器正在接收数据。

D5(收到帧头)：为 1 时，表示接收器收到一个帧头定界码。

D4(接收出错)：为 1 时，表示接收器过载。

D3(收到帧尾)：为 1 时，表示接收器收到一个帧尾定界码。

D2(接收校验)：为 1 时，表示接收器正在进行帧校验。

D1(发送空闲)：为 1 时，表示发送器刚刚发送完一帧信息。

D0(TDRE)：为 1 时，表示发送寄存器空。

(2) 状态寄存器 1。状态寄存器 1 是一个只读寄存器，口地址为 1DH，读出的内容如下：

D7：为 1 时，表示要求 32 位地址。

D6：为 1 时，表示要求 16 位地址。

D5：为 1 时，表示收到 8 位地址帧。

D4：为 1 时，表示监测到 PSA 帧。

D3：为 1 时，表示收到帧码。

D2：为 1 时，表示监测到地址表的结束标志。

D1：为 1 时，表示地址匹配。

D0：为 1 时，表示收到广播帧。

(3) 状态寄存器 2。状态寄存器 2 是一个只读寄存器，口地址为 1EH，读出的内容如下：

D7：为 1 时，表示现场总线极性接反。

D6：为 1 时，表示正在进行查表。

D5～D0：未用。

5. 定时器的使用及编程

FB3050 提供给数据链路层三个定时器，计时间隔分别为(1/32) ms、1 ms 和一个字节传输时间，这些定时器都是 16 位的。定时器的时间由计数器进行计时，计时器的时钟信号由芯片时钟发生器提供。三个计数器采用自由运行的方式计数，也就是说，它们的计数值只能读，而不能写入。FB3050 对每个计数器都设置了一个相应的计数值比较器，比较器也是 16 位的，每当计数器的值和对应比较器的值相等时，便可产生中断申请；在计数器计满溢出回 0 时，也可产生中断申请。采用定时器定时的方法是，先将计数器的内容读出，加上要定时的间隔，再写入相应的比较器，等计数器和比较器内容相等时产生中断请求，便实现了需要的定时间隔。三个定时器计数器的高位口地址分别为 20H、22H 和 24H；三个定时器计数器的低位口地址分别为 21H、23H 和 25H。三个定时器比较器的高位口地址、低位口地址分别与定时器计数器的高位口地址、低位口地址相同。当对以上口地址进行读操作时，读出的是计数器的值，而当对它们实行写操作时，写入的是比较器的内容。

5.7.2　基于 FB3050 的网卡设计

F83050 由于其功能齐全，可以用作现场设备的通信控制器，也可以用作主设备的通信网卡。本节讲述如何采用 FB3050 设计符合 PCI 总线标准的基金会现场总线网卡。作为主站的网卡应该包括硬件和软件两部分内容，软件方面的内容应实现基金会现场总线通信栈的全部功能，这里仅就在硬件设计中如何满足基金会现场总线数据链路层和物理层的相关要求进行讨论，通过本节理解 FB3050 的实际应用。

1. 网卡设计

本节设计一块 FF 网络接口卡网卡。网卡的主要功能是管理 FF 现场总线网络的通信事务，使网卡能够自主地与总线上的设备通信。网卡所在的 PC 只提供人机界面。网卡应包括网卡 CPU 与 PC 主机 CPU 的通信接口、CPU 与 FB3050 的硬件接口、FB3050 与局部存储器的接口及 FB3050 与总线介质存取访问的接口等四个部分。

1) 网卡 CPU 的选用

网卡 CPU 是网卡的核心部件，CPU 选择合适与否决定了网卡的成败。嵌入式 CPU 与一般单片机不一样，它除了一般单片机所具有的并口、异步串口、定时器及计数器、中断口、地址线、数据线外，还要有便于产品调试用的同步串口及总线仲裁功能，其寻址空间一般大于 64 KB，数据总线的宽度为 16 位或 32 位等。也就是说，嵌入式 CPU 不仅要有单片机的各种外部接口功能，还要有大规模信息处理的功能。符合上述要求的 CPU 芯片有很多，这里选用 Motorola 公司的 MC68HC16Z1 芯片。

MC68HC16Z1 芯片有 2 MB 的寻址空间(1 MB 的程序空间，1 MB 的数据空间)、16 位的数据总线宽度、4~25 MHz 的时钟频率、七个中断源及 12 条可编程片选线等。

2) 网卡 CPU 与 PC 的接口

网卡 CPU 在正常的情况下，主要是管理现场总线网络繁忙的通信事务，当 PC 需要查询，或修改现场总线网络系统中某些节点的一些参数时，PC 需要与网卡 CPU 通信。通信的方法有许多种，如串行口、并行口、USB 总线、ISA 总线、PCI 总线等。PC ISA 总线的速率太慢，现已被 PCI 总线替代。本设计选用 PCI 总线来实现网卡 CPU 与 PC 的通信。

与 ISA 总线相比，PCI 总线较为复杂，但现在已有不少专用的 PCI 接口芯片，这里选用 PCI 9054 芯片作为 PCI 接口芯片，它符合 PCI 规范 2.2 版本。PCI 9054 的本地总线(Local BUS)可以共享网卡 CPU 总线，两总线都有各自的总线仲裁器，用来仲裁总线的使用权。为了使网卡 CPU 更好地管理现场总线网络系统的通信，在 PCI 9054 的局部总线与网卡 CPU 总线之间加一块双口 RAM IDT 7025，使 PCI 9054 不会独占网卡 CPU 的总线。双口 RAM IDT 7025 有 8K × 16 位的容量。有了双口 RAM IDT 7025 的隔离，网卡 CPU 更自由，其多任务功能可正常发挥。为了使双口 RAM 能正常通信，在 PCI 9054 的本地总线与网卡 CPU 之间必须有一对握手信号。

3) 网卡 CPU 和 FB3050 的接口

现在的 FB3050 芯片比早期的 FB3050 芯片更简单一些，它只能挂 32K×8 位的 RAM，而不用扩展地址、I/O 地址、ROM。因此，FB3050 与网卡 CPU MC68HC16Z1 之间的接口比较简单。由于 MC68HC16Z1 同时具备 8 位数据总线与 16 位数据总线工作的功能，因此，CPU MC68HC16Z1 的数据线 D7~D0 与 FB3050 的数据线 D7~D0 相接，MC68HC16Z1 的地址线 A14~A0 与 FB3050 的地址线 A14~A0 相接，CPU MC68HC16Z1 用两条片选线来分别选通 FB3050 的 32 KB 存储器和片内寄存器，CPU MC68HC16Z1 的 E 时钟(ECLK) 同时连接到 FB3050 的 71 脚 P1-CLOCK 及 73 脚 PI-CET。

FB3050 既能工作在 INTEL 的模式下，也能工作在 MOTOROLA 的模式下。当 FB3050 工作在 INTEL 的模式下时，73 脚 PI-CET 作为读选通信号输入，而工作在 MOTOROLA 的模式下时，73 脚 PI-CET 不能作为读选通信号输入，而要与 71 脚 P1-CLOCK 一同作为时钟信号输入。

FB3050 的 $\overline{W R}$、PI_RESET_I、PO_INT_I、PO_READY、PI_INT_I 等信号直接与 CPU 相应的信号相连。

4) 网卡与总线的接口

总线接口单元与通信控制器 FB3050 的接收输入(PI_PHPDU)、发送输出(PO_PHPDU)

和发送控制(PO_TACT)三条信号线相连接。总线接口单元包含的电路有接收信号的整形滤波部分、发送信号的驱动部分以及隔离变压器部分。

2. 线路说明

图 5-23 给出了网卡的总体框图，下面结合框图，对设计线路作进一步说明。

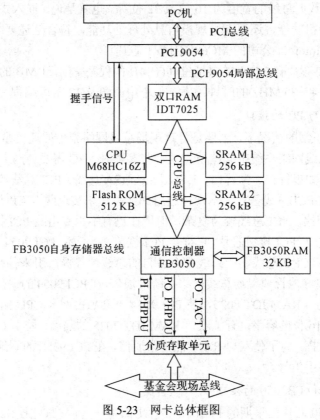

图 5-23　网卡总体框图

1) 关于 CPU MC68HC16Z1 总线

CPU MC68HC16Z1 有 1 MB 程序可寻址空间及 1 MB 的数据可寻址空间，具有 16 位数据总线，也可工作在 8 位数据总线上。MC68HC16Z1 CPU 有大量可编程序的片选线，不需要外部译码器，因此使系统的连接比较简单。

CPU MC68HC16Z1 总线上挂有 512 KB 的 Flash ROM、两组 256 KB 的 SRAM(其中一组 SRAM 作为备用)，如果有特殊情况需要使用大于 256 KB SRAM，则可安装备用组。总线上还挂有 16 KB 的双口 RAM 及通信控制器 FB3050，通信控制器 FB3050 自身需要挂一块 32 KB 的 SRAM。CPU MC68HC16Z1 总线上只有通信控制器 FB3050 采用 8 位数据线，其他存储器都采用 16 位数据线。

2) 关于双口 RAM IDT7025

双口 RAM IDT7025 的 R 口与 CPU MC68HC16Z1 总线相接，L 口与 PCI 9054 的局部总线相接，双口 RAM IDT7025 的作用是使 CPU MC68HC16Z1 总线及 PCI 9054 的局部总线隔离，只允许 CPU MC68HC16Z1 独占自己的总线，集中精力管理好现场总线的通信事务，保证通信畅通。

虽然双口 RAM IDT7025 将 CPU MC68HC16Z1 总线与 PCI 9054 的局部总线隔离,但这两套总线还需有一对握手信号,以便当一套总线向双口 RAM 写入信息后,由握手信号通知另一套总线在有空时采取走信息。

3) 关于 PCI 总线

随着科学技术不断发展,近些年来,ISA 总线遇到许多问题。虽然 ISA 总线支持突发传送,但也只能有限地支持突发传送,大大限制了其所能达到的流通量。

PCI 总线能够配合彼此间快速访问的适配器工作,也能使处理器以接近自身总线的速率去访问适配器。假设在每个数据段中启动方(主设备)和目标设备都没有插入等待状态,则数据项(双字或四字)可以在每个 PCI 时钟周期的上升沿传送。对于 33 MHz 的 PCI 总线时钟频率,可以达到 132 Mb/s 的传送速率。一个 66 MHz 的 PCI 总线方案使用 32 位或 64 位传送时,可以达到 264 Mb/s 或 528 Mb/s 的传送速率,这种工作速率非常适合于网卡。PLX 的 PCI 9054 接口芯片符合 PCI 技术规范 2.2 版本的要求。

5.8 H1 的网段配置

5.8.1 H1 网段的构成

图 5-24 为一个典型的 H1 网段,在这个网段中,有作为链路主管的主设备;网段上挂接的一般现场设备、现场总线供电电源、电源调理器、连接在网段两端的终端器、布线连接用的电缆(图中未标出)及连接器或连接端子(图中未标出)。

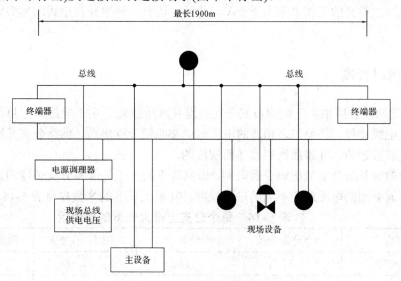

图 5-24 H1 网段的典型构成

网段上连接的现场设备有两种:一种是总线供电式现场设备,它需要从总线上获取工作电源。总线供电电源就是为这种设备准备的。按照规范要求,现场设备从总线上得到的工作电压不能低于直流 9 V,以保证现场设备的正常工作。另一种是单独供电的现场设备,它不需要从总线上获取工作电源。

FF 规定了几种型号的总线供电电源，其中 131 型为给安全栅供电的非本安电源；133型为推荐使用的本安电源；132 型为普通非本安电源，输出电压最大值为直流 32 V。

H1 网段的供电电源需要通过一个阻抗匹配电路，即电源调理器连接到网络上。电源调理器可以单独存在，也可将它嵌入到总线电源中。

在网络上如果有要求总线供电的现场设备，则应该确保它可以得到足够的工作电压。每个设备的工作电压至少为 9 V，通过电路分析可得出每个现场设备从总线上得到的工作电压。为了确保这一点，在配置现场总线网段时需要知道以下情况：① 每个设备的功耗情况；② 设备在网络中的位置；③ 电源在网络的位置；④ 每段电缆的阻抗；⑤ 电源电压。

终端器连接在总线两端的末端或末端附近，作用是防止发生信号波的反射。终端器电阻的阻值应等于该导线的特征阻抗。特征阻抗与导线的直径、与电缆中其他导线的相对间距、导线的绝缘类型有关，与导线的长度无关。导线的特征阻抗值由电缆制造厂商提供，如 AWG#24 双绞线电缆的特征阻抗范围为 100～150 Ω。终端器的阻值等于导线的特征阻抗时，因反射引起的信号失真最小；大于或小于特征阻抗值的终端器都会因反射而加大信号畸变。H1 网段采用的终端器由一个 1 μF 的电容与一个 100 Ω 的电阻串联构成。

每个总线段的两端都需要一个终端器，而且每一端只能有一个终端器。有封装好的终端器商品供选购、安装。有时，也将终端器电路内置在电源、安全栅、PC 接口卡、端子排内。为了避免终端器的重复使用，影响网段上的数据传输，在安装前要判断某个设备是否已有终端器

在有本质安全防爆要求的危险场所，现场总线网段还应配有本质安全防爆栅，这种安全栅将向危险区送入的电压限制在一定的范围内，例如±11 V 网段的连接应保证每个现场设备从总线上得到的工作电压大于 9 V。此外，还有一种单独供电式隔离型安全栅这里不做介绍。

5.8.2　网段长度

H1 的网段长度由主干电缆及其分支电缆长度所决定。主干电缆是指总线段上挂接设备的最长电缆路径，其他与之相连的电缆通道都叫做分支电缆。网络分支是在主干的任何一点分接或者延伸，并添加网络设备而实现的。

网段的延长与分支数应该受到限制，即网段上的主干长度和分支长度的总和是受到限制的。不同类型的电缆对应不同的最大长度，其最大长度的米数参见表 5-14。

表 5-14　每个分支上最大长度的建议值　　　　　　　　　m

设备总数	一个设备/分支	二个设备/分支	三个设备/分支	四个设备/分支
25～32	1	1	1	1
19～24	30	1	1	1
15～18	60	30	1	1
13～14	90	60	30	1
1～12	120	90	60	30

下面分三种情况对网络长度的取值进行简单介绍。

1. 网络分支线长度的取值

分支线应该越短越好，因为分支线的总长度受到分支的数目和每个分支上设备个数的限制。表 5-14 中的最大长度是推荐值，它包括一些安全因素，以确保在这个长度之内不会引起通信问题。分支长度随电缆类型、规格、网络的拓扑结构、现场设备的种类和个数的不同而不同。例如，一个分支可被延长至 120 m，那么分支数一定较少。如果有 32 个分支线，那么每个分支线应短于 1 m。分支线表并不是绝对的。如有 25 个分支，每支上有一个设备，长度严格按照表中规定，则会选择 1 m 的长度。如果能去掉一个设备，表中显示每段可有 30 m 长，对于 24 个设备而言，则可使其中某一个的分支少于 30 m。

2. 网络扩充中使用中继器

如果现场设备间距离较长，超出规范要求的 1900 m 时，则可采用中继器延长网段长度。中继器取代了一个现场总线设备的位置，这也意味着网段开始了一个新的起点，即新增加了一条 1900 m 的电缆，创建了一条新的主干线。

一个网段中最多可连续使用四个中继器，使网段的连续长度达到 9500 m。中继器可以是总线供电，也可以是非总线供电的设备。除了增加网络的长度以外，中继器还可用于增加网段上的连接设备数。按规范要求，一个网段上的设备最多为 32 个。第一条主干有 i 个设备，其中之一为中继器；第二条主干有 j 个设备，其中之一为中继器。因此使用 4 个中继器时，网段中各种设备的个数可以达到 156 个。

3. 网络扩充中使用混合电缆

在网络扩充时，有时需要几种电缆的混合使用，由以下公式可以决定两种电缆的最大混合使用长度：

$$\frac{L_x}{X_{max}} + \frac{L_y}{Y_{max}} < 1 \tag{1}$$

其中：L_x 为电缆 X 的长度；L_y 为电缆 Y 的长度；X_{max} 为电缆 X 单独使用时最大长度；Y_{max} 为电缆 Y 单独使用时最大长度。

例如，混合使用 1000 m 的 A 型电缆和 170 m 的 D 型电缆，则有

$$L_x = 1000 \text{ m}, \ L_y = 170 \text{ m}, \ X_{max} = 1900 \text{ m}, \ Y_{max} = 200 \text{ m}.$$

代入式(1)，得

$$\frac{L_x}{X_{max}} + \frac{L_y}{Y_{max}} = \frac{1000}{1900} + \frac{170}{200} = 1.38$$

计算结果大于 1，表明超出了最大混合使用长度，不符合要求。如果是 170 m 的 D 型和 285 m 的 A 型电缆混合使用，则计算结果恰好为 1。推而广之到四种类型电缆的混合计算公式为

$$\frac{L_v}{X_{max}} + \frac{L_w}{Y_{max}} + \frac{L_x}{X_{max}} + \frac{L_y}{Y_{max}} < 1$$

需注意，网络中不同类型电缆的具体位置并不重要。

5.8.3 H1 网段的接地、屏蔽与极性

1. 接地

在 H1 网段中，信号传输导体在任何一点都不能接地，网段上的通信信号在整个网络中都要受到特殊保护。信号传输导体接地会引起总线上的现场设备失去通信能力，任何一根导线接地或两根导线连接在一起，都会导致通信中断。

2. 屏蔽

根据规范中对最小屏蔽覆盖系数 90%的要求，H1 现场总线最好采用具有屏蔽层的现场总线电缆。有条件的场合，连接器也应具有相应的屏蔽。

对于一些未加屏蔽的双绞线或多股双绞线电缆，如果把它们铺设在金属表面的管道内，也可得到充分屏蔽，因而可以作为 H1 网段的电缆。

现场总电缆的屏蔽层在沿着电缆的整个长度上，只能有一点接地。当使用屏蔽电缆时，要把所有分支的屏蔽线与主干的屏蔽线连接起来，最后在同一点接地。对于大多数网络来说，接地点的位置是任意的，接地点可选在现场仪器的接地点处；对于要达到本质安全要求的安装，接地点还需要按特殊规定选择。

按照某些工厂的标准，电缆铺设路径中屏蔽线可以多点接地，这种操作方法在 4～20 mA 直流控制回路中可以接受，但在现场总线系统中是不允许的。屏蔽线也不能被用作电源的导线。

3. 极性

现场总线所使用的曼彻斯特信号属于极性交变的电压信号，在非总线供电网络中仅有这种交变信号存在；而在总线供电网络中，交变信号被加载到直流电压上。无论哪种情况，通信接收电路都只关注交变电压信号。

但是有一种非极性的现场设备，可以在两个连续的网络上任意连接。非极性设备通常由网络提供，它们对网络的直流电压非常敏感。因此，确定哪一端是前端后，非极性设备该装置可以自动锁定并纠正极性，从而正确接收任何极性信息。

如果建立了 H1 网络，则必须考虑信号的极性，以便容纳所有可能类型的设备。极性装置应标志为极性或带有专用连接器，非极性装置无需标志为极性。在网络中建立极性比较安全，即将所有"+"端子相互连接，所有"−"端子相互连接。

思考题与练习题

1. 试阐述基金会现场总线的主要技术特点。
2. 试阐述 H1 通信模型的主要组成部分及其关系。
3. 试分析 FF 功能块的内部结构。
4. 简述 FF 的通信控制器 FB3050 的引脚信号名称及功能。
5. FF 网络接口卡的主要功能是什么？

第 6 章　Modbus 现场总线

6.1　Modbus 协议

6.1.1　Modbus 协议介绍

Modbus 可编程控制器可以相互通信或与不同网络上的其他设备通信。支持网络包括 Modicon 的 Modbus 和 Modbus Plus 工业网络。网络信息访问可以通过内置在控制器中的端口、网络适配器和 Modicon 提供的模块选择以及网关等设备实现。对于机械设备制造商，Modicon 可以为合作伙伴提供现有程序，从而将 Modbus Plus 网络紧密集成到其产品设计中。

Modicon 中各种控制器使用的通用语言称为 Modbus 协议，该协议定义了控制器可以识别和使用的信息结构。当在 Modbus 网络上通信时，协议允许每个控制器知道自己的设备地址、识别发送给它的数据、确定要采取的行动类型及提取信息中包含的数据等。控制器还可以组织回复信息，并使用 Modbus 协议来发送该信息。当用于其他网络时，Modbus 协议也包含在数据包和数据帧中。例如，在 Modbus+ 或 Map 网络控制器中，由应用程序库和驱动程序来实现嵌入式 Modbus 协议信息和特殊信息帧之间的数据转换，这些特殊信息帧在该网络中的子节点设备之间进行通信。数据转换还可以扩展到处理每个特定网络的节点地址、路由和错误检查方法。如果 Modbus 协议中包含的设备地址在发送信息前转换为节点地址，则数据包也会使用错误检查区域，这与每个网络的协议一致。使用 Modbus 协议还可以写入嵌入式信息并定义要处理的操作。图 6-1 为使用不同通信技术的多层网络中设备的互连。在信息交换中，嵌入在每个网络包中的 Modbus 协议为设备之间的数据交换提供了一种通用语言。

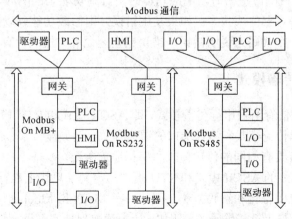

图 6-1　Modbus 协议应用示意图

Modicon 控制器上的标准 Modbus 端口使用与 RS232 兼容的串行接口，该接口定义了连接器、接线电缆、信号等级、传输波特率和奇偶校验。控制器可以直接或通过调制解调器(以下简称 Modems)访问总线。控制器通信采用主从技术，即主机可以启动数据传输，称为查询，其他设备(从机)应返回对查询的响应或处理查询所需的操作。相应的主机设备应包括主处理器和编程器，从机设备包括可编程控制器。

主机可以寻址每个从机及发送广播信息，并将从机返回的信息作为对查询的响应。主机根据设备地址、请求功能码、发送数据、错误检查码，建立了主机的查询格式。从机的响应信息依据 Modbus 协议创建，其中包括确认动作的代码、返回数据代码和错误检查代码。从机如果在接收信息时发生错误，或者从系统无法执行所需的操作，则会重新组织一条错误消息作为响应发送给主机。

除标准 Modbus 功能外，一些 Modcon 控制器还有内置端口或总线适配器，以便在 Modbus+ 总线上通信，或使用网络适配器在 Map 网络上通信。在总线上，控制器之间通过对等技术进行通信，也就是说，任何控制器都可以向其他控制器传输数据。因此，一个控制器可以同时作为从机和主机使用，控制器通常提供多个内部通道，允许并行处理主机和从机进行数据传输。在信息层面上，尽管网络通信方式相同，但 Modbus 协议仍然采用主从模式。如果控制器以主机设备的形式发送消息，则它可以接收从机设备返回的响应。同样，当控制器收到信息时，它组织从设备的响应信息并将其返回到原发送信息的控制器。主从查询响应周期如图 6-2 所示。

图 6-2　主从查询响应周期

(1) 查询：查询中的功能代码是从设备要执行的操作类型。数据字节包含有关从系统要执行的函数的附加信息。例如，函数代码 03 将查询从机并读取和保存寄存器，寄存器的内容用于响应。数据区必须包含有关从机要读取的寄存器起始地址、寄存器数以及错误检查区的一些信息，它为从机提供了一种检查方法，以确保信息内容的完整性。

(2) 响应：当从机响应正常时，响应功能码为查询功能码的响应，数据字节包含从从机采集的数据，如寄存器值或状态。如果发生错误，则修改功能码以指明为错误响应，并在数据字节中包含一个代码来说明错误。错误检查区允许主机确认有效的信息内容。

6.1.2　两种串行传输模式

标准 Modbus 通信有两种串行传输模式，即 ASCII 模式和 RTV 模式。在配置每个控制器时，用户必须选择传输模式和串行端口的通信参数，例如波特率、奇偶校验等。Modbus 总线上的所有设备应具有相同的传输模式和串行通信参数。

标准 Modbus 总线的 ASCII 模式和 RTU 模式都定义了总线上串行传输信息区中"位"的含义，确定了信息的打包和解码方法。例如，在 MAP 和 Modbus+ 总线上，Modbus 信息以帧的形式出现，与串行传输无关。例如，请求读取保持寄存器可以在 Modbus+ 上的两个控制器之间处理，而与使用的控制器的 Modbus 端口没有关联。

1) ASCII 传输模式

当控制器以 ASCII 模式在 Modbus 总线上通信时，每 8 位信息作为两个 ASCII 字符传输。ASCII 模式的主要优点是它允许字符之间的时间间隔达到 1 s 而不出错。

ASCII 码每个字节的格式：

编码系统：十六进制，ASCII 字符 0～9，A～F，一个十六进制。

数据位：1 位起始位，7 位数据，低位先送，奇/偶校验时 1 位，无奇偶校验时 0 位，(LRC)带校验时 1 位停止位；无校验时 2 位停止位。

错误校验区：纵向冗余校验。

2) RTU 传输模式

当控制器以 RTU 模式在 Modbus 总线上通信时，信息中的每个 8 位字节被分为两个 4 位十六进制字符。RTU 模式的主要优点是在相同的波特率下，它传输的字符密度高于 ASCII 模式，并且每个信息都必须连续传输。

RTU 模式中每个字节的格式：

编码系统：8 位二进制，十六进制 0～9，A～F。

数据位：1 位起始位，8 位数据位，有奇/偶校验时 1 位奇/偶校验位，1 位停止位，无奇/偶校验时 0 位奇/偶校验位，停止位 2 位。

错误校验区：循环冗余校验(CRC)。

6.1.3　Modbus 信息帧

无论是 ASCII 模式还是 RTU 模式，Modbus 信息都以帧模式传输，每帧都具有明确的起始点和结束点，使接收设备能够读取信息的起始点地址，并确定要寻址的设备(广播时的所有设备)和信息传输的结束时间。

Map 或 Modbus+ 协议可以处理信息帧的开始和结束标记，并管理发送到目的地的信息。此时，由于 Modbus+ 地址已被发送方或其网络适配器转换为节点地址和路由，因此信息传输中 Modbus+ 数据帧的目标地址无关紧要。

在 ASCII 模式下，信息以冒号(∶)(ASCII 码 3AH)开始，以回车换行字符(ASCII 码 OD 和 OAH)结束。对于其他区域，允许发送的字符是十六进制字符 0～9，A～F。当网络中的设备连续检测并接收冒号(∶)时，每个设备都会解码地址区域以查找要寻址的设备。字符之间的最大间隔为 1 s。如果间隔大于 1 s，则接收设备认为发生了错误。典型 ASCII 模式下的信息帧见表 6-1。

表 6-1　ASCII 信息帧

开始	地址	功能	数据	纵向冗余检查	结束
一个字符	两个字符	两个字符	n 个字符	两个字符	两个字符

例外状态，对于 584 和 984A/B/X 控制器，ASCII 消息可以在 LRC 区域后正常终止，而不发送 CRLF 字符。当时间间隔大于 1 s 时，控制器也将被视为正常中断。

在 RTU 模式下，信息以至少 3.5 个字符的静止时间开始。接下来，第一个区域中的数据是设备地址，允许在每个区域发送的字符是十六进制 0～9，A～F。网络上的设备持续监控网络上的信息，包括静态时间。当接收到第一个地址数据时，每个设备立即对其进行解码，以确定其是否为自己的地址。发送最后一个字符号后，在发送新消息之前还有 3.5 个字符的静止时间，整个信息必须连续发送。如果在发送帧信息的过程中出现超过 1.5 个字符的静止时间，则接收设备将刷新不完整的信息并假定下一节字是一个新消息的地址。在同一条消息之后，立即发送的新消息(没有 3.5 个字符的静止时间)将产生一个错误。错误是由合并信息的无效 CRC 校验码引起的。典型 RTU 模式下的信息帧如表 6-2 所示。

表 6-2　RTU 信息帧

开始	地址	功能	数据	校验	终止
T1-T2-T3-T4	8 b	8 b	N×8 b	16 b	T1-T2-T3-T4

信息地址的有效从设备地址范围为 0～247(十进制)，每个从设备的地址范围为 1～247。主机将从机地址放入信息帧的地址区域，并向从机寻址，从机将自己的地址放在响应信息的地址区域，以便主机能够识别已响应的从机地址。

地址 0 是广播地址，所有从机都可以识别。当 Modbus 协议用于高级网络时，则不允许广播或其他方案替代。例如，Modbus+ 使用令牌循环自动更新共享数据库。

信息帧功能码的有效代码的范围是 1～225(十进制)，有些代码适用于所有类型的 Modicon 控制器，而其他代码仅适用于某些类型的控制器，还有一些代码留作将来使用。

当主机向从机发送信息时，功能代码指定要对从机执行的操作。例如，读取一组离散线圈或输入信号的开/关状态、读取一组寄存器数据、读取从机的诊断状态、写入线圈(或寄存器)及允许下载、记录、确认从机程序等。当从机响应主机时，功能码可以指示从机响应正常或有错误(即响应异常)。在正常响应时，该从机简单返回原始功能代码；在异常响应时，从机返回与原始代码等效的代码，并将最高有效位设置为 1。例如，当主机请求从从机中读取一组保持寄存器时，发送信息的功能代码是 0000 0011(十六进制 03)。如果从系统正确接收到请求的动作信息，它则返回与正常响应相同的代码值；当发现错误时，将返回异常代码 1000011(十六进制 83)。从机对功能代码作为了修改，此外，在响应信息的数据区域中加入一个特殊的代码，告诉主机错误类型和响应异常的原因。主机应用程序负责处理异常响应，典型的过程是主机向从机发送测试和诊断信息，并通知操作员。

数据区有两个十六进制数据位，数据范围为 00～FF(十六进制)。根据网络串行传输的方式，数据区可以由一对 ASCII 字符或一个 RTU 字符组成。主机发送到从机设备的信息数据包括主机功能代码中指定的请求操作，如离散寄存器地址、处理对象数和实际数据字节数。例如，如果主机请求从从机中读取一组寄存器(功能代码 03)，则数据指定寄存器的起始地址和寄存器数。另一个例子是主机在从机中写入一组寄存器(功能代码为 10H)，数据区域指定要写入的寄存器的起始地址、寄存器数、数据字节数以及要写入寄存器的数据。如果没有错误，则从机到主机的响应信息包含请求数据。如果有错误，则数据中会有一个异常代码，使主机能够判断并进行下一步操作。数据区的长度可以是 0，以表示某种信息，例如主机请求从机响应其通信事件记录(功能代码 OBH)，此时，从机不需要额外的信息，功能代码只指定该动作。

6.1.4　错误校验方法

标准的 Modbus 串行通信网络采用两种错误检查方法，奇偶校验(奇数或偶数)可用于检查每个字符，信息帧检查(LRC 或 CRC)可用于检查整个信息。字符检查和信息帧检查由主机生成，并在传输前添加到信息中。从设备在接收信息的过程中检查每个字符和整个信息。主机可以由用户设置一个预先确定的时间间隔，决定是否放弃信息的传输，时间间隔应满足从机的正常响应需要。如果主机检测到传输错误，则传输的信息无效，从机不再向主机返回响应信息。此时，主机生成超时消息，并允许主机程序处理错误信号。注意，当主机向实际上不存在的从机发送信息时，也会产生超时错误信号。若在其他网络中，如Map 或 Modbus+，则不再使用 Modbus 中的 LRC 或 CRC 验证方法，而是采用比 Modbus更高级别的数据帧检查方法。当发生传输错误时，网络中的通信协议通知发送设备发生错误，并允许发送设备根据设置重试或放弃信息传输。如果消息已经发送，但是从设备没有响应，则主机会在程序检查后发出超时错误。

1. 奇偶校验

用户可以设置奇偶校验或不进行校验，以确定发送每个字符时奇偶校验位的状态。无论是奇数还是偶数检查，都是计算"1"在每个字符数据值的个数，ASCII 模式是 7 位数据；RTU 模式是 8 位数据。并根据"1"(奇数或偶数)的个数设置"0"或"1"。

例如一个 RTU 数据帧中 8 位数据为 1100 0101，在此帧中，值为"1"的位的总数为 4，即偶数。如果使用奇数检查，则"1"的总数为奇数，即 5。在发送信息时，计算奇偶校验位并将其添加到数据帧中，接收设备统计位为"1"的个数，如果与设备要求不一致，则会出现错误。Modbus 总线上的所有设备必须使用相同的奇偶校验方法。

2. LRC 校验

在 ASCII 模式下，数据包含错误检查代码。使用 LRC 校验方法时，LRC 检查信息以冒号(：)开头，以 CRLF 字符结尾，它忽略单字符数据的奇偶校验。LRC 校验码为一个字节 8 位二进制值，由发送设备计算 LRC 值，接收设备在接收信息时计算 LRC 校验码，并与接收到的 LRC 的实际值相比，如果它们不一致，则会发生错误。

3. CRC 校验

在 RTU 模式下，采用 CRC 校验方法计算错误校验码，并对所有传输的数据进行校验，它忽略了信息中单个字符数据的奇偶校验。

CRC 代码是两个字节 16 位二进制值。CRC 值由发送设备计算并附在信息上，接收设备在接收信息的过程中再次计算 CRC 值，并将其与 CRC 的实际值进行比较。如果两个值不一致，则会发生错误。在验证开始时，16 位寄存器中的每一位都被设置为"1"，然后信息中相邻的两个 8 位字节数据将在当前寄存器中进行处理。CRC 处理只能使用每个字符的8 位数据，起始位、停止位和校验位不参与 CRC 计算。

当 CRC 检查时，每个 8 位数据和寄存器的内容都进行异或(xor)操作，然后移到最低有效位(LSB)的方向，用零(0)填充最高有效位(MSB)，最后检查 LSB。如果 LSB = 1，则寄存器和预设的固定值进行异或(xor)操作；如果 LSB = 0，则不执行异或(xor)操作。重复上述过程直到 8 个移位的最后一个移位后，下一个 8 位字节数据与寄存器的当前值执行异或(xor)操作，并重复上述过程。在处理完信息中的所有数据字节之后，最后的寄存器值就是 CRC 值。

6.2　数据和控制功能

Modbus 支持许多功能代码，后文将详细解释，这些代码包括四种寄存器：线圈寄存器、离散输入寄存器、保持寄存器和输入寄存器。

(1) 线圈寄存器。实际上，线圈寄存器类似于开关量，每一位对应于信号的开关状态，所以一个字节可以同时控制八个信号，如控制外部 8 路 I/O 的高低。线圈寄存器支持读、写。写入功能码分为写入单线圈寄存器和写入多线圈寄存器，相应的功能代码为 0x01、0x05、0x0F。

(2) 离散输入寄存器。离散输入寄存器相当于线圈寄存器的只读模式，它还表示每一位的开关量，开关量只能读取输入开关量信号，但不能写入，如读取外部按钮的按下或释放信号。所以，离散输入寄存器的功能码很简单，为 0x02。

(3) 保持寄存器。保持寄存器占用的空间不再是位，而是两个字节，也就是说，保持寄存器可以存储特定数量的数据，并且是可读和可写的。例如对于年、月、日时间的设置，保持寄存器不仅可以改写，还可以读出现在的时间。写也分为单写和多写，因此有三个对应的功能代码，即 0x03、0x06、0x10。

与保持寄存器类似，输入寄存器也占用两个字节的空间，但它们只支持读取，不能写入。寄存器还占用两个字节的空间。例如，通过读取输入寄存器可获得当前的 AD 采集值。输入寄存器相应的功能代码为 0x04。

6.2.1　功能代码格式

1. 数字值表达

若无特殊说明在此节正文中的功能代码用十进制值表示，图中的数据区则用十六进制表示。

2. Modbus 信息中的数据地址

Modbus 信息中的所有数据地址均以 0 为基础，每个数据的第一个数据地址数为 0。例如，在可编程控制器中，Modbus 信息中线圈 1 的地址值表示为 0000；线圈 127(十进制)在 Modbus 信息中的地址为 007EH(126 十进制)。保持寄存器 40001，信息中的数据地址为寄存器 0000。功能代码区是保持寄存器类型所需的操作，因此 "4XXXX" 是默认地址类型。保持寄存器 40108 寻址寄存器地址 006B(十六进制)。

3. Modbus 信息中区内容

图 6-3 为 Modbus 查询信息的一个示例，图 6-4 是正常响应的示例，这两种情况下的数据都是十六进制的。两图都给出了在 ASCII 和 RTU 中构造数据帧的方法。主机查询是一个读保持寄存器，被请求的从机地址是 06，读取数据来自地址 40108～40110 三个保持

寄存器。请注意，此信息指定寄存器的起始地址是 0107(006BH)。

查询	Example	ASCII	RTU
	(Hex)	Character	8 bit field
Field name		:(colon)	None
Header	06	06	0000 0110
Slave Address	03	03	0000 0011
Function	00	00	0000 0000
Starting Address Hi	6B	6B	0110 1011
Starting Address Lo	00	00	0000 0000
No. of Registers Hi	03	03	0000 0011
No. of Registers Lo		LRC(2 chars)	CRC(16 bits)
Error Check		CR LF	None
Trailer			
	Total Bytes:	17	8

图 6-3　字节数区在一个响应中的应用

响应	Example	ASCII	RTU
Field name	(Hex)	Characters	8-Bit Field
Header		:(colon)	None
Slave Address	06	0 6	0000 0110
Function	03	0 3	0000 0011
Byte Count	06	0 6	0000 0110
Data Hi	02	0 2	0000 0010
Data Lo	2B	2 B	0010 1011
Data Hi	00	0 0	0000 0000
Data Lo	00	0 0	0000 0000
Data Hi	00	0 0	0000 0000
Data Lo	63	6 3	0110 0011
Error Check		LRC(2 chars)	CRC(16 bits)
Trailer		CR LF	None
	Total Bytes:	23	11

图 6-4　从机采用 ASCII/RTU 方式响应

　　若功能代码从从机响应后返回，则表示该响应是正常响应，Byte Count(字节数)表示返回了多少个 8 位字节，因为不管是 ASCII 模式还是 RTU 模式，它都指示附在数据区域的 8 位字节的数量。在 ASCII 模式下，字节数是数据中实际 ASCII 字符数的一半，每 4 位字节的 16 位值需要一个 ASCII 字符表示。因此，应该使用两个 ASCII 字符来表示数据中的 8 位字节。例如，在 RTU 模式时，63H 用一个字节(01100011)发送；而在 ASCII 模式时，发送 63H 则需两个字节，即 ASCII "6" (0110110)和 ASCII "3" (0110011)。8 位字节作为一个单位计算字节数，忽略了用 ASCII 模式或 RTU 模式组成的信息帧。

　　当在缓冲区组织响应信息时，字节数区域中的值应与该信息中数据区的字节数相等。

4. Modbus+ 数据内容

Modbus+ 网络发送的 Modbus 信息应嵌入到 LLC(Logical Link Control 逻辑链接控制)级数据帧中。Modbus 信息区由八个字节的数据组成，类似于 RTU 中的信息，从机地址由发送设备转换成 Modbus+ 路由地址。由于 CRC 验证在更高的数据链路控制层(HDLC)中执行，因此在 Modbus 信息中不会发送 CRC 数据，其余信息使用原标准格式，应用软件(控制器中的 MSTR 或主机中的 MODCOM III)可以将这些信息帧组成数据包。

图 6-5 为将读寄存器值的请求嵌入到 Modbus+网络的数据帧中的过程。

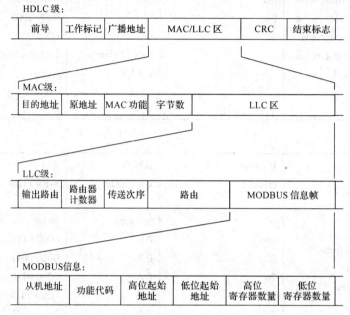

图 6-5　Modbus+ 数据内容

6.2.2　控制器支持的功能代码

表 6-3 列出了 Modicon 控制器支持的功能代码，以十进制表示。

表 6-3　Modicon 控制器支持的功能代码

代码	名　称	384	484	584	884	M84	984
01H	读线圈状态	支持	支持	支持	支持	支持	支持
02H	读输入状态	支持	支持	支持	支持	支持	支持
03H	读保持寄存器	支持	支持	支持	支持	支持	支持
04H	读输入寄存器	支持	支持	支持	支持	支持	支持
05H	强制单个线圈	支持	支持	支持	支持	支持	支持
06H	预置单个寄存器	支持	支持	支持	支持	支持	支持
07H	读不正常状态	支持	支持	支持	支持	支持	支持
08H	诊断						
09H	程序 485	N	支持	N	N	N	N
0AH	查询 484	N	支持	N	N	N	N

续表

代码	名　称	384	484	584	884	M84	984
0BH	读通信事件计数器	支持	N	支持	N	N	支持
0CH	读通信事件记录	支持	N	支持	N	N	支持
0DH	程序控制器	支持	N	支持	N	N	支持
0EH	查询控制器	支持	N	支持	N	N	支持
0FH	强制多个线圈	支持	支持	支持	支持	支持	支持
10H	预置多个寄存器	支持	支持	支持	支持	支持	支持
11H	报告从机 ID	支持	支持	支持	支持	支持	支持
12H	程序 884/M84	N	N	N	支持	支持	N
13H	通信链路复位	N	N	N	支持	支持	N
14H	读通用类型寄存器	N	N	支持	N	N	支持
15H	写通用类型寄存器	N	N	支持	N	N	支持
16H	Mask Write 4X Register	N	N	N	N	N	支持
17H	Read/Write 4X Register	N	N	N	N	N	支持
18H	读 FIFO 查询数据	N	N	N	N	N	支持

1. (01H)读线圈状态

说明：读从机离散量输出口的 ON/OFF 状态，不支持广播。

查询：查询信息规定了要读的起始线圈和线圈量，线圈的起始地址为 0，1～16 个线圈的寻址地址分为 0～15。例如，请求从机设备 17 读 20～56 线圈，如图 6-6 所示。

响应：响应信息中每个线圈的状态对应于数据区中每个位的值，1 = 开，0 = 关。第一个数据字节的 LSB 是查询中的寻址地址，其他线圈按字节顺序从低到高排列到 8，下一个字节也按从低到高的顺序排列。如果返回的线圈数不是 8 的倍数，那么最后一个数据字节到字节最高位的所有剩余位都将填充为 0，字节数区域指示所有数据的字节数。按查询要求返回响应，如图 6-7 所示。

查询 字段名	Example (十六进制)
Slave Address	11
Function	01
Starting Address Hi	00
Starting Address Lo	13
No. of Points Hi	00
No. of Roints Lo	25
Error Check(LRC or CRC)	—

响应 字段名	Example (Hex)
Slave Address	11
Function	01
Byte Count	05
Data (Coils 27～20)	CD
Data (Coils 35～28)	6B
Data (Coils 43～36)	B2
Data (Coils 51～44)	0E
Data (Coils 56～52)	1B
Error Check (LRC or CRC)	—

图 6-6　读线圈状态(查询)　　　　　　　　图 6-7　读线圈状态(响应)

线圈 27～20 的状态用 CDH 表示，二进制值为 11001101，该字节的 MCB 为线圈 27，LSB 为 20。从左(27)到右(20)的线圈状态为开、开、关、关、开、开、关、开，因此第一个字节中的线圈从左到右应为 27～20。下一个字节的线圈应该是 35～28，位数据是从低到高的串行传输，即 20～27，28～35。

在最后一个数据字节中，56～52 线圈的状态为 1BH(或二进制 00011011)，线圈 56 为左数第四位，线圈 52 为字节的最低位。线圈 56～52 的状态分别为开、开、关、开、开。注意所有剩余的三位数字(到最高位数字)全部填写 0。

2. (02H)读输入状态

说明：读从机离散量输入信号的 ON/OFF 状态，不支持广播。

查询：查询信息规定了要读的输入起始地址，以及输入信号的数量。输入起始地址为 0，1～16 个输入口的地址分别为 0～15。例如，请求读从机设备 17 的 10197～10218 的输入位状态，如图 6-8 所示。

响应：响应信息中每个输入端口的状态对应于数据区域中的每个值，1 = 开，0 = 关。第一个数据字节的 LSB 是查询中的寻址地址，其他输入端口按字节顺序从低到高排列，直到 8 位，下一个字节中的八个输入位也按从低到高的顺序排列。

如果返回的输入位数不是 8 的倍数，则最后一个数据字节中的其余位都归零，直到字节的最高位为止。字节的最高位，即字节数区域，解释了所有数据的字节数。例如，对查询作出响应，如图 6-9 所示。

查询 字段名	Example (十六进制)
Slave Address	11
Function	02
Starting Address Hi	00
Starting Address Lo	C4
No. of Points Hi	00
No. of Roints Lo	16
Error Check (LRC or CRC)	—

图 6-8　读输入状态(查询)

响应 字段名	Example (十六进制)
Slave Address	11
Function	02
Byte Count	03
Data (Inputs 10204～10197)	AC
Data (Inputs 10212～10205)	DB
Data (Inputs 10218～10213)	35
Error Check (LRC or CRC)	—

图 6-9　读输入状态(响应)

输入位 10204～10197 的状态用 35H(或二进制 00110101)表示。输入位 10218 是左数第 3 位，输入位 10213 是 LSB，输入位 10218～10213 的状态分别为开、开、关、开、关、开。需注意，还有两个位需要填写为 0。

3. (03H)读保持寄存器

说明：读从机保持寄存器的二进制数据，不支持广播。

查询：查询信息规定了要读的寄存器起始地址及寄存器的数量，寄存器寻址起始地址为 0000，寄存器 1～16 所对应的地址分别为 0～15。

响应：响应信息中的寄存器数据是二进制数据。每个寄存器对应两个字节，第一个是高位数据，第二个是低位数据。

对于 984-X8X 控制器(例如 984-685 等)，扫描数据的速率为每次 125 个寄存器，其他型号控制器的扫描速率为每次 32 个寄存器，所有数据合并后返回响应信息。查询和响应分别如图 6-10 和如图 6-11 所示。

寄存器 40108 的数据用 022BH 两个字节(或用十进制 555)表示，寄存器 40109～40110 中的数据为 0000 和 0064H(十进制时为 0 和 100)。

查询	
字段名	Example (十六进制)
Slave Address	11
Function	03
Starting Address Hi	00
Starting Address Lo	6B
No. of Points Hi	00
No. of Roints Lo	03
Error Check (LRC or CRC)	—

图 6-10　读保持寄存器(查询)

响应	
字段名	Example (十六进制)
Slave Address	11
Function	03
Byte Count	06
Data Hi (Register 40108)	02
Data Lo(Register 40108)	2B
Data Hi(Register 40109)	00
Data Lo(Register 40109)	00
Data Hi(Register 40110)	00
Data Lo(Register 40110)	64
Error Check (LRC or CRC)	—

图 6-11　读保持寄存器(响应)

4. (04H)读输入寄存器

说明：读从机输入寄存器(3X 类型)中的二进制数据，不支持广播。

查询：查询信息规定了要读的寄存器的起始地址及寄存器的数量，寻址起始地址为 0，寄存器 1～16 所对应的地址分别为 0～15。例如，请求读从机设备 17 中的 30009 寄存器，如图 6-12 所示。

响应：例如，按查询要求返回响应，如图 6-13 所示。寄存器 30009 中的数据用 000AH 两个字节(或用十进制 10)表示。

查询	
字段名	Example (十六进制)
Slave Address	11
Function	04
Starting Address Hi	00
Starting Address Lo	08
No. of Points Hi	00
No. of Roints Lo	01
Error Check (LRC or CRC)	—

图 6-12　读输入寄存器(查询)

响应	
字段名	Example (十六进制)
Slave Address	11
Function	04
Byte Count	02
Data Hi(Register 30009)	00
Data Lo(Register 30009)	0A
Error Check (LRC or CRC)	—

图 6-13　读输入寄存器(响应)

5. (05H)强制单个线圈

说明：强制单个线圈(0X 类型)为 ON 或 OFF 状态。广播时，强制单个线圈功能可强制所有从机中同一类型的线圈均为 ON 或 OFF 状态，该功能可越过控制器内存的保护状态和线圈的禁止状态。线圈强制状态一直保持有效直至下一个控制逻辑作用于线圈为止。若控制逻辑中无线圈程序，则线圈处于强制状态。

查询：查询信息规定了需要强制线圈的类型，线圈起始地址为 0，线圈 1 的寻址地址为 0。由查询数据区中的一个常量，规定被请求线圈的 ON/OFF 状态，FF00H 值请求线圈处于 ON 状态，0000H 值请求线圈处于 OFF 状态，其他值对线圈无效，不起作用。例如，强制从机设备 17 中的 173 线圈为 ON 状态，如图 6-14 所示。

响应：若线圈为强制状态，则返回正常响应。例如，按查询要求返回响应，如图 6-15 所示。

查询 字段名	Example (十六进制)
Slave Address	11
Function	05
Coil Address Hi	00
Coil Address Lo	AC
Force Data Hi	FF
Force Data Lo	00
Error Check (LRC or CRC)	—

响应 字段名	Example (十六进制)
Slave Address	11
Function	05
Coil Address Hi	00
Coil Address Lo	AC
Force Data Hi	FF
Force Data Lo	00
Error Check (LRC or CRC)	—

图 6-14　强制单个线圈(查询)　　　　　　图 6-15　强制单个线圈(响应)

6. (06H)预置单个寄存器

说明：在 4X 型保持寄存器中预设一个值。广播时，预置单个寄存器功能将值预设到所有从机的相同类型的寄存器，此功能可以绕过控制器的内存保护，保持寄存器中的预设值有效。预设值只能由控制器的下一个逻辑信号处理，如果控制逻辑中没有寄存器程序，则寄存器中的值保持不变。

查询：查询信息指定要预设的寄存器类型。寄存器寻址的起始地址为 0，寄存器 1 的对应地址为 0，请求的预设值在查询数据区域中。M84 或 484 控制器使用 10 位二进制值，其中高 6 位设置为零，而其他类型的控制器使用 16 位值。例如，请求把从机设备 17 中的 40002 寄存器预置为 0003H 值，如图 6-16 所示。

响应：寄存器内容被预置后返回正常响应。例如，按查询要求返回响应，如图 6-17 所示。

查询 字段名	Example (十六进制)
Slave Address	11
Function	06
Register Address Hi	00
Register Address Lo	01
Preset Data Hi	00
Preset Data Lo	03
Error Check (LRC or CRC)	—

图 6-16　预置单个寄存器(查询)

响应 字段名	Example (十六进制)
Slave Address	11
Function	06
Register Address Hi	00
Register Address Lo	01
Preset Data Hi	00
Preset Data Lo	03
Error Check (LRC or CRC)	—

图 6-17　预置单个寄存器(响应)

7. (07H)读不正常状态

说明：读取从机中八个异常线圈的数据。在不同类型的控制器中预先定义了一些线圈编号。其他由用户编程，作为控制器的状态信息，如"machine ON/OFF"、"heads retraced"、"safeties satisfied"、"error conditions"或其他用户定义的标志等。读不正常状态功能码不支持广播。

查询：请求读从机设备 17 中的不正常状态，如图 6-18 所示。

响应：正常响应包括八个异常线圈状态，每个线圈一位，共一个数据字节。LSB 对应于最低线圈类型的状态。例如，按查询要求返回响应，如图 6-19 所示。

查询 字段名	Example (十六进制)
Slave Address	11
Function	07
Error Check (LRC or CRC)	—

图 6-18　读不正常状态(查询)

查询 字段名	Example (十六进制)
Slave Address	11
Function	0B
Error Check (LRC or CRC)	—

图 6-19　读不正常状态(响应)

在本例中，线圈数据为 6DH(二进制 0110、1101)，线圈状态从左到右(最高到最低)为关、开、开、关、开、开、关、开。如果控制器型号为 984，则表示线圈 8~1 的状态；如果控制器型号为 484，则表示线圈 264~257 的状态。

8. (0BH)读取通信事件计数器

说明：从机通信事件计数器返回状态字和事件数。根据一系列信息前后读取的当前值，主机决定其信息是否已被从机正确处理。读取通信事件计数器功能代码不支持广播。信息成功完成一次，控制器事件计数器加 1，异常响应、查询命令或取事件计数器命令等对计数值不起作用。事件计数器可以通过诊断功能代码(08)或计数器和诊断寄存清零器代码(000A)重置。

查询：请求读取从机设备 17 的通信事件计数器，如图 6-20 所示。

响应：正常响应由两个字节的状态字和两个字节的事件数组成。如果从机没有完成对每个程序值的处理，则状态字在前面发出。若正常响应的两个字节的状态字和两个字节的事件数都是 1(FFFFH)，则处理后的值是 0(0000H)。例如，按查询要求返回响应，如图 6-21 所示。在此例中，状态字为 FFFFH，表示从机仍在处理程序，控制器计算的事件数为 264(0108H)。

查询 字段名	Example (十六进制)
Slave Address	11
Function	0B
Error Check (LRC or CRC)	—

查询 字段名	Example (十六进制)
Slave Address	11
Function	0B
Status Hi	FF
Status Lo	FF
Event Count Hi	01
Event Count Lo	08
Error Check (LRC or CRC)	—

图 6-20　读通信事件计数器(查询)　　　　图 6-21　读通信事件计数器(响应)

9. (0CH)读通信事件记录

说明：从从机返回状态字、事件数、消息数和事件数据区，不支持广播。状态字和事件数与读取通信事件计数器(11，0BH)功能码的返回值相同。信息计数器包含从机处理的信息量(上次重新启动时间、计数器清零操作或通电状态)，与诊断功能代码(08)、总线信息号子功能代码(11，0BH)返回的值相同。事件数据区域包含 0～64 B，每个字节对应于 Modbus 发送的状态或子机接收的状态。子机将事件发送到按顺序排列的区域，字节 0 是最新的事件，最大的新字节刷新区域中最旧的字节。

查询：请求从机设备 17 读取通信事件记录，如图 6-22 所示。

响应：正常响应包括两字节状态字区、两字节事件数区和两字节信息区，以及 0～64 字节的事件区。字节区域定义了上述四个区域中数据的总长度。例如，按查询要求返回响应，如图 6-23 所示。

查询 字段名	Example (十六进制)
Slave Address	11
Function	0C
Error Check (LRC or CRC)	—

响应 字段名	Example (十六进制)
Slave Address	11
Function	0C
Byte Count	08
Status HI	00
Status Lo	00
Event Count Hi	01
Event Count Lo	08
Message Count Hi	01
Message Count Lo	21
Event 0	20
Event 1	00
Error Check (LRC or CRC)	—

图 6-22　读通信事件记录(查询)　　　　图 6-23　读通信事件记录(响应)

在图 6-23 中状态字为 0000H，说明从机已完成程序处理，从机计算的事件数为 264(0108H)，已处理的信息数为 289(0121H)。最近的通信事件在 Event 0 字节中，数值 20H 表示该从机已进入仅侦听模式(Listen Only Mode)；以前的事件在 Event 1 字节中，数值 00H 表示该从机接收到通信重启事件(Communications Restart)。

10．(0FH)强制多个线圈

说明：线圈(0X 型)按线圈顺序强制打开或关闭。广播时，强制多个线圈功能码可以强制每个从机都使用相同类型的线圈。该功能码可以绕过内存保护和禁止状态线圈，保持强制状态是有效的，只能由控制器的下一个逻辑来处理。如果无线圈控制逻辑程序，线圈则保持强制状态。

查询：查询信息指定了强制线圈的类型，线圈的起始地址为 0，线圈 1 的寻址地址为 0。查询数据区域指定所请求线圈的开/关状态，如果数据区的位值为 1，则请求对应的线圈状态为开；如果数据区的位值为 0，则对应线圈状态为"关"。例如，请求从设备 17 中的一组 10 个线圈为强制状态，起始线圈为 20(寻址地址为 19 或 13H)，查询数据为两字节，CD01H(二进制 1100 1101 0000 0001)中对应线圈的二进制位排列见表 6-4。

表 6-4　线圈的二进制位排列

位	1	1	0	0	1	1	0	1	0	0	0	0	0	0	0	1
线圈	27	26	25	24	23	22	21	20							29	28

第一个字节 CDH 对应于线圈 27～20，LSB 对应于线圈 20；第二个字节传输为 01H，对应线圈 29～28，LSB 对应于线圈 28；其余未使用的位填入 0。强制多个线圈查询如图 6-24 所示。

响应：正常响应返回从机地址、功能代码、起始地址及强制线圈数。例如，对图 6-24 查询返回的响应如图 6-25 所示。

查询 字段名	Example (十六进制)
Slave Address	11
Function	0F
Coil Address Hi	00
Coil Address Lo	13
Quantity of Coils Hi	00
Quantity of Coils Lo	0A
Byte Count	02
Force Data Hi (Coils 27～20)	CD
Force Data Lo (Coils 29～28)	01
Error Check (LRC or CRC)	—

响应 字段名	Example (十六进制)
Slave Address	11
Function	0F
Coil Address Hi	00
Coil Address Lo	13
Quantity of Coils Hi	00
Quantity of Coils Lo	0A
Error Check (LRC or CRC)	—

图 6-24　强制多个线圈(查询)　　　　　图 6-25　强制个多个圈(响应)

11. (10H)预置多个寄存器

说明：把数据按顺序预置到各(4X 类型)寄存器中，广播时，预置多个寄存器功能代码可把数据全部预置到从机中相同类型的寄存器中。该功能码可以绕过控制器的内存保护，寄存器中的预设值始终有效，寄存器的内容只能由控制器的下一个逻辑处理。当控制逻辑中没有寄存器程序时，寄存器中的值保持不变。

查询：查询信息中规定了要预置的寄存器类型，寄存器寻址的起始地址为 0，寄存器 1 寻址地址为 0。查询数据区中指定了寄存器的预置值，M84 和 484 型控制器使用 10 位二进制数据，占用两个字节而剩余的高六位置 0。而其他类型的控制器使用一个 16 位二进制数据，每个寄存器两个字节。示例具体如图 6-26 所示，请求从机设备 17 的两个寄存器中输入预设值，起始寄存器 40002，预设值 000AH 和 0102H。

响应：正常响应返回从机地址、功能代码、起始地址和预置寄存器数。例如，按查询要求返回响应，如图 6-27 所示。

查询	
字段名	Example (十六进制)
Slave Address	11
Function	10
Starting Address Hi	00
Starting Address Lo	01
No. of Registers Hi	00
No. of Registers Lo	02
Byte Count	04
Data Hi	00
Data Lo	0A
Data Hi	01
Data Lo	02
Error Check (LRC or CRC)	—

响应	
字段名	Example (十六进制)
Slave Address	11
Function	10
Starting Address Hi	00
Starting Address Lo	01
No. of Registers Hi	00
No. of Registers Lo	02
Error Check (LRC or CRC)	—

图 6-26　预置多个寄存器(查询)　　　　图 6-27　预置多个寄存器(响应)

12. (14H)读通用类型寄存器

说明：返回扩展内存文件中 6X 类型寄存器的内容，不支持广播。读通用类型寄存器功能码可以读取多种类型的寄存器，组之间的地址可以分开，但组内的地址必须是连续的。

查询：查询信息包括标准 Modbus 从机地址、功能代码、字节数和错误检查区。查询信息还指定要读取的寄存器组或组的地址类型，每个组由一个单独的"子请求"区域定义，该区域由七个字节组成，内容如下：

① 寄存器类型：一个字节(指定为 6X 类型)；

② 扩展内存文件号：两个字节(1~10 或 0001~000AH)；

③ 文件中寄存器起始地址：两个字节；

④ 要读取的寄存器数量：两个字节。

要读的寄存器数量与预期响应的其他数据字节加在一起，不能超过 Modbus 所允许的
256 个字节的长度。有效扩展内存文件的数量取决于从机的配置和安装的内存量。除了最
后一个，每个文件包含 10 000 个寄存器，地址为 0000～270FH(十进制 0000～9999)。6X
型扩展寄存器的地址与 4X 型保持寄存器的地址不同，扩展寄存器的起始地址是寄存器
0(600000)，保持寄存器起始地址为寄存器 1(40001)。例如，图 6-28 所示请求读从机设备
17 中的两组类型寄存器，一组包括文件 4 的两个寄存器，寄存器起始地址 0001，另一组
包括文件 3 的两个寄存器，寄存器起始地址 0009。

　　响应：正常响应是一系列子响应。每个子响应对应于一个子请求。字节数区域的值是
所有子响应字节的总和。此外，在每个子响应中都有一个区域来指示自身的字节数。读通
用类型寄存器的正常响应如图 6-29 所示。

查询	Example
字段名	(十六进制)
Slave Address	11
Function	14
Byte Count	0E
Sub-Req 1, Reference Type	06
Sub-Req 1, File Number Hi	00
Sub-Req 1, File Number Lo	04
Sub-Req 1, Starting Addr Hi	00
Sub-Req 1, Starting Addr Lo	01
Sub-Req 1, Register Count Hi	00
Sub-Req 1, Register Count Lo	02
Sub-Req 2, Reference Type	06
Sub-Req 2, File Number Hi	00
Sub-Req 2, File Number Lo	03
Sub-Req 2, Starting Addr Hi	00
Sub-Req 2, Starting Addr Lo	09
Sub-Req 2, Register Count Hi	00
Sub-Req 2, Register Count Lo	02
Error Check (LRC or CRC)	—

响应	Example
字段名	(十六进制)
Slave Address	11
Function	14
Byte Count	0C
Sub-Res 1, Byte Count	05
Sub-Res 1, Reference Type	06
Sub-Res 1, Register Data Hi	0D
Sub-Res 1, Register Data Lo	FE
Sub-Res 1, Register Data Hi	00
Sub-Res 1, Register Data Lo	20
Sub-Res 2, Byte Count	05
Sub-Res 2, Reference Type	06
Sub-Res 2, Register Data Hi	33
Sub-Res 2, Register Data Lo	CD
Sub-Res 2, Register Data Hi	00
Sub-Res 2, Register Data Lo	40
Error Check (LRC or CRC)	—

　　　图 6-28　读通用类型寄存器(查询)　　　　　　图 6-29　读通用类型寄存器(响应)

13. (15H)写通用类型寄存器

　　说明：在 6X 类型寄存器中扩展内存文件，不支持广播。写通用类型寄存器的功能代
码能写多组类型寄存器，组别之间地址可分开，但组内寄存器的地必须连续。

　　查询：查询信息包括标准 Modbus 从站地址、功能代码、字节数和错误检查区。查询
信息还指定要写入的寄存器组或组的地址，每个组由一个单独的子请求区域定义，该区域

由九个字节组成，内容如下：

 ① 寄存器类型：一个字节，指定为 6X 类型；

 ② 扩展内存文件号：两个字节(1～10 或 0001～000AH)；

 ③ 文件写入寄存器中的起始地址：两个字节；

 ④ 寄存器数量：两个字节；

 ⑤ 要写入的数据：每一个寄存器两个字节。

写入文件所需的寄存器数量，加上查询的其他数据，不能超过 Modbus 允许的总长度 256 个字节。有效扩展内存文件的数量取决于从控制器内存的扩展能力。

例如，请求把数据写入从机设备 17 中的一组寄存器，如图 6-30 所示。

响应：正常响应为返回查询信息(即查询和响应内容一致)，如图 6-31 所示。

查询 字段名	Example (十六进制)	响应 字段名	Example (十六进制)
Slave Address	11	Slave Address	11
Function	15	Function	15
Byte Count	0D	Byte Count	0D
Sub-Req 1, Reference Type	06	Sub-Req 1, Reference Type	06
Sub-Req 1, File Number Hi	00	Sub-Req 1, File Number Hi	00
Sub-Req 1, File Number Lo	04	Sub-Req 1, File Number Lo	04
Sub-Req 1, Starting Addr Hi	00	Sub-Req 1, Starting Addr Hi	00
Sub-Req 1, Starting Addr Lo	07	Sub-Req 1, Starting Addr Lo	07
Sub-Req 1, Register Count Hi	00	Sub-Req 1, Register Count Hi	00
Sub-Req 1, Register Count Lo	03	Sub-Req 1, Register Count Lo	03
Sub-Req 1, Register Data Hi	06	Sub-Req 1, Register Data Hi	06
Sub-Req 1, Register Data Lo	AF	Sub-Req 1, Register Data Lo	AF
Sub-Req 1, Register Data Hi	04	Sub-Req 1, Register Data Hi	04
Sub-Req 1, Register Data Lo	BE	Sub-Req 1, Register Data Lo	BE
Sub-Req 1, Register Data Hi	10	Sub-Req 1, Register Data Hi	10
Sub-Req 1, Register Data Lo	0D	Sub-Req 1, Register Data Lo	0D
Error Check (LRC or CRC)	—	Error Check (LRC or CRC)	—

  图 6-30　写通用类型寄存器(查询)　　　　　图 6-31　写通用类型寄存器(响应)

14. (17H)读/写 4X 类型寄存器(Read/Write 4X Register)

说明：Modbus 单次传送中执行一个读操作和一个写操作。读/写 4X 类型寄存器功能代码能把新的数据写入一组 4X 类型寄存器，然后返回另一组 4X 类型寄存器中的数据。不支持广播，该功能只支持 984～785 型控制器。

查询：查询指定要读寄存器组的起始地址及寄存器数量，也指定要写入的寄存器组的起始地址及寄存器的数量，字节数区指定了应写入数据区的字节数。例如，对从机设备 17

查询，读出起始地址为 5 的六个寄存器内容，并把数据写入起始地址为 16 的三个寄存器，如图 6-32 所示。

响应：正常响应包含已被读出的寄存器组中的数据，字节数区指定了数据区应读的字节数。例如，按查询要求返回响应，如图 6-33 所示。

QUERY Field Name	Example (Hex)
Slave Address	11
Function	17
Read Reference Address Hi	00
Read Reference Address Lo	04
Quantity to Read Hi	00
Quantity to Read Lo	06
Write Reference Address Hi	00
Write Reference Address Lo	0F
Quantity to Write Hi	00
Quantity to Write Lo	03
Byte Count	06
Write Data 1 Hi	00
Write Data 1 Lo	FF
Write Data 2 Hi	00
Write Data 2 Lo	FF
Write Data 3 Hi	00
Write Data 3 Lo	FF
Error Check (LRC or CRC)	—

图 6-32　读/写 4X 类型寄存器(查询)

RESPONSE Field Name	Example (Hex)
Slave Address	11
Function	17
Byte Count	0C
Read Data 1 Hi	00
Read Data 1 Lo	FE
Read Data 2 Hi	0A
Read Data 2 Lo	CD
Read Data 3 Hi	00
Read Data 3 Lo	01
Read Data 4 Hi	00
Read Data 4 Lo	03
Read Data 5 Hi	00
Read Data 5 Lo	0D
Read Data 6 Hi	00
Read Data 6 Lo	FF
Error Check (LRC or CRC)	—

图 6-33　读/写 4X 类型寄存器(响应)

15. (18H)读 FIFO 查询数据

说明：读一个先进先出(FIFO)的 4X 类型寄存器中的查询数据，读 FIFO 查询数据功能代码先返回查询的寄存器数，接着返回查询数据，最多读 32 个寄存器，即寄存器数加 31 个含有查询数据的寄存器。该功能只能读查询数据，但不能清除数据，不支持广播。只有 984~785 型控制器支持读 FIFO 查询数据功能。

查询：查询指定读 4X 类型 FIFO 查询寄存器的起始地址，该地址作为指针指向控制器的 FIN 和 FOUT 功能块，并且该地址包含查询的寄存器数，跟在此地址后的是 FIFO 数据的寄存器。例如，读从机设备 17 中的 FIFO 查询数据，起始地址指向 41247 寄存器(04DEH)，如图 6-34 所示。

响应：在正常响应中，字节数包括查询字节和数据寄存器字节，但不包括错误检查区域。查询数是查询数据寄存器数。如果查询数超过 31，则返回异常响应(非法数据值)，错误代码为 03。例如，根据查询请求返回正常响应，如图 6-35 所示。

响应	
字段名	Example (十六进制)
Slave Address	11
Function	18
Byte Count Hi	00
Byte Count Lo	08
FIFO Count Hi	00
FIFO Count Lo	03
FIFO Data Reg 1 Hi	01
FIFO Data Reg 1 Lo	B8
FIFO Data Reg 2 Hi	12
FIFO Data Reg 2 Lo	84
FIFO Data Reg 3 Hi	13
FIFO Data Reg 3 Lo	22
Error Check (LRC or CRC)	—

查询	
字段名	Example (十六进制)
Slave Address	11
Function	18
FIFO Pointer Address Hi	04
FIFO Pointer Address Lo	DE
Error Check (LRC or CRC)	—

图 6-34　读 FIFO 查询数据(查询)　　　　　图 6-35　读 FIFO 查询数据(响应)

在图 6-35 中，返回查询号为 3 的 FIFO 寄存器地址(41247)，后跟三个数据寄存器，地址分别为 41248(十进制 440 或 01B8H)、41249(十进制 4740 或 1284H)、41250(十进制 4898 或 1322H)。

6.3　Modbus 协议在 TCP/IP 上的实现

6.3.1　协议描述

Modbus TCP/IP 通信结构如图 6-36 所示，Modbus TCP/IP 通信系统包括不同类型的设备：
(1) 连接到 TCP/IP 网络的 Modbus TCP/IP 服务器和客户端设备。

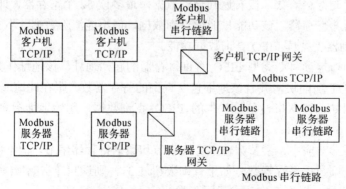

图 6-36　Modbus TCP/IP 通信结构

(2) 在 TCP/IP 网络和串行链路子网之间互连的网桥、路由器或网关等互联设备，该子网允许将 Modbus 串行链路客户机和服务器终端设备连接起来。

Modbus 协议定义了一个独立于底层通信层的简单协议数据单元(PDU)。特定总线或网络上的 Modbus 协议映射可通过应用数据单元(Application Data Unit，ADU)引入其他域。通用 Modbus 帧结构如图 6-37 所示。

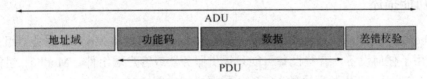

图 6-37　通用 Modbus 帧结构

启动 Modbus 事务后，客户端建立 Modbus 应用数据单元，服务器根据功能代码执行相应的操作。Modbus 应用数据单元使用一个特殊的报文头来标志 TCP/IP，此报文头称为 MBAP 报文头(Modbus Application Protocol 协议报文头)。

MBAP 报文头和用于串行链路的 Modbus RTU 应用数据单元之间的区别如下：

(1) 从地址域(通常用于 Modbus 串行链路)被 MBAP 报文头使用单字节单元标识符替换。单元标识符的作用是使用单个 IP 地址支持多个独立 Modbus 终端单元(如网关、路由器和网桥)的设备之间的通信。

(2) 用接收者可以验证完成报文的方式设计所有 Modbus 请求响应。对于长度固定的 Modbus PDU 功能代码，仅发送功能代码就足够了。对于功能代码在请求或响应中携带变量数据的情况，数据域包括字节数。

(3) 当在 TCP 上携带 Modbus 时，接收器根据 MBAP 报文头上携带的额外长度信息来识别消息边界，即使消息被分成多个包进行传输。隐式和显式长度规则的存在以及 CRC-32 错误检查码(在以太网上)的使用将对请求或响应消息造成最小的未检测干扰。

MBAP 报文头包括的域如表 6-5 所示。

表 6-5　MBAP 报文头域

域	长度	描述	客户机	服务器
事务元标识符	两个字节	Modbus 请求/响应事务处理的识别码	客户机启动	服务器从接收的请求中重新复制
协议标识符	两个字节	0=Modbus 协议	客户机启动	服务器从接收的请求中重新复制
长度	两个字节	字节的数量	客户机启动(请求)	服务器(响应)启动
单元标识符	一个字节	串行链路或其他总线上连接的远程从站识别码	客户机启动	服务器从接收的请求中重新复制

MBAP 报文头长度为七个字节，内容如下：

(1) 事务元标识符：用于事务配对。作为响应，Modbus 服务器将复制请求的事务标识符。

(2) 协议标识符：用于系统内的多路复用。Modbus 协议的识别值为 0。

(3) 长度：长度字段表示下一个字段中的字节数，包括数据字段和单位标识符。

(4) 单元标识符：供系统内路由使用。单元标识符专门用于通过 TCP/IP 网络和 Modbus 串行链路之间的网关与 Modbus 或 Modbus+ 串行链路从站通信。Modbus 客户机在请求中设置域，服务器作为响应必须返回具有相同值的域。

6.3.2　功能描述

Modbus 组件结构是一个通用模型，包括 Modbus 客户端和 Modbus 服务器组件。该组件结构适用于任何设备，有些设备可能只提供服务器或客户端组件。Modbus 组件结构模型如图 6-38 所示，分离数据块的 Modbus 数据模型如图 6-39 所示。

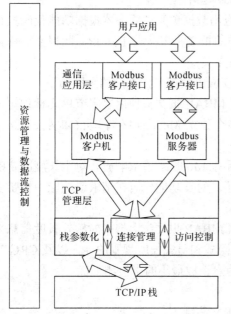

图 6-38　Modbus 组件结构模型

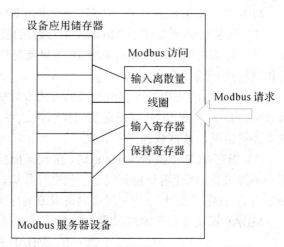

图 6-39　分离数据块的 Modbus 数据模型

1. 通信应用层

Modbus 设备包括 Modbus 客户端、Modbus 客户端接口、Modbus 服务器和 Modbus 后台接口，并允许间接访问用户应用程序对象。接口由四部分组成：输入离散量、输出离散量(线圈)、输入寄存器和保持寄存器。接口必须定义用户应用程序数据之间的映射，接口说明见表 6-6。

表 6-6　接 口 说 明

基本数据表	对象类型	属性	说　　明
输入离散量	1 位	只读	此类数据可来自 I/O 系统
输出离散量(线圈)	1 位	读/写	此类数据可被应用程序修改
输入寄存器	16 位字	只读	此类数据可来自 I/O 系统
保持寄存器	16 位字	只写	此类数据可被应用程序修改

1) Modbus 客户端

Modbus 客户端允许用户应用程序准确地控制与远程设备的信息交换，并根据用户应用程序向 Modbus 客户端接口发送请求，其中包含生成 Modbus 请求的参数。Modbus 客户端调用一个 Modbus 的事务处理，事务处理包括 Modbus 证实的等待和处理。

2) Modbus 客户端接口

Modbus 客户端接口提供一个接口，允许用户应用程序生成请求，请求包括访问 Modbus 应用对象在内的各类 Modbus 服务。

3) Modbus 服务器

在收到 Modbus 请求后，激活本地操作以读取、写入或执行其他操作，这些操作的处理对应用程序开发人员是透明的。Modbus 服务器的主要功能是等待和处理来自 TCP502 端口的 Modbus 请求，然后根据设备情况生成 Modbus 响应。

4) Modbus 后台接口

Modbus 后台接口是一个从 Modbus 服务器到定义应用对象的用户应用之间的接口。

2. TCP 管理层

消息传输服务的主要功能之一是管理通信的建立和终止，并管理基于 TCP 连接的数据流。

1) 连接管理

需要调用 TCP 连接管理模块在服务器的 Modbus 模块和客户端之间进行通信。TCP 连接管理模块负责对消息传输的 TCP 连接进行全面管理。连接管理有两种可能：一种是完全由该模块管理连接，另一种是由用户应用本身管理 TCP 连接，前一种方案灵活性较差。TCP 502 端口的侦听是为 Modbus 通信保留的。在缺省状态下，端口被强制侦听。然而，有些市场或应用可能需要其他端口作为 TCP 上 Modbus 的通信之用。例如，与非施奈德 (Schneider) 产品进行互操作就属于这种情况。为此，服务器和客户机均应向用户提供对 TCP 上的 Modbus 参数进行配置的可能性。需注意：即使在特定应用程序中为 Modbus 服务配置了其他 TCP 服务器端口，除某些特定应用程序端口外，TCP 服务器 502 端口必须保持可用。

2) 访问控制模块

在某些关键情况下，必须禁止不必要的主机访问设备内的数据，这既是需要的安全模式，也是在必要时实现安全处理的原因。

3. TCP/IP 栈

TCP/IP 栈可以配置参数，以便数据流控制、连接管理和地址管理能够适应特定产品或系统中的不同约束。通常，BSD 套接字接口用于管理 TCP 连接。

4. 资源管理与数据流控制

为了平衡 Modbus 客户端与服务器之间的进出口报文传输的数据流，在 Modbus 报文传输栈的各层设置了数据流控制机制。资源管理和数据流控制模块是基于 TCP 内部数据流控制、附加数据链路层的一些数据流控制和用户应用层的数据流控制的。

6.3.3　TCP 连接管理

Modbus 通信要求在服务器和客户端之间建立 TCP 连接,用户应用模块直接实现连接的建立,TCP 连接管理模块也可以自动完成连接的建立。在前一种情况下,为了充分管理连接,用户应用模块必须提供应用程序接口,这种方法使应用程序开发人员的工作更具灵活性,但开发人员需要有 TCP/IP 机制方面的专业知识。在后一种方案中,没有 TCP 连接管理,用户应用程序只需发送和接收 Modbus 消息,TCP 连接管理模块负责在需要时建立新的 TCP 连接。根据设备功能的不同,客户端和服务器之间的 TCP 连接数也不同。

对于显式 TCP 连接管理,用户应用程序模块管理所有 TCP 连接,包括主动和被动连接建立、连接终止等,这是对服务器和客户端之间所有连接的管理。BSD 套接字接口在用户应用模块中用于管理 TCP 连接。同时,用户应考虑设备的功能和要求,配置客户端和服务器之间的连接数。

对于自动 TCP 连接管理,TCP 连接管理对用户应用程序模块是完全透明的。连接管理模块可以接收足够数量的客户端/服务器连接;否则,当连接数超过授权数时,必须有一个实现机制,即关闭未使用的或最早建立的连接。在从本地用户应用程序或远程客户端接收到第一个数据包后,连接管理模块将建立到远程对象的连接。如果网络终止或本地设备决定终止,则连接将关闭。当接收到连接请求时,访问控制选项可用于禁止未经授权的客户访问设备。TCP 连接管理模块通过堆栈接口(通常是 BSD 套接字接口)与 TCP/IP 栈进行通信。为了保持系统需求和服务器资源之间的兼容性,TCP 管理将保持两个连接库,即优先级连接库和非优先级连接库。

(1) 优先级连接库:由从不在本地主动关闭的连接组成,必须提供配置才能构建库。优先级连接库的实现方法是使用特定的 IP 地址与这个库每一个可能的连接建立连接。具有此 IP 地址的设备称为已标记设备。来自已标记设备的新的连接请求必须被接收,并从优先级连接库中取出。此外,为了避免对同一设备使用优先级连接库中的所有连接,必需设置每个远程设备允许的最大连接数。

(2) 非优先级连接库:包括到未标记设备的连接。该连接库的规则是当有来自未标记设备的新连接请求,并且库中没有可用的连接时,关闭早期的连接。

Modbus 信息传输服务必须在 502 端口上提供侦听套接字,以便接收新的连接并与其他设备进行数据交换。消息传输服务必须与远程服务器 502 端口建立新的客户端连接,以便与远程服务器交换数据。本地端口必须高于 1024,并且每个客户端的连接都不同。如果服务器和客户端之间的连接数大于授权连接数,则关闭最早的无用连接。激活访问控制机制用来检查远程客户端的 IP 地址是否被授权。如果未经授权,则新连接将被拒绝。

根据已打开的正确 TCP 连接发送 Modbus 请求,远程设备的 IP 地址用于查找已建立的 TCP 连接。当 TCP 与同一远程设备建立多个连接时,必须选择其中一个连接来发送 Modbus 消息。可以采用不同的选择策略,如最早连接和第一连接。在 Modbus 通信的整个过程中,连接必须始终打开。客户端可以向服务器启动多个事务处理,而无需等待前序事务处理结束。当客户端和服务器之间的 Modbus 通信结束时,客户端必须关闭用于通信的连接。

访问控制模块用于检查每个新连接，并根据授权的远程 IP 地址列表禁止或授权远程客户端 TCP 连接。在关键情况下，开发人员需要选择访问控制模块以确保访问网络状态正常。在这种情况下，需要禁止或授权访问每个远程 IP。用户需要提供 IP 地址列表，并指定每个 IP 地址是否合法授权。默认在安全模式下，禁止使用用户未配置的 IP 地址。因此，在访问控制模式下，来自未知 IP 地址的访问连接会被关闭。

6.3.4　TCP/IP 栈的使用

TCP/IP 栈提供了一个接口来管理连接、发送和接收数据，还可以配置参数，使栈的特性能够适应设备或系统的限制。栈接口通常是基于本文中描述的 BSD(Berkeley 软件分配代码)接口。Modbus 的信息交换如图 6-40 所示。

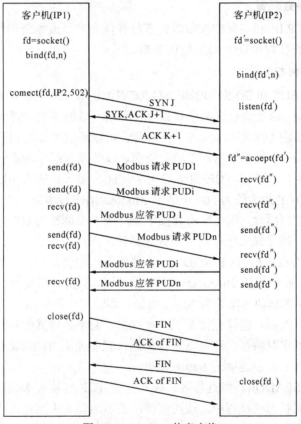

图 6-40　Modbus 信息交换

1. BSD 套接字接口的应用

套接字是通信端点的抽象形式，是通信的基本组件。Modbus 通信可以通过一个套接字来接收和发送数据。TCP/IP 库提供使用 TCP 和基于连接通信服务的流套接字。

socket()函数用于创建套接字，创建者使用返回的套接字编号访问套接字。套接字在创建时没有地址(IP 地址和标语)，在绑定到端口之前不会接收数据。在 TCP/IP 库中，bind()函数用于将一个口号绑定到套接字，并在套接字和指定的口号之间建立连接。

初始连接过程包括客户端发送 connect()功能，指定远程 IP 地址、套接字号和远程侦听口号(主动建立连接)。服务器端发送 accept()函数来指定先前在 listen()调用中指定的套接字编号(被动连接建立)。创建新的套接字具有与原始套接字相同的功能,这个新的套接字连接到客户端的套接字,并将套接字编号返回到服务器。服务器释放初始套接字以供希望连接到服务器的其他客户端使用。

建立 TCP 连接后便可以传输数据。send()和 recv()函数是专门为已连接的套接字设计的。setsockopt()函数允许套接字的创建者使用套接字创建多个选项来描述套接字的操作特性。shutdown()函数允许套接字的用户终止 send()或 recv()函数。select()函数允许程序员在所有套接字上测试事件。close()函数允许程序员放弃套接字描述。图 6-40 显示了服务器和客户机之间的完整 Modbus 通信过程。客户机建立连接后,向服务器发送三个 Modbus 请求,但不等待第一个请求的响应。在收到所有回复后,客户机将正常关闭连接。

2. TCP 层参数配置

可以调整 TCP/IP 栈的某些参数以使其特性满足产品或系统的限制,TCP 可以调整的参数有每个连接的参数和整个 TCP 层的参数。

1) 每个连接的参数

(1) SO-RCVBUF 和 SO-SNDBUF。SO-RCVBUF 和 SO-SNDBUF 为发送和接收套接字接口设置了高限位,通过调整这两个参数可以实现流量的控制和管理。每个连接 advertised window 的最大值是接收缓冲区的大小。因此,可以通过增加套接字缓冲区的大小以提高性能。否则,这些值必须小于内部驱动器资源,以便在内部驱动器资源用完之前关闭 TCP 窗口。接收缓冲区的大小由 TCP 窗口的大小、TCP 最大段的大小以及接收输入帧所需的时间决定。由于 TCP 最大段为 300 个字节(Modbus 请求最多需要 256 个字节+MBAP 头),如果需要两个帧进行缓存,则可以将套接字缓冲区大小调整为 600 个字节。通过增加 TCP 窗口的大小,可以满足最大缓存需求和计划时间需求。

(2) TCP-NODELAY。TCP-NODELAY 参数用来控制是否开启 Nagle 算法。通常,在局域网(LAN)上传输小消息(TinyGrams)不会导致拥塞问题,但这些 TinyGrams 会导致广域网拥塞。一个简单的解决方案称为 Nagle 算法,即收集少量数据,当前面报文的 TCP 确认到达时再发送这批数据。建议直接发送少量数据,而不是将其收集到一个段内再发送,这样可以获得更好的实时特性。这就是为什么建议强制使用 TCP-NODELAY 选项的原因,这将禁用客户机和服务器连接的 Nagle 算法。

(3) SO-REUSEADDR。当远程客户端发起的 TCP 连接被 Modbus 服务器关闭时,在连接处于等待时间状态的过程中,该连接使用的本地口号不能再次用于打开新连接。建议为每个客户机和服务器连接指定 SO-REUSEADDR 选项以绕过此限制。此选项允许用户为自己分配一个口号,该口号在 2MSL(Maximum Segment Lifetime,最长生存时间)期间等待客户端并监听套接字接口。

(4) SO-KEEPALIVE。在默认情况下,TCP/IP 协议不通过空闲的 TCP 连接发送数据,因此,如果进程不在 TCP 连接端发送数据,则两个 TCP 模块之间不会交换任何数据。客户端应用程序和服务器端应用程序都使用计数器来检测连接的生存性,以便关闭连接。建议在客户端和服务器连接的两端使用 SO-KEEPALIVE,以便彼此能够知道对方是否出现故障、重新启动或死机。

2) 整个 TCP 层的参数

(1) TCP 连接建立超时。系统将新连接的时间限制设置为 75 s，该值应适应实时应用程序的限制。

(2) 保持连接参数。连接的默认空闲时间为 2 小时，超过这个时间将触发一个保持连接的试探过程。在第一个保持连接的试探之后，在最大次数内每隔 75 s 发送一个试探，直到收到响应。在空闲连接上发出的持久连接试探的最大数量是八个，如果发送了最大数量的试探而没有收到响应，则 TCP 会向应用程序发送一个错误信号，由应用程序决定是否关闭连接。

(3) 超时与重发参数。如果检测到 TCP 包丢失，则重新传输消息。检测丢失的一种方法是管理重新传输超时(RTO)，如果没有从远程接收到确认，则超时终止。TCP 对 RTO 进行动态评估，即在发送每个非重传消息后，测量消息到达远程设备并从远程设备获得确认所需的时间，这一时间称为往返时间(RTT)。一个连接的往返时间是动态计算的，但是，如果 TCP 不能在 3 s 内获得 RTT 估计值，则默认值设置为 3 s。如果已经估出了 RTO，则它将用于发送下一条消息。如果在估计的 RTO 终止之前没有收到下一条消息的确认，则启用指数补偿算法。该算法的内容是在指定的时间段内允许同一消息最大次数的重发。之后，如果未收到确认，则连接终止。一些堆栈可以在连接终止前设置最长时间和最大重传次数。

3. IP 层的参数配置

下列参数必须在 Modbus 实现的 IP 层进行配置：

(1) 本地 IP 地址：IP 地址可以是 A、B 或 C 类的一种。

(2) 子网掩码：子网掩码与本地 IP 地址的类型必须一致。

(3) 缺省网关：缺省网关的 IP 地址与本地 IP 地址必须在同一子网内，禁止使用 0.0.0.0 的地址值。如果没有定义网关，那么地址可设为本地 IP 地址或 127.0.0.1。

6.3.5　通信应用层

1. Modbus 客户端

Modbus 客户端可以接收以下三种事件：

(1) 第一个是来自用户应用程序发送请求的新要求。在这种情况下，客户端必须对 Modbus 请求进行编码，并使用 TCP 管理组件服务通过网络发送 Modbus 请求。下层(TCP 管理模块)返回由 TCP 连接错误或其他错误信息引起的错误消息。

(2) 第二个是来自 TCP 管理的响应。客户机分析响应的内容并向用户应用程序发送确认。

(3) 第三个是没有响应而超时结束。可以通过网络发送重试消息，也可以向用户应用程序发送否定证实。

在收到用户应用程序的要求后，客户端生成一个 Modbus 请求并发送到 TCP 管理。生成的 Modbus 请求被分解为几个子任务：

(1) 在 Modbus 事务处理的实例化过程中，所有需要的信息都应存储在客户机中，以使响应与相应的请求相匹配，并向用户应用程序发送确认。

(2) Modbus 请求的编码(PDU+MPAB 报文头)。启动需求的用户应用程序必须提供使客户机能够编码请求所需的所有信息。根据 Modbus 协议对 Modbus PDU 进行编码(Modbus 功能代码、相关参数和应用数据)，填写 MBAP 标题的所有字段。然后，将 MBAP 报文头作为 PDU 前缀生成 Modbus 请求 ADU。

(3) 向 TCP 管理模块发送 Modbus 请求 ADU。TCP 管理模块负责为远程服务器找到正确的 TCP 套接字。除了 Modbus 请求 ADU 之外，还必须传递目标 IP 地址。例如，从地址为 05 的远端服务器读一个字的 Modbus 请求 ADU，编码如表 6-7 所示。

表 6-7　Modbus 请求 ADU 编码

项　目	说　明	大　小	实　例
MBAP 报文头	事务处理标识符 Hi	1 B	0x15
	事务处理标识符 Lo	1 B	0x01
	协议标识符	2 B	0x0000
	长度	2 B	0x0006
	单元标识符	1 B	0xFF
MODBUS 请求	功能码	1 B	0x03
	起始地址	2 B	0x0005
	寄存器数量	2 B	0x0001

事务处理标识符的作用是将请求链接到将来的响应。因此，对于 TCP 连接，此标识符必须是唯一的。有几种方法可以使用此标识符：

(1) 可以使用事务处理标识符生成带计数器的 TCP 序列号，并且可以对在每个请求增加计数器。

(2) 事务处理标识符可以用作指针或智能索引，以标志事务处理的内容，并记住当前的远程服务器和未处理的请求。

在 Modbus 串行链路上，客户机必须一次发送一个请求。这意味着客户端在发送第二个请求之前必须等待第一个请求的响应。在 Modbus TCP 上，可以向同一服务器发送多个请求，而无需等待服务器验证。Modbus TCP 和 Modbus 串行链路之间的网关负责确保两个操作之间的兼容性。服务器接收的请求数取决于其容量，即服务器资源的数量和 TCP 窗口的大小。客户端同时启动的事务数取决于客户端的资源容量。实现参数(numbermax of Client Transaction)必须作为 Modbus 客户机的一个特性，根据设备类型，此参数值的范围为 1~16。

当在 Modbus 或 Modbus Plus 串行链路子网中对设备进行寻址时，单元标识符供路由使用。在这种情况下，单元标识符携带远程设备 Modbus 的从属地址。

(1) 如果 Modbus 服务器连接到 Modbus+ 或 Modbus 串行链路子网，并且服务器由网关或网桥配置，则需要 Modbus 单元标识符来识别连接到网关或网桥关的子网从属设备。目标 IP 地址标识网桥的地址，网桥使用单元标识符将请求转发到指定的从设备。

(2) 在串行链路上分配 Modbus 从设备的地址为 1~247(十进制)，广播地址为 0。对于 TCP/IP，用 IP 地址寻址 Modbus 服务器，因此，这种情况下 Modbus 单元标识符是无效的，建议将 0xff 用作单位标识符的无效值。

(3) 当对直接连接到 TCP/IP 网络的 Modbus 服务器进行寻址时，建议不要在单元标识符域中使用有效的 Modbus 从机地址。在自动系统重新分配 IP 地址的情况下，如果将先前分配给 Modbus 服务器的 IP 地址分配给网关，则使用有效的从机地址可能会因网关的路由不良而导致故障。由于从机地址无效，所以网关丢弃 Modbus PDU 时而不会出现任何问题。

注意，0 可以用来与 Modbus TCP 设备进行直接通信。

在 TCP 连接中，当接收到响应帧时，MBAP 报文头中的事务处理标识符用于将响应与发送到 TCP 连接的原始请求相关联：如果事务处理标识符没有提到任何未解决的事务处理，则必须丢弃响应；如果事务处理标识符提到未解决的事务处理，则必须对其进行分解。也就是说，应检查 MBAP 报文头和 Modbus PDU 的响应，以便向用户应用程序发送 Modbus 确认(正确认或负确认)。

(1) MBAP 报文头。在验证协议标识符必须为 0x0000 之后，长度给出了 Modbus 响应的大小。如果响应来自直接连接到 TCP/IP 网络的 Modbus 服务器设备，则 TCP 连接标志码足以清楚地标志远程服务器。因此，MBAP 报文头中携带的单元标识符无效，必须丢弃。如果远程服务器连接到串行链路子网，并且响应来自网关、路由或网桥，则单元标识符(值 0xff)标志发送初始响应的远程 Modbus 服务器。

(2) Modbus 响应 PDU。根据 Modbus 协议检查功能代码，并分析 Modbus 响应格式。如果功能代码与请求中使用的功能代码相同，且响应格式正确，则 Modbus 响应作为肯定确认发送给用户应用程序。如果功能代码是异常代码(功能码+80H)，则会向用户应用程序发送一个异常响应作为肯定的证据。如果功能代码与请求中使用的功能代码不同，或者响应格式错误，则会向用户应用程序发送错误信号，作为否定证据。此外，肯定确认是指服务器收到请求命令并响应的确认，这并不代表服务器可以成功完成请求命令中要求的操作(Modbus 异常响应表示操作失败)。

2. Modbus 服务器设计

Modbus 服务器的设计取决于对应用程序对象的访问类型(高级访问服务或简单访问属性)以及 Modbus 服务器与用户应用程序之间的交互类型(同步或异步)。Modbus 服务器可以同时接收和服务多个 Modbus 请求，同时接收的最大 Modbus 请求数取决于服务器的设计及其处理、存储的能力。实现参数为 Number Max of Server Transaction，根据设备的性能，参数取值范围为 1~16，该参数对 Modbus 服务器的操作和性能有着非常重要的影响。尤其重要的是，所管理的并发 Modbus 事务的数量可能会影响服务器对 Modbus 请求的响应时间。

1) Modbus PDU 检验

Modbus PDU 验证的第一步是分解 MBAP 报文头，必须验证协议标识符域：如果 Modbus 协议的类型不同，则该指令将被废除；如果正确(Modbus 协议类型值为 0x00)，则立即给出 Modbus 事务处理的示例。服务器可以从距离指定的最大 Modbus 事务数由参数 Number Max of Transaction(系统或配置参数)定义。如果事务处理无效，则服务器将生成一个 Modbus 异常响应(异常代码 6：服务器忙)；如果事务处理有效，则开始存储发送指令的 TCP 连接标识符(由 TCP 管理提供)、Modbus 事务处理 ID(以 MBAP 报文头给出)和单元标识符(以 MBAP 报文头给出)。下一步分解 Modbus PDU：首先，对功能代码进行分析，当功能代码无效时，生成 Modbus 异常响应(异常代码 1：无效功能)；如果接收功能代码，则服务器启动一个 Modbus 服务处理的操作。

2) Modbus 服务处理

在单线程架构或小型设备中，Modbus 服务器可以直接访问用户应用程序数据，服务器本身可以在本地处理所需的服务，而无需调用后台服务。在模块化多处理器设备或多线程体系结构中，用户应用层和通信层是两个独立的实体。通信实体可以处理一些不重要的服务，而其他服务需要应用后台服务与用户应用实体进行协调。为了与用户应用程序交互，Modbus 后台服务必须实现所有适当的机制，以便处理用户应用程序的事务，并正确管理用户应用调用和相应的响应。

3) 用户应用接口(后台接口)

在 Modbus 后台服务中，可以通过执行几种策略来完成工作，但从用户网络吞吐量、接口带宽使用、响应时间、设计工作量的角度分析，这几种策略是不均衡的。

Modbus 后台服务将对用户应用采用适当接口，或基于串行链路的物理接口，或一条简单的 I/O 电缆，或双口 RAM 方案，或由操作系统提供的基于报文传输服务的逻辑接口，到用户应用的接口可以是异步的或同步的。

Modbus 后端服务还将使用适当的设计模式来获取或设置目标属性及触发服务。在一般情况下，使用简单的网关模式即可；在其他情况下，从简单的交换表历史记录到更复杂的重复机制，设计人员必须使用高速缓存策略实现代理服务器模式。

为了与用户应用程序交互，Modbus 后端服务负责协议转换，因此，必须有一个机制来实现消息分割和重组、保证数据一致性以及同步所需的所有功能。

4) Modbus 响应的生成

在处理请求后，Modbus 服务器必须使用适当的 Modbus 服务器事务处理来生成响应，并且响应必须发送到 TCP 管理组件。根据处理结果，Modbus 服务器可以生成两种响应：肯定 Modbus 响应(响应功能代码 = 请求功能代码)和 Modbus 异常响应(响应功能代码 = 请求功能代码 + 0x80)。

Modbus 响应 PDU 必须以 MBAP 报文头做前缀，使用事务处理正文中的数据生成 MBAP 报文头。当在所收到的 Modbus 请求中给出单元标识符时，复制这个单元标识符，并将其存储在事务处理的正文中。服务器计算 Modbus PDU 和单元标识符字的大小，并在长度域中设置这个值。设置协议标识符域为 0x0000(Modbus 协议)，在所收到的 Modbus 请求中给出协议标识符，设置这个域为事务处理标识符的值(与初始请求有关)，并将其存储。

利用事务处理正文中存储的 TCP 连接，并对正确的 Modbus 客户机返回 Modbus 响应，当发送响应时，事务处理文本必须是空闲的。

思考题与练习题

1. 在 Modbus 系统中定义有哪两种串行传输模式？各有什么特点？
2. 写出 Modbus 主从设备查询—回应的过程。
3. 标准 Modbus 总线有哪些错误检查方法？
4. Modbus TCP/IP 通信系统包括哪些类型的设备？
5. Modbus 客户机可以接收几种事件？每种事件的内容是什么？

第 7 章　CAN 现场总线

7.1　CAN 总线的发展历史

20 世纪 80 年代初，随着欧洲汽车工业的蓬勃发展，汽车电子信息化程度不断提高。基于电子操作的汽车功能越来越多，传统的汽车线束电子系统还没有跟上汽车电子信息功能的发展，所以通信变得越来越复杂，并且连接信号线的需求也越来越大。为了突破现代汽车电子信息化发展的瓶颈，德国博世(Bosch)公司开发了一种单总线网络，其特点是所有外围设备都能与总线连接。该总线可以解决现代汽车中大型电子控制装置之间的通信问题，减少信号线的增加。1986 年，博世正式宣布了这一总线，并命名为 CAN 总线。

CAN 总线属于现场总线，它是一个有效支持分布式控制和实时控制的串行通信网络，具有较高的网络安全性、通信可靠性和实时性。CAN 总线简单实用，网络成本低，特别适用于汽车计算机控制系统和环境恶劣、电磁辐射强、振动大的工业环境。CAN 总线在许多现场总线中处于领先地位，成为汽车总线的代名词。CAN 总线已进入一个快速发展的时期，其发展历程如下：

1987 年，英特尔公司生产了第一台 CAN 控制器(82526)。不久之后，飞利浦还推出了控制器 82C200。

1991 年，博世颁布 CAN 2.0 技术规范，该规范包括 A 和 B 两个部分。

为了促进 CAN 和 CAN 协议的发展，1992 年在欧洲成立了"CAN 自动化"(CAN in Automation，CiA)国际用户和制造商协会，该协会在德国埃尔兰根(Erlangen)注册，总部位于埃尔兰根。CiA 提供的服务包括出版各种 CAN 技术规范、免费下载 CAN 文件、提供 CANopen 规范的 DEVICENET 规范、出版 CAN 产品数据库和 CANopen 产品指南、提供 CANopen 验证工具、实现 CANopen 认证测试、开发 CAN 规范并将其作为 CIA 标准发布。

1993 年，CAN 成为国际标准 ISO11898(高速应用)和 ISO11519(低速应用)。

1993 年，ISO 颁布 CAN 国际标准 ISO11898。

1994 年，SAE 颁布基于 CAN 的 J1939 标准。

2003 年，Maybach 发布带 76 个 ECU 的新车型(CAN，LIN，MOST)。

2003 年，VW 发布带 35 个 ECU 的新型 Golf。

据 CiA 组织统计，截至 2002 年底，已有约 500 多家公司加入 CiA，合作开发和支持各种 CAN 高级协议。包括世界主要半导体制造商在内的 20 多家 CAN 控制器(独立或嵌入式)制造商，生产的 CAN 控制器有 110 多种，数量达到 2.1 亿枚。CAN 接口已被公认为微控制器的标准串行接口，广泛应用于各种分布式嵌入式系统中。国际用户和制造商协会已成为全球应用 CAN 技术的权威机构。

7.1.1　CAN 总线的特点

与一般通信总线相比，CAN 总线在数据通信中具有良好的可靠性、实时性和灵活性。其主要特点如下：

(1) 性价比更高。CAN 总线结构简单，设备易于购买，各节点价格低廉。在开发过程中，我们可以利用单片机开发工具。

(2) CAN 总线是唯一具有国际标准的现场总线。

(3) CAN 总线为多主模式工作，网络中的一个节点可以在任何时候主动向网络上的其他节点发送信息，节点之间不分主从，通信方式灵活，不需要站点地址等节点信息。

(4) 网络上的节点信息可分为不同的优先级，以满足实时性要求，高优先级数据最多可在 134 μm 内传输。

(5) 采用非破坏性总线仲裁技术。当多个节点同时向总线发送信息时，优先级最高的节点不受影响继续传输数据；优先级较低的节点将自动退出发送，大大节省了总线冲突仲裁的时间。即使网络负载很重，也不会出现网络瘫痪。

(6) 无需特殊的调度。通过消息过滤的方式，以点对点、点对多点、全局广播等多种方式发送和接收数据。

(7) 直接通信最长距离为 10 km(传输速率低于 5 kb/s)，最高速率为 1 Mb/s(最长距离为 40 米)。

(8) 根据总线驱动电路，节点数可以达到 110 个。

(9) 采用短帧结构，传输时间短，干扰概率低，误差检测效果好。

(10) 每帧信息都有 CRC 校验等错误检测措施，降低数据错误率。

(11) 通信介质可灵活选择，如选择同轴电缆、双绞线或光纤。

(12) 为了不影响总线上其他节点的工作，当错误严重时，该错误节点可以自动关闭输出。

自 CAN 总线出现以来，为了满足 CAN 总线协议的各种应用要求，相继出现了几种高级协议。目前，CAN 总线的高级协议主要应用于基于 CAN 总线的网络中。常见的高级协议有 CANopen、DeviceNet，均适用于任何类型的工业控制局域网应用，而 CAL(CAN Application Layer)用于基于标准应用层通信协议的优化控制场合，SAEJ1939 用于卡车和重型车辆计算机控制系统，其总线规范由国际标准化组织(ISO)制定为国际标准。CAN 总线在控制系统中广泛应用于检测和执行机构之间的数据通信，它也可以用于从高速网络到低成本网络的多线网络。

随着控制、通信、计算机和网络技术的发展，从现场设备到控制和管理的各个层次都已成为信息交流的领域。随着信息技术的发展，自动化系统的结构发生了变化。逐步形成的企业信息系统是以网络综合自动化系统为基础的。现场总线技术是针对这种情况而发展起来的一项新技术，已成为自动化领域的一个热点。

7.1.2　CAN 标准

1. CAN 总线的分层结构

OSI 开放系统互联参考模型将网络协议分为七层：应用层、表示层、会话层、传输层、网络层、数据链路层和物理层。国际电工技术委员会定义的现场总线模型分为三层：应用层、数据链路层和物理层。CAN 的分层定义与 OSI 模型一致，采用七层模型的应用层、数据链路层和物理层。CAN 规范定义了模型的底部两层：数据链路层和物理层，如图 7-1 所示。

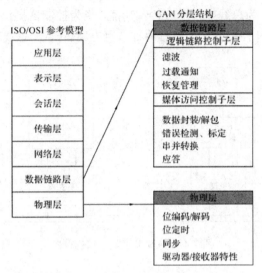

图 7-1　CAN 总线分层结构

2. CAN 协议标准

CAN 总线协议有四个版本：CAN1.0、CAN1.2、CAN2.0A 和 CAN2.0B。CAN2.0A 和以下版本使用标准格式信息帧(11 位)，CAN2.0B 使用扩展格式信息帧(29 位)。CAN2.0A 及以下版本在接收扩展帧信息格式时会出错；CAN2.0B 被动版本忽略了 29 位扩展信息帧，在接收时不会出错；CAN2.0B 主动版本可以接收和发送标准格式信息帧和扩展格式信息帧。

3. CAN 总线网络基本结构

一般来说，CAN 总线网络由多个具有 CAN 通信功能的控制单元(也称为节点)组成，它们通过 CAN_H 和 CAN_L 数据线并行连接。在 CAN_H 和 CAN_L 数据线的两端各安装一个 120 Ω 的电阻，形成数据保护器，以避免数据传输到终端产生的反射波影响数据传输，如图 7-2 所示。汽车 CAN 总线网络结构示意图如图 7-3 所示。

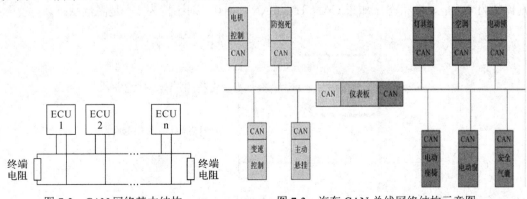

图 7-2　CAN 网络基本结构　　　　　　　图 7-3　汽车 CAN 总线网络结构示意图

4. CAN 总线节点基本结构

一个完整的 CAN 总线节点应该包括三个部分：微控制器、CAN 控制器和 CAN 收发器。微控制器负责初始化 CAN 控制器并与 CAN 控制器传输数据；CAN 控制器负责以 CAN 报文的形式传输数据，实现 CAN 协议数据链路层的功能；CAN 收发器是 CAN 控制器与 CAN 物理总线的接口，为总线提供差分传输功能，也为控制器提供差分接收功能。由于一些微控制器集成了 CAN 控制器，因此有两种节点方案。CAN 总线节点的基本结构框图如图 7-4 所示。

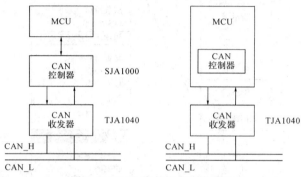

图 7-4　CAN 节点基本结构框图

5. CAN 差分通信

CAN 总线的信号传输采用差分信号，该信号抗干扰能力强。当 CAN 收发器的差分信号放大器处理信号时，从 CAN_H 线的电压中减去 CAN_L 线的电压。两条线之间的电位差可以用两种不同的逻辑状态进行编码。

(1) 在静止状态下，CAH_H 和 CAH_L 两条线上作用有相同的预设值，称为静电平。对于 CAN 驱动的数据总线，该值约为 2.5 V。静电平也称隐性状态，因为所有连接的控制单元都可以修改它。

(2) 在显性状态下，CAN_H 线路上的电压升高一个预设值(对于 CAN 驱动的数据总线，该值至少为 1 V)；而 CAN_L 线上的电压会降低至少 1 V。所以，在 CAN 驱动的数据总线上，CAN_H 线处于激活状态，其电压不低于 3.5 V(2.5 V + 1 V = 3.5 V)，而 CAN_L 线上的电压最多可降低到 1.5 V(2.5 V − 1 V = 1.5 V)。因此，CAN_H 线和 CAN_L 线在隐性状态下的电压差为 0 V，在显性状态下的最小电压差为 2 V，如图 7-5 所示。如果 CAN_H − CAN_L > 2，则比特为 0，是显性状态；如果 CAN_H − CAN_L = 0，则比特为 1，是隐性状态。

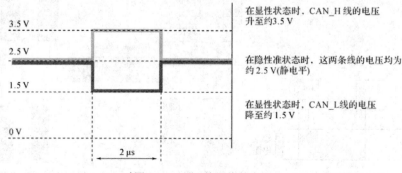

图 7-5　CAN 数据线的电平

7.2　CAN 总线基本原理

当 CAN 总线上的一个节点(站)发送数据时，它以报文形式广播给网络中所有节点。对每个节点来说，无论数据是否是发给自己的，都要进行接收。每组报文开头的 11 位字符为标识符，定义了报文的优先级，这种报文格式称为面向内容的编址方案。在同一系统中标识符是唯一的，不会有两个站发送具有相同标识符的报文。当一个站要向其他站发送数据时，该站 CPU 将要发送的数据和自己的标识符传送给本站的 CAN 控制器芯片，并处于准备状态；当它收到总线分配的指令时，转为发送报文状态，CAN 控制器芯片将数据根据协议组织成一定的报文格式发出，这时网上的其他站处于接收状态；每个处于接收状态的站对接收到的报文进行检测，判断这些报文是否是发给自己的，并决定是否接收它。

CAN 总线是一种基于优先级的串行通信网络，采用载波监听多路转换冲突避免协议，CAN 总线中传输的数据帧的起始部分为数据的标识符，标识符可以区分消息又可以表示消息的优先级(0 的优先级最高)。CAN 总线为多主工作方式，网络上任一节点均可在任意时刻主动向网络上的其他节点同时发送消息。若两个或两个以上的节点同时开始传送报文，则会产生总线访问冲突。根据逐位仲裁原则，借助帧开始部分的标识符，优先级低的节点主动停止发送数据，而优先级高的节点继续发送信息。在仲裁期间，CAN 总线作"与"运算，每一个节点都将节点发送的电平与总线电平进行比较，如果电平相同，则节点可以继续发送。由于 0 的优先级高，所以当某一个节点发送 1 而检测到 0 时，此节点便知道有更高优先级的信息在发送，它就停止发送消息，直到再一次检测到网络空闲。

CAN 总线采用的通信模式为载波监测，多主掌控/冲突避免(Carrier Sense Multiple Access with Collision Avoidance，CSMA/CA)。这种通信模式使得总线上的任何一个设备都有机会取得总线的控制权，并向外发送数据。

当多个站点同时发送消息时，需要进行总线仲裁。总线仲裁机制如下：

(1) 每个控制单元在发送信息时通过发送标识符来识别。

(2) 所有的控制单元都是通过各自的 RX 线来跟踪总线上的一举一动并获知总线的状态。

(3) 每个发射器都将 TX 线和 RX 线的状态一位一位地进行比较，采用"线与"机制，显性位可以覆盖隐性位；只有所有节点都发送"隐性"位时，总线才处于隐性状态。

(4) 总线上的节点电平对于总线电平而言是"相与"的关系，只有当三个节点的电压都等于 1(隐性电平)时，总线才会保持在隐性电平状态。只要有一个节点切换到 0 状态(显性电平)，总线就会被强制在显性状态(0)。

这种避免总线冲突的仲裁方式能够使具有高优先级的消息没有延时地占用总线传输。

当总线处于空闲时呈隐性电平状态，此时任何节点都可以向总线发送显性电平作为帧的开始。如果两个或两个以上节点同时发送信息就会产生竞争。CAN 总线解决竞争的方法同以太网的 CSMA/CD(Carrier Sense Multiple Access with Collislon Detection)方法基本相似。此外，CAN 总线做了改进并采用 CSMA/CA 访问总线，按位对标识符进行仲裁。各节点在向总线发送电平的同时，也对总线上的电平进行读取，并与自身发送的电平进行比较，如果电平相同则继续发送下一位，不同则停止发送，并退出总线竞争。剩余的节点继续上述过程，直到总线上只剩下一个节点发送电平，总线竞争结束，优先级高的节点获得总线的控制权。TX 信号上加有一个"0"的所有控制单元必须退出总线。用标识符中位于前部的"0"的个数就可调整信息的重要程度，从而保证总线按节点的重要程度来发送信息。标识符中的号码越小，表示该信息越重要，优先级越高。发送低优先级报文的节点退出仲裁后，在下次总线空闲时重发报文。

例如，节点 A 和节点 B 的标识符的第 10、9、8 位电平相同，因此两个节点侦听到的信息和它们发出的信息相同。节点 B 在第 7 位发出一个 1，但接收到的消息却是 0，说明有更高优先级的节点占用总线发送消息。节点 B 会退出发送并处于单纯监听状态而不发送数据；节点 A 成功发送仲裁位从而获得总线的控制权，继而发送全部消息。总线中的信号持续跟踪最后获得总线控制权的节点发出的报文，本例中节点 A 的报文将被跟踪。这种非破坏性位仲裁方法的优点在于：在网络最终确定哪个节点被传送前，报文的起始部分已经在网络中传输了，因此具有高优先级节点的数据传输没有任何延时。在获得总线控制权的节点发送数据过程中，其他节点成为报文的接收节点，并且不会在总线再次空闲之前发送报文。

按照以上所述，三个节点总线仲裁示意图如图 7-6 所示。

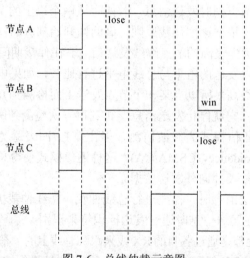

图 7-6　总线仲裁示意图

按位仲裁是 CAN 总线特有的仲裁方式，显性位覆盖隐性位。优先级高的报文根据此机制抢占总线，优先级低的报文退出竞争。正因为 CAN 有这样的仲裁机制，它难以抵抗高优先级攻击和重发报文攻击。

7.3　CAN 总线报文帧结构

在进行数据传送时，发出报文的节点是该报文的发送器。在总线空闲时或丢失仲裁前该节点一直为发送器。如果一个节点不是报文发送器而是接收器，则总线未处于空闲状态。

构成一帧的帧起始、仲裁场、控制场、数据场和 CRC 序列均借助位填充规则进行编码，而数据帧和远程帧的其余位场则采用固定格式，不进行填充，出错帧和超载帧同样是固定格式(数据帧、远程帧、出错帧和超载帧在下文会详细介绍)。报文中的位流是按照非归零(NZR)码方法编码的，因此一个完整的位电平要么是显性，要么是隐性。

在隐性状态下，CAN 总线输出的差分电压为

$$U_{\text{diff}} = U_{\text{CAN\_H}} - U_{\text{CAN\_L}} \quad (\text{近似为零})$$

在显性状态下，以大于最小阈值的差分电压表示 CAN 总线输出的差分电压，如图 7-7 所示。在总线空闲或隐性位期间，发送隐性状态。在显性位期间，隐性状态改写为显性状态。

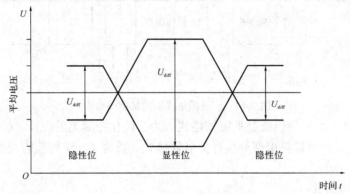

图 7-7　总线上的位电平表示

CAN 有两种不同的帧格式：标准帧和扩展帧，区别在于识别符的长度不同，标准帧有 11 位识别符；扩展帧有 29 位识别符。CAN 报文有以下四种不同的帧类型：

(1) 数据帧：数据帧将数据从发送器传输到接收器。

(2) 远程帧：总线节点发出远程帧，请求发送具有同一标识符的数据帧。

(3) 错误帧：任何节点检测到总线错误就发出错误帧。

(4) 超载帧：超载帧用于在先行的和后续的数据帧(或远程帧)之间提供附加的延时。

数据帧和远程帧可以使用标准帧和扩展帧两种格式，它们通用一个帧间空间用来与前面的帧分隔。

1. 数据帧

数据帧由七个不同位场组成：帧起始、仲裁场、控制场、数据场、CRC 场、应答场(ACK 场)及帧结尾。数据场的长度范围为 0～8 位。CNA 报文的数据帧结构如图 7-8 所示，标准帧格式和扩展帧格式中的数据帧结构分别如图 7-9 和图 7-10 所示。

图 7-8　报文的数据帧结构

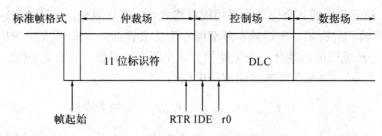

图 7-9　标准帧格式中的数据帧结构

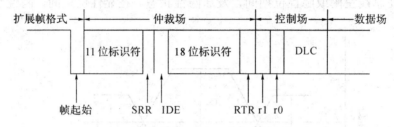

图 7-10　扩展帧格式中的数据帧结构

CAN 协议的一个新特色就是扩展帧格式。为了简化控制器的设计，CAN 协议必须完全支持标准格式，但可以只用部分执行扩展帧格式。符合 CAN 规范的新的控制器应该至少包含以下属性：

(1) 支持标准格式；

(2) 可以接收扩展帧格式的报文，不能因为格式差别而破坏扩展帧格式。

下面具体分析数据帧的每一个位场。

1) 帧起始

帧起始(SOF)表示数据帧或远程帧的开端，仅包含一个显性位，只有在总线空闲时才允许节点开始发送信号。所有节点必须与首先开始发送报文的节点帧起始前沿同步。总线上的电平分为显性电平和隐性电平。总线上执行逻辑上的线"与"时，显性电平的逻辑值为 0，隐性电平为 1。显性具有优先的权利，只要有一个单元输出显性电平，总线上即为显性电平。并且，隐性是包容的意思，只有所有的单元都输出隐性电平，总线上才为隐性电平。

2) 仲裁场

仲裁场是表示数据的优先级的段，由标识符和远程发送请求位(RTR)组成。RTR 位在数据帧中为显性，在远程帧中为隐性。

对于 CAN2.0A 标准，标识符长度为 11 位，这些位按 ID.10 到 ID.0 的顺序发送，其中，最低位是 ID0，七个最高位(ID.10～ID.4)要确保不能全是隐性。CAN2.0A 仲裁场的组成如图 7-11 所示。

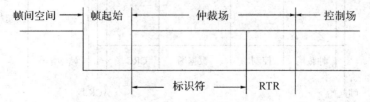

图 7-11　CAN2.0A 仲裁场的组成

对于 CAN2.0B 标准，标准帧格式和扩展帧格式的仲裁场标识符格式不同。在标准帧格式里，仲裁场由 11 位标识符和 RTR 组成，标识符位按 ID.28 到 ID.18 的顺序发送。而在扩展帧格式里，仲裁场包括 29 位标识符、替代远程请求位(SRR)、标识符扩展位(IDE)、远程发送请求位(RTR)，其标识符由 ID.28 到 ID.0 组成，格式包含两个部分：用 11 位(ID.28～ID.18)表示的基本 ID；用 18 位(ID.17～ID.0)表示的扩展 ID。在扩展帧格式里，基本 ID 首先发送，其次是 SRR 和 IDE，扩展 ID 的发送位于 SRR 和 IDE 之后。

SRR，即替代远程请求位，为一隐性位，位于扩展帧格式中的标准帧 RTR 上，并代替标准帧的 RTR 被发送。因此，假设扩展帧的基本 ID 和标准帧的标识符相同，则标准帧优先级高于扩展帧以解决这种冲突。

IDE，即标识符扩展位，对于扩展帧格式，IDE 属于仲裁场；对于标准帧格式，IDE 属于控制场。标准帧格式的 IDE 为显性，而扩展帧格式的 IDE 为隐性。

3) 控制场

控制场由六个位组成，其结构如图 7-12 所示。标准帧格式和扩展帧格式的控制场格式不同。标准帧格式里的帧包括数据长度代码、IDE(为显性位，见上文)及保留位 r0。扩展帧格式里的帧包括数据长度代码和两个保留位(r1 和 r0)，其保留位必须发送为显性，但是接收器认可显性和隐性位的任何组合。

图 7-12　控制场结构

数据长度代码指定了数据场里的字节数量(见表 7-1)。数据帧允许的数据字节数量为 0～8，不允许使用其他的数值。

表 7-1　数据长度代码 DLC

数据长度代码				数据字节数量
DLC3	DLC2	DLC1	DLC0	
显性	显性	显性	显性	0
显性	显性	显性	隐性	1
显性	显性	隐性	显性	2
显性	显性	隐性	隐性	3
显性	隐性	显性	显性	4
显性	隐性	显性	隐性	5
显性	隐性	隐性	显性	6
显性	隐性	隐性	隐性	7
隐性	显性	显性	显性	8

4) 数据场

数据场由数据帧里的发送数据组成，它可以为 0~8 个字节，每字节包含八个位，最高有效位首先发送。

5) CRC 场

CRC 场包括 CRC 序列(CRC Sequence)及其后的 CRC 界定符(CRC Delimiter)，如图 7-13 所示。

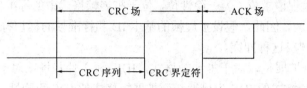

图 7-13　CRC 场结构

(1) CRC 序列。CRC 序列由循环冗余码求得的帧检查序列组成，适用于位数低于 127 的帧。为进行 CRC 计算，被除的多项式系数由无填充位流给定，组成这些位流的成分是：帧起始、仲裁场、控制场、数据场(假如有的话)，而 15 个最低位的系数是 0。将系数由无填充位流给定的多项式被下列多项式发生器除：

$$X^{15} + X^{14} + X^{10} + X^8 + X^7 + X^4 + X^3 + 1$$

这个多项式除法的余数就是发送到总线上的 CRC 序列。为了实现这个功能，可以使用 15 位的位移寄存器——CRC_RG(14:0)。如果 NXTBIT 指示位流的下一位，那么从帧的起始到数据场末尾都由没有填充的位顺序给定。CRC 序列的计算如下：

```
CRC_RG = 0;                              //初始化移位寄存器
REPEAT
CRCNXT = NXTBIT EXOR CRC_RG(14);
CRC_RG(14:1) = CRC_RG(13:0);             //寄存器左移一位
CRC_RG(0) = 0;
IF CRCNXT THEN
CRC_RG(14:0) = CRC_RG(14:0)EXOR)4599H);
END IF
UNTIL(CRC 序列起始或有一错误条件)
```

(2) CRC 界定符(标准格式以及扩展格式)。CRC 序列之后是 CRC 界定符，它包含一个单独的隐性位。

6) 应答场(ACK 场)

应答场包括应答间隙(ACK 间隙)和应答界定符(ACK 界定符)两个位，如图 7-14 所示。发送节点在 ACK 场(应答场)里发送两个隐性位。

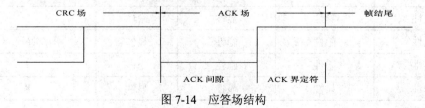

图 7-14　应答场结构

当接收器接收到有效的正确报文后，在应答间隙期间向发送器发送一显性位以示应答。

(1) 应答间隙。所有接收到匹配 CRC 序列的节点会在应答间隙期间用一个显性的位写入发送器的隐性位来做出回答。

(2) 应答界定符。应答界定符位于应答场的第二个位且必须为隐性的位。因此，应答间隙被 CRC 界定符和应答界定符所包围，且这两个位都是隐性的。

7) 帧结尾(标准帧格式以及扩展帧格式)

每一个数据帧和远程帧均由一标志序列界定，这个标志序列由七个隐性位组成。

2. 远程帧

远程帧作为接收器的节点，向相应的数据源节点发送远程帧以激活该源节点，使该源节点把数据发送给接收器。远程帧也分为标准帧格式和扩展帧格式，而且都由六个不同的位场组成：帧起始、仲裁场、控制场、CRC 场、应答场、帧结尾。

与数据帧相反，远程帧的 RTR 是隐性的，没有数据场，数据长度代码 DLC 的数值是不受制约的(可以标注为允许范围 0~8 中的任何数值)，此数值对应于数据帧的数据字节数量。远程帧结构如图 7-15 所示。

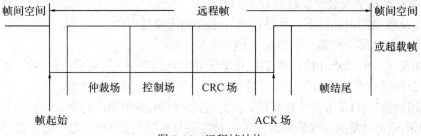

图 7-15　远程帧结构

3. 错误帧

错误帧由两个不同位场组成，第一个位场是错误标志叠加，第二个位场是错误界定符。错误帧结构如图 7-16 所示。

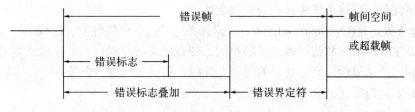

图 7-16　错误帧结构

错误标志有活动错误标志和认可错误标志两种。活动错误标志由六个连续的显性位组成；认可错误标志由六个连续的隐性位组成，来自其他节点的显性位可以改写认可错误标志。

活动错误节点检测到错误后通过发送一个活动错误标志来指明错误，这一错误标志的格式不遵守从帧起始至 CRC 界定符的位填充规则，破坏了应答场或帧结尾的固定格式，因而其他节点将检测到出错的节点并发送错误标志。这样，在总线上监视到的显性位序列是由各个节点单独发送的错误标志叠加而成的，该序列的总长度在最小值 6 位到最大值 12

位之间变化。

一个检测到出错条件的错误认可节点试图发送一个认可错误标志来指明错误。该错误认可节点以认可错误标志为起点，等待六个相同极性的连续位。当检测到六个相同的连续位后，认可错误标志即告完成。

错误界定符有八个隐性位。错误标志发送后，每个节点都送出隐性位，并监测总线，直到检测到隐性位，然后开始发送剩余的七个隐性位。

4. 超载帧

超载帧包括两个位场：超载标志叠加和超载界定符，其结构如图 7-17 所示。

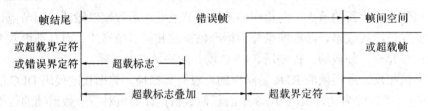

图 7-17 超载帧结构

有三种超载的情况会引发超载标志的传送：

(1) 在接收器的内部，下一个数据帧和远程帧需要延迟。

(2) 在间歇的第一和第二字节检测到一个显性位。

(3) 如果 CAN 节点在错误界定符或超载界定符的第 8 位(最后一位)采样到一个显性位，节点会发送一个超载帧。该帧不是错误帧，错误计数器不会增加。

根据超载情况(1)而引发的超载帧，只允许起始于所期望间歇的第一个位时间，而根据情况(2)和情况(3)引发的超载帧应起始于所检测到显性位之后的位。通常为了延时下一个数据帧或远程帧，两种超载帧均可产生。

(1) 超载标志(Overload Flag)。超载标志由六个显性位组成。超载标志的所有形式与活动错误标志相同。超载标志的格式使间歇(下文介绍)的固定格式遭到了破坏。因此，所有其他节点都检测到超载条件并与此同时发出超载标志。如果有的节点在间歇的第 3 个位期间检测到显性位，则这个位将被认为是帧起始。

(2) 超载界定符(Overload Delimiter)。超载界定符由八个隐性的位组成。

超载界定符的形式和错误界定符的相同。超载标志被传送后，节点就一直监测总线，直到检测到一个从显性位到隐性位的跳变。此时，总线上的每一个节点完成了超载标志的发送，并开始同时发送其余七个隐性位。

5. 帧间空间

帧间空间实现了数据帧(或远程帧)与先行帧(数据帧、远程帧、错误帧、超载帧)的距离。但是，超载帧与错误帧之间没有帧间空间，多个超载帧之间也不是通过帧间空间隔离的。

帧间空间包括间歇、总线空闲两个位场。如果错误认可的节点已作为前一报文的发送器，则其帧间空间除了间歇、总线空闲外，还包括被称作挂起传送(暂停发送，Suspend Transmission)的位场。

对于不是错误认可的节点，或作为前一报文接收器错误认可的节点，其帧间空间分别如图 7-18 和图 7-19 所示。

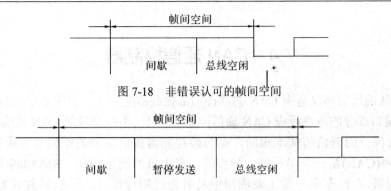

图 7-18　非错误认可的帧间空间

图 7-19　错误认可的帧间空间

(1) 间歇(Intermission)。间歇包括三个隐性的位。在间歇期间，所有的节点均不允许传送数据帧或远程帧，唯一要做的是标示一个超载条件。

如果 CAN 节点有一个报文等待发送，并且节点在间歇的第 3 位采集到一个显性位，则此位被解释为帧的起始位，并从下一位开始发送报文的标识符首位，而不用首先发送帧的起始位或使之成为一接收器。

(2) 总线空闲(Bus Idle)。总线空闲的时间是任意的，只要总线被认定为空闲，任何等待发送报文的节点就会访问总线。在发送其他报文期间，有报文被挂起，对于这样的报文，其传送起始于间歇之后的第一个位。总线上检测到显性的位可被解释为帧起始。

(3) 挂起传送(Suspend Transmission)。错误认可的节点发送报文后，该节点就在下一个报文开始传送之前或在总线空闲之前发出八个隐性的位跟随在间歇的后面。如果与此同时另一节点开始发送报文(由另一节点引起)，则此节点就作为这个报文的接收器。

6. 错误检测

不同于其他总线，CAN 协议不能使用应答信息。事实上，CAN 协议可以将发生的任何错误用信号发出。CAN 协议可使用五种检查错误的方法，其中前三种为基于报文内容的检查方法。

(1) 循环冗余检查(CRC)。CRC 序列包括了发送器的 CRC 计算结果。接收器计算 CRC 的方法与发送器相同。如果计算结果与接收到 CRC 序列的结果不相符，则检测到一个 CRC 错误。

(2) 帧检查。帧检查方法是通过位场检查帧的格式和大小来确定报文的正确性的，用于检查格式上的错误。

(3) 应答错误。被接收到的帧由接收站通过明确的应答来确认。如果发送站未收到应答，那么表明接收站发现帧中有错误，也就是说，ACK 场已损坏或网络中的报文无站接收。

(4) 总线检测。CAN 总线中的节点可检测自己发出的信号。因此，发送报文的站可以观测总线电平并探测发送位和接收位的差异。

(5) 位填充。一帧报文中的每一位都由不归零码表示，从而保证了位编码的最大效率。然而，如果在一帧报文中有太多相同电平的位，则有可能失去同步。为保证同步，在五个连续相等的位后，发送站自动插入一个与之互补的补码位。在接收时，这个补码位被自动丢掉。例如，五个连续的低电平位后，CAN 自动插入一个高电平位。CAN 通过这种编码规则检查错误，如果在一帧报文中有六个相同位，则 CAN 知道发生了错误。

7.4　CAN 通信控制器

　　CAN 总线的通信协议是由 CAN 总线的通信控制器完成的。实现 CAN 总线协议部分和微控制器接口部分的电路组成 CAN 通信控制器。对比不同型号的 CAN 通信控制器，实现 CAN 协议部分的电路的基本相同，而与微控制器接口部分的结构及方式有些不同。控制器局域网(CAN)是一个串行的、异步的、多主机的通信协议。SJA1000 是一种独立的 CAN 控制器，在汽车和一般工业应用中具有先进的特性。由于硬、软件兼容，SJA1000 将会替代 PCA82C200。SJA1000 特别适合用于轿车内的电子模块、传感器、制动器的连接和在通用工业应用中的系统优化、系统诊断和系统维护等。独立的 CAN 控制器 SJA1000 有两个不同的操作模式：BasicCAN 模式和 PeliCAN 模式。其中，BasicCAN 模式与 PCA82C200 兼容，上电时默认为 BasicCAN 模式。所以，用 PCA82C200 开发的硬件和软件可以不用修改直接被 SJA1000 使用。PeliCAN 模式是操作的新模式，所有的 CAN2.0B 定义的帧类型都能被它处理，而且该模式还提供增强的功能使 SJA1000 应用于更多的领域。

7.4.1　SJA1000 特征简介

　　SJA1000 的特征可分成三组：

　　(1) 已建立好的 PCA82C200 功能，具体如表 7-2 所示。

表 7-2　已建立好的 PCA82C200 功能

特　征	功　能
灵活的处理器接口	允许接入大部分的微型处理器和微型控制器
可编程的 CAN 输出驱动器	对各种物理层的分界面
CAN 位频率高达 1Mbit/s	SJA1000 覆盖了位频率的所有范围，包括高速应用

　　(2) 提高的 PCA82C200 功能。部分功能在 PCA82C200 里已经生效，不过在 SJA1000 里，它们在速度、大小和性能方面已得到提高，具体如表 7-3 所示。

表 7-3　提高的 PCA82C200 功能

特　征	功　能
CAN2.0B(隐性的)	SJA1000 的 CAN2.0B 隐性特征允许 CAN 控制器接收带有 29 位 ID 的信息
64 个字节接收 FIFO	接收 FIFO 可以存储高达 21 条信息，这延长了最大中断服务时间，避免了数据溢出
24 MHz 时钟频率	较快的处理器访问和更多的位定时选择
接收比较器旁路	缩短间隔延迟，由于一个改进的位定时编程，产生了更高的 CAN 总线长度

　　(3) 在 PeliCAN 模式里的增强功能，具体如表 7-4 所示。在 PeliCAN 模式里，SJA1000

支持一些错误分析功能，如支持系统诊断、系统维护以及系统优化。而且该模式也加入了对一般 CPU 的支持和系统自身测试的功能，表 7-4 所示为 SJA1000 的特征及它们在应用中主要的优点。

表 7-4　PeliCAN 模式里的增强功能

特　　征	功　　能
CAN2.0B（有效)	CAN2.0B 支持带有 29 位 ID 的网络扩展应用
发送缓冲器	用于带有 11 位或 29 位 ID 信息的单个信息发送缓冲器
增强的验收滤波器	两个验收滤波器模式，支持 11 位和 29 位 ID 过滤
可读的错误计数器	支持错误分析，在标准相位和正常操作期间可被用于系统诊断、系统维护、系统优化
可编程的错误警告限制	
错误代码捕捉寄存器	
错误中断	
仲裁丢失捕捉中断	支持系统优化包括信息等待时间分析
单次发送	使软件命令最小化和允许快速重载发送缓冲器
仅听模式	SJA1000 能够作为一个隐性的 CAN 监控器操作，可以分析 CAN 总线通信或自动的位速率检测
自我测试模式	支持全部 CAN 节点的功能性自我测试或在一个系统内的自身接收

7.4.2　CAN 节点结构

通常，每个 CAN 模块可分割成不同的模块。CAN 总线的连接通常由被优化的 CAN 收发器建立。CAN 收发器负责控制从 CAN 控制器到总线上的位于物理层的逻辑电平信号。收发器上一层连接一个 CAN 控制器，CAN 控制器执行在 CAN 规约里定义的 CAN 协议，通常用于信息缓冲和验收滤波。而所有这些 CAN 功能都由一个模块控制器控制，该控制器用于执行功能性的应用。在微型控制器和收发器之间设有 SJA1000 独立的 CAN 控制器。在一般情况下，由一个集成电路构成 CAN 控制器。图 7-20 所示为 SJA1000 的功能图。

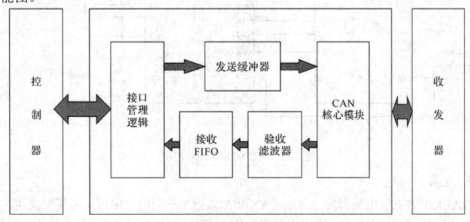

图 7-20　SJA1000 功能图

接口管理逻辑负责完成与外部主控制器的连接，外部主控制器可选择微型控制器等。根据 CAN 规约，CAN 帧的收发被 CAN 核心模块控制，通过 SJA1000 复用的地址或数据总线，访问寄存器和控制读或写选通信号。除了包含 PCA82C200 现有的 BasicCAN 功能之外，还增加了一个全新的 PeliCAN 功能。因此，在这个模块里主要生效附加的寄存器和逻辑电路。

SJA1000 的发送缓冲区可以存储一个扩展的或标准的完整信息。无论主控制器何时初始化发送，接口管理逻辑都会迫使 CAN 核心块从发送缓冲器读取 CAN 信息。当接收到信息时，CAN 核心块将串行比特流转换成用于验收滤波器的并行数据。通过这个可编程的滤波器 SJA1000 能确定哪些信息实际上被主控制器收。所有接收到的信息由验收滤波器接收，然后存储在接收 FIFO 中。储存信息量的大小由工作模式来决定，最多可以存储 32 个消息。另外，用户能更自由地指定中断优先级和中断服务，这主要基于数据溢出的可能性被降低到一定程度。为了连接到主控制器 SJA1000，系统提供一个复用的地址/数据总线和附加的读、写控制信号。SJA1000 可被看做外围存储器并作为主控制器映射 I/O 设备。

1. SJA1000 应用概述

SJA1000 的寄存器和管脚配置支持各种各样的集成或离散的 CAN 收发器，这使得不同微控制器之间的接口能被灵活运用。一个包括 80C51 微型控制器和 PCA82C251 收发器的典型 SJA1000 应用图如图 7-21 所示。CAN 控制器作为一个时钟源提供时钟信号，复位信号由外部复位电路产生。

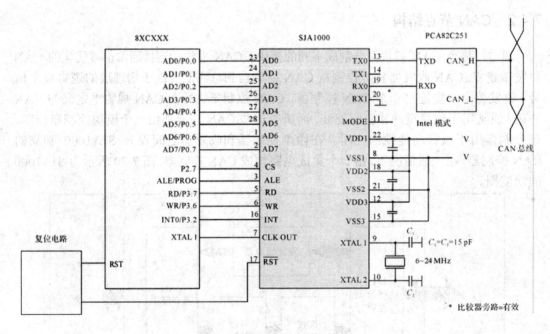

图 7-21　典型的 SJA1000 应用

2. 电源

SJA1000 有三组电源引脚，用于 CAN 控制器内部不同的数字模块和模拟模块。这三组电源分别是：VDD1/VSS1，用于内部逻辑(数字模块)；VDD2/VSS2，用于输入比较器(模拟模块)；VDD3/VSS3，用于输出驱动器(模拟模块)。

为了营造更好的电磁环境，电源应该分开。例如，可通过比较器的 VDD2 和一个 RC 滤波器解耦来抑制噪音，以得到一个更准确的比较结果。

3. 振荡器和时钟策略

SJA1000 能使用片内振荡器或片外时钟源工作。另外，CLK OUT 管脚可被使能为主控制器输出时钟频率。

计时原理有以下四种：

(1) 有两个独立的时钟；

(2) SJA1000 的时钟来自主控制器振荡器；

(3) 主控制器的时钟来自 SJA1000 的振荡器；

(4) SJA1000 和主控制器的时钟都来自外部振荡器。

置位被时钟寄存器，使 clock Off = 1，可以通过置位关掉 CLK OUT 信号。CLK OUT 信号的频率可通过时钟分频寄存器改变：

$$f_{\text{CLKOUT}} = \frac{f_{\text{XTAL}}}{\text{时钟分频因子}}$$

其中，时钟分频因子 = 1，2，4，6，8，10，12，14。

上电时或硬件复位时，时钟分频因子的默认值取决于所选引脚 11 的接口模式。如果采用 16 MHz 的晶振，时钟分频因子取决于所选的接口模式。

在 Intel 模式下，CLK OUT 信号的频率是 8 MHz。

在 Motorola 模式，复位之后的时钟分频因子是 12，这种情况 CLK OUT 信号的频率为 1.33 MHz。

4. 睡眠和唤醒

在 BasicCAN 模式下，置位命令寄存器中的睡眠位或在 PeliCAN 模式下置位寄存器的睡眠位，若满足总线活动中断等待的条件，则 SJA1000 会被置为睡眠模式。振荡器保持运行直到运行了 15 个 CAN 位。此时，微型控制器和 CLK OUT 频率同步进入低功耗模式。一旦满足唤醒条件，振荡器会再次启动并产生一个唤醒中断。振荡器稳定时，CLKOUT 频率被激活。

5. 复位

为了得到一个恰当的复位，CAN 控制器的 XTAL1 管脚上连接了一个稳定的振荡器。同步引脚 17 上的外部复位信号要被内部延长到 15 个 tXTAL，这保证了 SJA1000 所有寄存器正确的复位。要注意的是，上电时振荡器的起振时间必须要被考虑。

6. CPU 接口

SJA1000 支持对两个著名的微型控制器系列的直接连接：80C51 和 68xx。通过 SJA1000 的 MODE 引脚可选择的接口模式如下：

Intel 模式：MODE = 高；

Motorola 模式：MODE = 低。

在 Intel 模式和 Motorola 模式里，地址或数据总线和读或写控制信号的连接如图 7-22

所示。基于 80C51 系列的 8 位微控制器和带有 XA 结构的 16 位微型控制器，都选择 Intel 模式。除了能够直接连接的控制器，对于大部分控制器，为了能够匹配其他的控制器，必须附加逻辑电路。

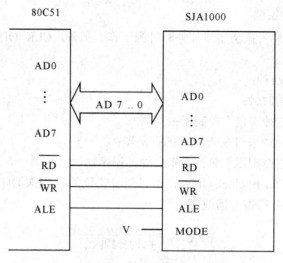

图 7-22　80C51 类型接口连接图

7.4.3　CAN 通信的控制

1. SJA1000 的基本功能和寄存器

SJA1000 由主控制器控制，其功能配置和激活由主控制器的程序执行。所以，SJA1000 可不局限于满足一种属性的 CAN 总线系统的配置要求。通过一系列的寄存器(控制段)和一个 RAM(信息缓冲器)，主控制器和 SJA1000 之间完成了数据交换。对于主控制器来说，构成发送缓冲器和接收缓冲器的寄存器和一部分 RAM 的地址窗口，类似于外围的寄存器。表 7-5 列出了这些寄存器，并根据使用类型对寄存器进行了分类。

表 7-5　SJA1000 内部寄存器的分类

使用类型	寄存器名称与对应符号		寄存器地址		功　能
			PeliCAN 模式	BasicCAN 模式	
选择不同的操作模式的要素	模式	MOD	0	—	休眠，验收滤波器，自我检测，仅听模式选择和复位模式选择
	控制	CR	—	0	BasicCAN 模式里的复位模式选择
	命令	CMR	—	1	BasicCAN 模式里的休眠模式命令
	时钟分频	CDR	31	31	PeliCAN 模式、比较器旁路模式或 TX1（管脚 14）输出模式的 CLK OUT（管脚 7）时钟信号的设定选择

续表

使用类型	寄存器名称与对应符号		寄存器地址		功　能
			PeliCAN 模式	BasicCAN 模式	
设定 CAN 通信的要素	验收代码	ACR	16　29	4	验收滤波器位模式的选择
	屏蔽	AMR	20　23	5	
	总线定时	BTR0	6	6	位时序参数的设置
	寄存器 0　1	BTR1	7	7	
	输出控制	OCR	8	8	输出驱动器属性的选择
	命令	CMR	1	1	用于自我接收、清除数据溢出、释放接收缓冲器、发送中止和发送请求的命令
	状态	SR	2	2	信息缓冲器状态，CAN 核心模块状态
	中断	IR	3	3	CAN 中断标志
	中断使能	IER	4	—	在 PeliCAN 模式里中断的使能和禁能
	控制	CR	—	0	在 BasicCAN 模式里中断的使能和禁能
复杂的错误检测和分析的要素	仲裁丢失捕捉	ALC	11	—	显示仲裁丢失位的位置
	错误代码捕捉	ECC	12	—	显示最后一次错误的类型和位置
	错误警告限制	EWLR	13	—	产生错误警告中断的限值选择
	RX 错误计数	RXERR	14	—	反映接收错误计数器的当前值
	TX 错误计数	TXERR	14 15	—	反映发送错误计数器的当前值
	RX 信息计数器	RMC	29	—	接收 FIFO 里的信息数目
	RX 缓冲器开始地址	RBSA	30	—	显示在接收缓冲器里有效信息的当前内部 RAM 地址
信息缓冲器	发送缓冲器	TXBUF	16　28	10　19	
	接收缓冲器	RXBUF	16　28	20　29	

2. 发送缓冲器/接收缓冲器

将在 CAN 总线上发送的数据先被载入 SJA1000 的存储区，这个存储区称为发送缓冲器。从 CAN 总线上收到的数据也先被存储在 SJA1000 的存储区，这个存储区称为接收缓冲器。这些缓冲器包括两个、三个或五个字节的 ID 和帧信息，此类信息取决于寄存器的模式和帧类型，但最多可以包含八个数据字节。

(1) BasicCAN 模式：在该模式下，缓冲器为 10 个字节长，包括两个 ID 字节、最高八个数据字节。

(2) PeliCAN 模式：在该模式下，这些缓冲器为 13 个字节长，包括一个字节帧信息、两个或四个 ID 字节(标准帧或扩展帧)、最高八个数据字节。表 7-6 所示为 BasicCAN 模式里的 RX 和 TX 缓冲器列表。

表 7-6　BasicCAN 模式里的 RX 和 TX 缓冲器列表

CAN 地址(十进制)	名称	组成和标注
TX 缓冲器(10) RX 缓冲器(20)	ID 字节 1	八个 ID 位
TX 缓冲器(11) RX 缓冲器(21)	ID 字节 2	三个 ID 位,一个远程发送请求位,四个数据长度代码位(表示数据字节的数目)
TX 缓冲器(12~19) RX 缓冲器(22~29)	数据字节 1~8	由数据长度代码指明,最高八个数据字节

3. 验收滤波器

独立的 CAN 控制器 SJA1000 配置了一个多功能的验收滤波器,该滤波器的作用是允许自动检查 ID 和数据字节。因此,对于某个节点来说,无效的信息不会被接收到接收到缓冲器里,大大降低了主控制器的处理负担。

验收滤波器包括验收代码寄存器(ACR)和验收屏蔽寄存器(AMR)。验收滤波器对接收到的数据与验收代码寄存器中的值按顺序逐位进行比较。验收屏蔽寄存器定义与比较相关的位的位置(0=相关,1=不相关)。只有收到信息的位与验收代码寄存器相应的位相同,验收滤波器才会将此信息接收储存。

1) BasicCAN 模式里的验收滤波

在 BasicCAN 模式下,SJA1000 包含 PCA82C200(硬件和软件)的所有功能。因此,验收滤波的功能也与 PCA82C200 中的功能相同,是由两个 8 位寄存器,即验收代码寄存器(ACR)和验收屏蔽寄存器(AMR)控制的。CAN 信息中 ID 的八个最高位和上述寄存器里的值相比较,具体如下:

验收代码寄存器:0 1 1 1 0 0 1 0
验收屏蔽寄存器:0 0 0 1 1 0 0 0
有 11 位 ID 信息被接收:0 1 1 X X 0 1 0 X X X(X 代表不起作用)

ID 在验收屏蔽寄存器里 1 的位置上的任何值都被允许。对于三个最低位同样任何值都被允许。因此 32 个不同的 ID 在这个例子里可被接收。其他位置的位必须等于验收代码寄存器中相应位的值。

2) PeliCAN 模式里的验收滤波

对于 PeliCAN 模式,验收滤波器已被扩展为四个 8 位验收代码寄存器(ACR0、ACR1、ACR2 和 ACR3)和四个 8 位验收屏蔽寄存器(AMR0、AMR1、AMR2 和 AMR3)。这些寄存器可控制一个长的滤波器或两个短的滤波器。信息的哪些位用于验收滤波,取决于收到的帧(标准帧或扩展帧)和选择的滤波器模式(单滤波器或双滤波器),如表 7-7 所示。由表可知,标准帧的验收滤波包括 RTR 位和数据字节。如果是不需要经过验收滤波的信息位(例如信息被定义为验收),则验收屏蔽寄存器必须包括一个 1 在相应的位位置上。如果一条信息不包括数据字节(例如是一个远程帧或数据长度代码为零),但是验收滤波器中有数据字节,则信息会被接收(接收的前提是 ID 到 RTR 位有效)。

表 7-7　PeliCAN 模式里验收滤波器的分类

帧类型	单滤波器模式	双滤波器模式
标准	验收的信息位： 11 位 ID； RTR； 第一个数据字节(8 位)； 第二个数据字节(8 位)。 使用的验收滤波器和屏蔽寄存器： ACR0 或 ACR1/ACR2/ACR3 的高四位； AMR0 或 AMR1/AMR2/AMR3 的高四位 (接收屏蔽寄存器未使用的位应设为 1)	滤波器 1 验收的信息位： 11 位 ID； RTR； 第一个数据字节〔8 位〕。 使用的验收代码和屏蔽寄存器： ACR0/ACR1 或 ACR3 的低四位； AMR0/AMR1 或 AMR3 的低四位。 滤波器 2 用于验收测试的信息位： 11 位 ID； RTR； 使用的验收代码和标志寄存器： ACR2/ACR3 的高四位； AMR2/AMR3 的高四位
扩展	验收的信息位： 11 位基本 ID； 18 位扩展 ID； RTR； 使用的验收滤波器和屏蔽寄存器： ACR0/ACR1/ACR2 或 ACR3 的高六位 AMR0/AMR1/AMR2 或 AMR3 的高六位 (验收屏蔽寄存器未使用的位应设为 1)	滤波器 1 验收的信息位： 11 位基本 ID； 扩展 ID 的五个最高位。 使用的验收代码寄存器和验收屏蔽寄存器： ACR0/ACR1 和 AMR0/AMR1 滤波器 2 用于验收测试的信息位： 11 位基本 ID； 扩展 ID 的五个最高位。 使用的验收代码寄存器和验收屏蔽寄存器： ACR2/ACR3/和 AMR2/AMR3

7.4.4　CAN 通信的功能

CAN 总线建立通信分两个步骤。

第一步，系统上电后：

(1) 设定主控制器并与 SJA1000 的硬件和软件相连接。

(2) 设定用于通信的 CAN 控制器，关于模式、验收滤波器和位时序等方面。在 SJA1000 硬件复位后也要完成这些方面的设置。

第二步，在应用的主过程中：

(1) 准备要发送的信息，并激活 SJA1000 以发送信息。

(2) 被 CAN 控制器所接收的信息起作用。

(3) 在通信期间，发生的错误起作用。

图 7-23 为程序的总体流程图。

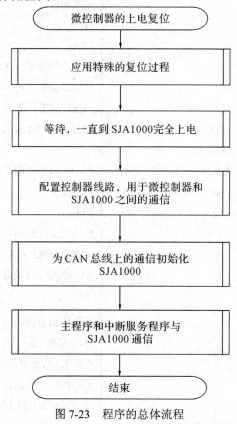

图 7-23　程序的总体流程

7.5　基于 CAN 通信的时间触发协议

7.5.l　时间触发与通信确定性

CAN 总线的一个明显特点是各节点可自主地、随机地向总线发起通信。当多个节点同时向总线发送信息时，高优先级的节点可通过逐位仲裁获得总线访问权并传输数据，优先级较低的节点则退出发送。因此，高优先级的节点具有较短的访问等待时间，而低优先级的节点需要较长的访问等待时间。CAN 总线采用的这种非破坏性总线仲裁技术，本质上属于事件触发的通信方式，其通信具有一定程度的不确定性，无法从根本上保证数据的实时传输。为了满足汽车控制的实时性与通信确定性的要求，人们提出了基于 CAN 的时间触发通信机制及其相关协议，如 TT-CAN(Time Triggered Communication on CAN)、FTT-CAN(Flexible TT-CAN)、TTP/C、ByteFlight 和 FlexRay 等。采用时间触发的目的在于避免访问等待时间的随机性，保证通信的确定性。

　　时间触发通信协议的网络调度具有确定性及较短的介质访问等待时间，能及时传送各种网络数据，从而满足汽车通信确定性的要求。时间触发意味着网络通信的任何活动都由全局同步的时间来决定。数据发送、数据接收和其他总线活动按照预先定义的时间调度表进行，整个通信过程在一个时间调度表中进行。这种通信是确定性的并且是可预测的，可满足实时控制的确定性与实时性要求。采用时间触发机制还可以有效地利用现有带宽。

7.5.2　TT-CAN

　　TT-CAN 是对 CAN 扩展而形成的实时控制协议，它在 CAN 的物理层和数据链路层上添加了一个会话层。TT-CAN 已经被国际标准化组织接收为 ISO11898-4 规范。

　　ISO11898-4 规定了两种 TT-CAN：

　　(1) 基于时间主节点(Time Master)参考报文的时间触发 CAN 协议。

　　(2) 建立全局同步时基(Time Base)的时间触发 CAN 协议。

　　图 7-24 为 TT-CAN 的矩阵周期(Matrix Cycle)及其报文传输机制。从图可以看出，矩阵周期构成 TT-CAN 通信的一个单元。将循环执行的矩阵周期连接起来，构成整个通信过程的时间轴。一个矩阵周期由若干个基本周期(Basic Cycle)构成，具体需要多少个基本周期取决于网络中控制回路的数目和各个节点的通信传输任务。

图 7-24　TT-CAN 的矩阵周期

　　基本周期的开始是同步参考报文，以同步网络上所有节点的时钟。一个基本周期由若干个不同大小的时间窗口组成，按照其类型可分为独占时间窗口、仲裁时间窗口和备用时间窗口。需要传输的报文大体可分为实时的周期性报文和非实时的事件触发报文。独占时间窗口负责周期性报文(如图中报文 1、报文 3 等)的传输；当多个事件触发报文需要同时访问总线时，在仲裁时间窗口中要通过逐位仲裁(传统 CAN 媒体访问方式)来决定哪个节点获得总线的访问控制权。备用时间窗口则用于日后系统的扩展，根据不同需要可变换独占时间窗口或仲裁时间窗口的时间长度。

一个网络一般包括多个控制回路和传输任务，而每个回路在传递信息时所需要的时间间隔各自不同。在系统设计阶段，TT-CAN 会根据网络容量决定一个矩阵周期应包括多少个基本周期，这些基本周期相继连接构成一个矩阵周期。矩阵周期可采取多种方式调度基本周期，如可以调度整个矩阵周期中所有的基本周期，或每次只调度任选的一部分基本周期，或只发送某个基本周期。

TT-CAN 通过矩阵周期式的时间触发方式，在兼顾 CAN 原有的非破坏性总线仲裁机制的基础上，较好地实现了报文的实时传输。

7.5.3　FTT-CAN

为了更灵活地调度时间触发通信，人们又提出了 CAN 的柔性时间触发协议，即FTT-CAN。FTT-CAN 的最大特点是它能根据需求在线修改网络策略、调整通信参数、添加新报文、删除已有报文等，适用于子系统之间异步访问总线的场合，如导航控制和ABS(Antilock Brake System)等。

FTT-CAN 采用单主多从结构，由主节点同步系统时钟。总线时间由无限循环的基本周期组成，每个基本周期(Elementary Cycle)的开始是触发报文(Trigger Message)。基本周期分为同步报文窗口和异步报文窗口，分别用于传输周期性报文和非周期性报文。同步报文的数据域中包括触发通信的调度信息，如同步窗口的起始时刻、在此周期里需要传输的报文等。在基本周期中同步报文窗口以外的时间用于传输报警、诊断等非实时性信息。

FTT-CAN 采用面向基本周期而非面向每个报文的方式，减少了报文头的比重，有效地利用了带宽。

7.5.4　TTP/C

TTP 是时间触发协议(Time Triggered Protocol)的缩写。TTP/C 中的 C 代表 SAE 的网络级别 Class C。TTP/C 属于实时、容错、确定性的协议，采用基于时分多路访问(TDMA)的总线访问方式，即所有总线活动基于事先规定的时刻进行。因此，每个节点需要准确的全局时间基准，而且 TTP/C 通信协议能提供容错的时钟同步。

在 TDMA 总线访问中，每个通信控制器在时间轴上会分配到属于自己的时隙(Time Slot)，用于传输自己的报文。事先需规定好每个报文的传输时刻，并且总线上的所有节点都知道某一节点发送报文的时刻。通过比较事先规定好的报文接收时刻和实际接收时刻，接收报文的节点可以简单地进行时钟同步的校正，并可以预测每个报文的最大传输延迟时间，满足高实时性通信的要求。

图 7-25 为时分多路访问图，从图中可以看出，通信活动的时间轴被划分为多个周期。每个周期完成一次网络上各节点的通信任务，总线的通信活动按周期不断重复。总线上的每个通信控制器都会分配到属于自己的时隙，每个控制器的报文传输活动就在此时隙中完成，事先需规定好各控制器相应时隙的先后顺序。

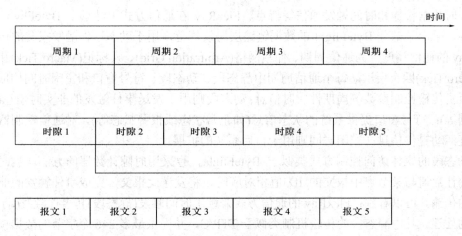

图 7-25　时分多路访问图

TTP/C 具有容错、接收端故障检测、支持冗余等功能，可保证总线上某个节点的故障不会影响整个通信过程，即故障节点不会影响其他节点的正常通信任务。TTP/C 还提供两路串行通信通道，可以满足高实时报文的容错要求，即使在一路通道被损坏的情况下，可无缝隙地切换到另一路通道，顺利完成通信任务。

7.5.5　ByteFlight

ByteFlight 是宝马公司发布的总线标准，主要应用于安全气囊、安全带等高性能汽车控制领域和航空领域。

ByteFlight 的数据通信采用柔性时分多路访问(Flexble Time Division Multiple Access，FTDMA)的媒体访问方式。一个同步主控制器周期性地发送同步脉冲，网络上的其他节点基于此脉冲同步本地时钟。连续两个同步脉冲之间的时间间隔是一个周期时间(Cycle Time)，每个周期时间为 250 μs。

ByteFlight 根据报文实时性要求的高低把报文分为两种：一种是实时性要求高、每个周期都需要发送的同步报文；另一种是实时性要求低、非周期性发送的同步和异步报文。每个周期被划分为若干时隙，先前的一部分时隙用于传输同步报文，剩余时隙用于传输所谓低优先级的异步报文。各时隙按报文的优先级高低进行排队。

在 FTDMA 方式中，每个节点带有时隙计数器(Slot Counter)。在每个周期的开始，时隙计数器从 0 开始计数。当一个节点时隙计数器的值与该节点的传输请求标识符(ID)的值相对应时，该节点的报文就被发送。在报文传输过程中，时隙计数器停止计数，直到传输完毕，此时下一个时隙计数器继续计数。

将报文传输过程分为周期性报文与非周期性报文两个时段，每个时段包含有多个时隙，以满足不同节点、不同类型报文传输的要求，使通信调度更具灵活性，同时还可以有效地利用带宽。

7.5.6　FlexRay

FlexRay 是为高速数据传输和高级控制应用而设计的故障容错协议，具有全局时间同步、实时数据传输和时间触发通信等特点。FlexRay 在通信方式上继承了 ByteFlight 的一些特性，采用了部分 ByteFlight 的数据链路层协议规范，用于动态事件触发报文的传输。FlexRay 的通信调度分为通信周期、仲裁网格(Arbitration Grid)、宏标记(Macro Tick)和微标记(Micro Tick)四个层次。每个通信周期由静态段、动态段、符号窗口和空闲时间构成。静态段负责传输控制参数等周期性实时信息；动态段则用于发送事件触发的非实时信息(如诊断数据等)；符号窗口提供系统的状态信息(如正常状态或报警状态等)，对通信控制器的网络调度活动提供信息；空闲时间则用于日后系统的扩展。

动态段的媒体访问控制方式类似于 ByteFlight，也采用时隙计数器的方法。当时隙计数器的计数值与某节点中报文的 ID 值相对应时，将发送此报文，完成事件触发的非实时报文的传输。可以看到，FlexRay 的通信方式兼顾了时间触发(静态段)和事件触发(动态段)报文的处理。其中静态段的传输机制类似于 TTP/C，并提供最多 246 个字节的数据帧；而动态段基本采用了 ByteFlight 的基于优先级的时间触发报文传输方式。Macro Tick 和 Micro Tick 层对报文发送和时钟的同步起关键作用。

7.5.7　几种时间触发协议的性能比较

上述几种通信协议都以时间触发为主要特征，能在不同程度上满足汽车网络的通信实时性要求。各协议具有各自的特点，也表现出不同的性能，几种通信协议的主要特性和参数如表 7-8 所示。

表 7-8　几种协议的性能比较

协议种类	拓扑	传输介质	传输速率 Mb/s	数据域 大小/B	冗余	事件触 发流量	灵活性
TT-CAN	总线型	双绞线	1	8	无	高	中等
FTT-CAN	总线型	双绞线	1	8	有	高	高
TTP/C	总线型、星型	双绞线、光纤	2/25	240	有	低	差
ByteFlight	星型	塑料光纤	10	12	有	中等	中等
FlexRay	总线型、星型	双绞线、光纤	10	246	有	中等	中等

在实时性能要求很高的应用领域，TT-CAN 和 FTT-CAN 受到一定限制，其最高速率只有 1 Mb/s，因此，它们一般不作为高安全性能应用领域的标准。

TTP/C 把汽车网络通信中的安全性放在第一位，是严格按照时间触发概念的协议，可以有效地缩短信息传输的延迟，已在概念车上成功应用。TTPC 目前在铁路和航空等非汽车领域也有很好的应用。该协议的不足之处是对事件触发通信的机制不够灵活，且已申请了专利，不是完全开放的标准。

ByteFlight 已成功应用于 BMW 7 系列的汽车中。在有严格时间要求的汽车控制领域有良好的应用发展空间。其后出现的 FlexRay，在继承、扩展 ByteFlight 协议的基础上，已经发展成为很有前途的实时控制协议标准。FlexRay 协议具有较快的传输速率，其网络调度的灵活性较高，能同时满足时间触发和事件触发报文的传输要求，符合汽车安全控制要求，有望成为汽车安全总线方面的国际标准。

7.6　CAN 总线的下层网段——LIN

　　LIN(Local Interconnect Network)是面向汽车低端分布式应用的低成本、串行通信总线。它作为 CAN 的下层网段，属于 SAE 规定的汽车 A 类网络。LIN 作为 CAN 总线的一种有效补充，适用于对总线性能要求不高的车身系统，如车门、车窗、灯光等智能传感器和执行器的连接与控制。

7.6.1　LIN 的主要技术特点

　　(1) 单总线、低成本。LIN 是基于 SCI/UART 通用异步收发接口的单总线串行通信协议，其总线驱动器和接收器的规范遵从改进的 ISO9141 单线标准。这种单总线的解决方案与双绞线连接相比，既简化了布线，又减少了一半的布线成本。几乎所有的微控制器芯片上都有 SCI/UART 接口。

　　(2) 低传输速率。LIN 总线的最高传输速率为 20 kb/s。LIN 推荐的传输速率有 2400 b/s、9600 b/s、19 200 b/s 和 20 kb/s，这是为了适应汽车内部电磁兼容性问题和节点间时钟同步的需要。对大多数车身电控单元来说，低速数据传输已经能满足通信要求。

　　(3) 主从通信。在总线型拓扑结构的 LIN 网络中，由主节点控制对传输介质的访问，从节点只应答主节点的命令。因此，LIN 的通信不需要节点间的仲裁或冲突管理机制，符合简单实现的设计思想。

　　(4) 同步机制简单。LIN 通信中的从节点采用简单的自我同步机制，主节点在报文帧的头部发送同步间隙，以此标记报文帧的开始。从节点根据此间隙与总线同步，无需专门的晶振去实现从节点的时钟复位和同步，从而减少了每个从节点的硬件成本。

　　(5) 通信确定性。在 LIN 网络中，由主节点控制整个网络的通信、控制不同节点的传输时间，而且每个报文帧的长度是预知的。LIN 通信使用调度表，调度表可以保证信号的周期性传输和总线不会出现超负荷现象。这种对通信任务的可预见性和可控性，保证了通信的确定性和信号传输的最大延迟时间。

　　(6) 报文的数据长度可变。LIN 应答帧报文的数据域长度范围为 0~8 个字节，便于不同任务的通信应用。

　　(7) 采用奇偶校验与求和校验相结合的双重校验机制。LIN 对标识符实行奇偶校验，对于一个字节中受保护的标识符，其前 6 位为真正的标识符，后 2 位为奇偶校验位。而应答报文帧采用两种不同的求和校验，只对数据域进行求校验和的过程称为传统求和校验；对标识符与数据域都进行求校验和的过程称为改进求和校验。

7.6.2　LIN 的通信任务与报文帧类型

　　LIN 网络包括一个主节点和一个或多个从节点，主节点包括一个主通信任务，而所有主、从节点都包括一个从通信任务，从通信任务又分为发送任务和接收任务。图 7-26 所示为 LIN 的主、从节点与任务类型的关系。

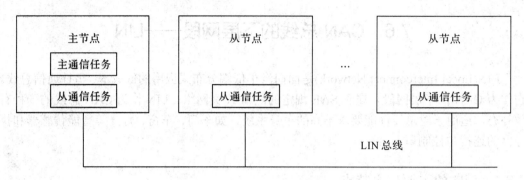

图 7-26　LIN 的节点与任务类型

主任务控制所有 LIN 总线活动，意味着总线的确定性行为。主节点的一个任务就是给所有报文帧提供足够的传输时间，以保证正常的通信操作。

LIN 的报文帧有六种类型：无条件帧、事件触发帧、偶发帧、诊断帧、用户自定义帧和保留帧。

无条件帧总是携带数据信息；事件触发帧用来处理偶尔发生的事件；而偶发帧则是在保证调度表确定性的条件下为系统动态行为的灵活性而设置的。这三种帧的报文标识符范围都是 0～59(0x3B)。

诊断帧总是携带八个字节的诊断或组态信息，主节点诊断请求帧的标识符为 60(0x3c)，从节点诊断应答帧的标识符为 61(0x3D)；用户自定义帧可携带用户自定义的任何信息，标识符为 62(0x3E)，在调度中可以给用户自定义帧分配报文帧时隙，每当时隙到来时发送用户自定义帧的帧头；保留帧在 LIN 2.0 版本中没有被使用，其标识符为 63(0x3F)。

7.6.3　LIN 的报文通信

1. LIN 的报文帧结构

LIN 的报文帧由报文头、应答间隙、响应报文三部分组成。一个 LIN 通信活动由主节点发起，首先主节点发送报文头，报文头包含同步间隙、同步字节和报文标识符。经过一段应答间隙，只有一个从节点被激活接收并过滤此标识符，然后开始响应报文。响应报文由两个、四个或八个字节及一个校验和字节组成。报文头和响应报文构成一个完整的报文帧。

在 LIN 总线上，传输一个报文帧的时间为传输每个字节的时间加上应答间隙和字节间隙。字节间隙是指前一个字节的停止位和后一个字节的起始位之间的间隔，这些间隔可大于或等于零。帧间间隙指的是上一个帧的结束到下一个帧开始的一段时间，它也是一个非负值。

图 7-27 所示为字节域的串行发送顺序，每个字节域都是按照一定的格式串行传输的。字节域的开始是起始位，起始位的编码为逻辑 0(显性)；接着发出的是数据字节的最低位 LSB，数据字节的最高位 MSB 在该字节的最后发出；字节域的最后是停止位，停止位的编码为逻辑 1(隐性)。

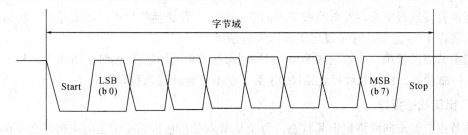

图 7-27　字节域的串行发送顺序

图 7-28 所示为报文头中的同步间隙，它由主节点内的主任务产生，表示新报文帧的开始。包括起始位在内，同步间隙至少有 13 b 的显性(逻辑 0)位，之后紧随至少 1 b 隐性值的同步定界符。一个从节点能检测到的同步间隙域一般为 11 b。

图 7-28　同步间隙域

报文头中同步场的字节域规定为 0x55。从任务总是能检测到同步间隙和同步场字节，如果检测到新的同步间隙和同步场字节，则中止进行中的传输任务并开始新的报文帧传输。

2. 受保护的标识符

报文头中还包含一个字节受保护的标识符，它由标识符和标识符的奇偶校验位两部分组成，其中 b0~b5 为标识符，b6 和 b7 为奇偶校验位。

(1) 标识符。b0~b5 这 6 位构成标识符，取值范围为 0~63。0~59 范围内的标识符是指携带数据的元条件报文帧；取值 60(0x3C) 和 61(0x3D) 的标识符是指携带诊断数据的诊断报文帧；取值 62(0x3E) 的标识符是指用户自定义报文帧；而取值 63(0x3F) 的标识符是指保留给将来协议扩展后使用的保留报文帧。

(2) 奇偶校验位。奇偶校验位对标识符按照下列等式进行计算。

$$P0 = ID0 + ID1 + ID2 + ID4$$
$$P1 = !(ID1 + ID3 + ID4 + ID5)$$

图 7-29 所示为标识符和奇偶校验位在报文标识符域中的位置序列。

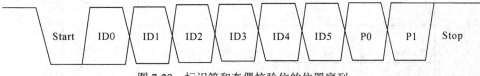

图 7-29　标识符和奇偶校验位的位置序列

3. LIN 总线的唤醒和睡眠

LIN 总线有总线唤醒和总线睡眠两种不同的工作状态。当总线处于睡眠状态时，任何节点都可以请求唤醒总线，通过使总线的显性状态维持 250 μs~5 ms 来请求唤醒。每个节点会检测到唤醒请求(大于 150 μs 的显性脉冲)，并在 100 ms 内开始监听总线命令。主节点被请求唤醒后，通过发送帧头来查明唤醒请求的原因。如果在唤醒请求后的 150 ms 内，主节点没有发送报文头，发布唤醒请求的节点会重新发送唤醒请求。如果连续三次请求失败，则要在 1.5 s 之后，才可发送第四次唤醒请求。

当主节点发送第一个数据域为 0 的诊断帧(称为总线睡眠命令)时，活动中的从节点就会进入睡眠模式。LIN 总线停止活动 4 s 后，从节点自动进入睡眠模式。

4. 出错状态报告

从节点被要求向网络报告其状态，每个从节点要在它传输的帧里向主机发送 1 b 出错响应的状态信号(Response_Error)。只要从节点发送或接收报文中出错，则 Response_Error 被置位，并在帧传输之后被清零。由主节点负责处理各从节点面向网络的报告，用以监视网络状态。主节点根据出错响应位的值判断每个节点的状态。

Response_Error = 0 表示节点活动正常；

Response_Error = 1 表示节点有暂时故障；

节点没有响应表示节点(或总线)有严重故障。

每个节点还为自己提供 2 个状态信号位：Error_in_response 和 Successful_transfer，均用于状态管理。每当节点接收或发送报文帧的应答域有错误时，Error_in_response 位被置位。而当节点成功地发送或接收报文帧时，Successful_transfer 位被置位。

两个状态位的值与通信状态的关系如表 7-9 所示。

表 7-9　两个信号状态位的值与通信状态的关系

Error_in_response	Successful_transfer	说　明
0	0	无通信活动
1	1	断续的通信
0	1	完整的通信
1	0	错误的通信

5. 信号的位定时和同步

一般情况下，所有从节点均参考主节点的位时间，图 7-30 为同步场字节域及其位时间测量的相关图示。同步场中的一个字节域为 0x55，基于方波下降沿之间的时间测量值进行同步。测量第 0、2、4 和 6 位下降沿之间的时间 $2T_b$，根据 $2T_b$ 计算出基准位时间。

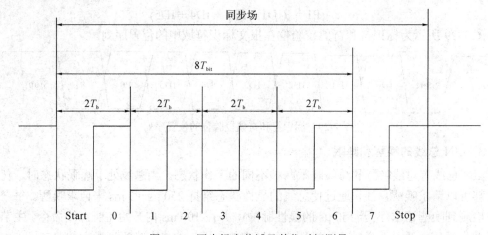

图 7-30　同步场字节域及其位时间测量

7.6.4　LIN 总线的应用

MC33399 是符合 LIN 规范的典型 LIN 总线收发器。LIN 总线作为 CAN 总线的下层网段，是 CAN 总线的一种补充，主要应用于汽车电子网络。LIN 总线特别适合用于汽车车身控制网络中底层节点的互连和数据通信，也用于车身电子部件电控单元的集成，如车身系统中的自动门窗、方向盘、雨刷器、自动门锁、电动座椅、电动后视镜、空调、电动车顶和照明灯等，这些节点一般数据量小、对通信速率的要求不高。它们的传感器、执行器的数据与状态信息，可以通过 LIN 总线方便地连接到汽车主体网络，从而便于整车的信息集成，也便于对部件进行故障诊断和报警。

7.7　基于 CAN 总线的汽车控制网络——SAEJ1939

CAN 总线的通信参考模型只包括数据链路层和物理层，在 CAN 通信控制器芯片中能完成其所有协议功能，所以被誉为封装在芯片内部的协议。虽然 CAN 总线被广泛用于汽车控制网络中，但一个控制网络仅靠 CAN 通信还不足以支撑，组成控制网络还需要有网络连接、网络管理及各种控制功能与应用数据的规范支持。SAEJ1939 就是一个基于 CAN 通信的汽车控制网络的标准，并且也是一个基于 CAN 通信的网络规范。

7.7.1　SAEJ1939 规范

SAEJ1939 的通信参考模以 CAN 通信为基础，其物理层和数据链路层基本上遵循了 CAN 规范。在此基础上增加的内容包括了网络层、应用层和网络管理。SAEJ1939 目前已经发布的规范如下：

J1939/01：卡车、公共汽车控制与通信网络；

J1939/12：物理层，250 kb/s，四线双绞线；

J1939/13：物理层，诊断连接器；

J1939/31：网络层；

J1939/71：车辆应用层；

J1939/72：虚拟终端应用层；

J1939/73：应用层，诊断连接器；

J1939/81：SAEJ1939 网络管理协议。

在 SAE J1939 汽车网络中，网络节点采用的通信芯片符合 CAN2.0B 规范。SAEJ1939 规范了汽车主要电控单元的物理网络连接、网络管理以及应用参数。

7.7.2　SAEJ1939 的物理连接与网络拓扑

图 7-31 所示为一个汽车网络的设计方案示例，该汽车以燃料电池作为动力。该汽车网络分为动力系统、车身电子系统和车载娱乐系统，其动力系统使用了通信速率为 250 kb/s 的 SAEJ1939 网络。整车控制器、电机控制器、燃料电池控制器等是通过该网络连接动力

系统的主要电控单元。这些电控单元作为 SAEJ1939 的网络节点，除了采用符合 CAN2.0B
规范要求的通信芯片之外，其网络物理连接还应符合以下要求：

(1) 传输介质是屏蔽双绞线，以整车控制器等车辆功能部件的电控单元为网络节点。

(2) 总线由三条导线组成，分别命名为 CAN_SHLD、CAN_H、CAN_L，其中，CAN_H
为黄色，CAN_L 为绿色。

(3) 为简化主干总线的路径安排，将每个 ECU 通过分支短线连接到总线上，而不要求
每个 ECU 直接连接到主干线上。

(4) 一段网络上容许挂接的 ECU 的个数被限制为 30 个。

(5) 网络数据传输速率为 250 kb/s。

(6) 在总线主干段的两个终端应分别连接一个 120 Ω 的终端电阻，以防止信号反射，
且每个 ECU 均应配备有终端电阻。终端电阻采用支架安装，与主干总线的端点通过跳线
连接，以便灵活调整搭配。

(7) 由一个或多个网段组成 SAEJ1939 网络，网段间由网络互连设备(如网桥)连接。

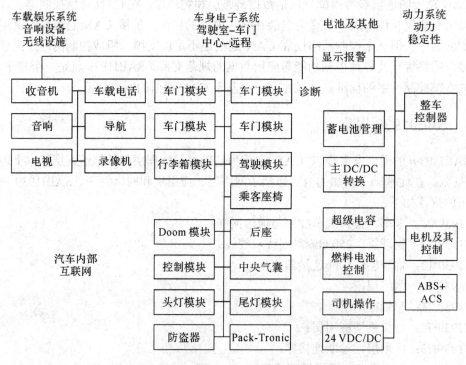

图 7-31　汽车网络的设计方案

7.7.3　SAEJ1939 报文帧的格式与定义

CAN2.0B 扩展帧格式被 SAEJ1939 采用。SAEJ1939 报文帧包含一个单一的协议数据
单元(PDU)，PDU 包括七个预定义的域，即优先级、保留位、数据页、PDU 格式、PDU
详细信息(可以是目标地址、组扩展或专有)、源地址和数据域，可以把这些域打包成一个
或多个 CAN 数据帧，通过传输介质发送给其他网络节点设备。

CAN 数据帧中的 SOF、SRR、IDE、RTR、控制域的一部分、CRC、ACK 和 EOF 没

有包括在 PDU 内。因为这些都是未被 SAEJ1939 修改而完全由 CAN 规范控制的，在数据链路层上也是不可见的。SAEJ1939 的七个域与两种 PDU 格式见表 7-10。

表 7-10　SAEJ1939 的七个域与两种 PDU 格式

	优先级 (P)	保留位 (R)	数据页 (DP)	PDU 格式 (PF)	PDU 详细信息 (PS)	源地址 (SA)	数据域
PDU1	3 位	1 位	1 位	8 位(0 到 239)	8 位(DA)	8 位	0 到 64 位
PDU2	3 位	1 位	1 位	8 位(240 到 255)	8 位(GE)	8 位	0 到 64 位

(1) 优先级(P)。这三位用于总线仲裁。通过仲裁选择可以继续在总线上发送的消息，接收器完全屏蔽接收这些消息，消息的优先级从最高的 000 设置为最低的 111。所有面向控制的消息的默认优先级是 011，而其他消息、专有消息、请求和 AKC 消息的默认优先级是 110。通过参数组号(Parameter Group Number，PGN)的分配和总线通信的改变，可以改变优先级。当一个参数组号(PGN)被加到应用层文件时，系统将为它推荐一个优先级。如有必要，当 OEM(Original Equipment Manufacture)制造商进行网络调整时，则可以重编优先级域。

(2) 保留位(R)。保留位将来可供 SAE 使用，与 CAN 的保留位不能混淆，所有的报文应在传输时将该 SAE 保留位设为 0。今后可以扩展新的 PDU 格式再对它作进一步定义，例如扩展优先级域或寻址空间等。

(3) 数据页(DP)。数据页位的 0，1 状态用于选择参数组描述在哪一页，已规定的参数组号目前都在第 0 页上。当第 0 页上可获得的所有参数组号分配完，再分配第 1 页的参数组号，第 1 页是第 0 页的辅助页。

(4) PDU 格式(PF)。PDU 格式域是一个 8 位域。PDU 格式域在 SAEJ1939 规定的 PDU1 和 PDU2 两种格式中的值不同，PDU1 格式中其值低于 240，PDU2 格式中其值范围为 240～255。PDU1 允许将参数组号发送给一个指定目标或全局目标，这时 PF 在 PDU 详细信息(PS)域中是目标地址(DA)。PDU1 格式报文可作为主动报文进行发送也可被请求，PF 指定为专用时其值为 239(保留位 = 0，数据位 = 0)，这个专用 PGN 为 61184。

PDU2 格式仅用于作为全局报文即广播通信的参数组号。PDU2 格式报文可被请求发送，也可作为主动报文进行发送，将 PGN 传送给特定目标时，不能选用 PDU2 格式。PF 被指定为专用时，其值为 255(保留位 = 0，数据页位 = 0)，由制造商定义专用 PDU 的详细信息域，这时专用 PGN 的范围是 65 280～65 535。

PF 也是决定参数组号(PGN)的域之一。之所以使用术语 PGN，是因为 PF 被指定为一组特定参数。每个参数组都由参数组编号唯一标志，用于标志命令、数据、某些请求、确认和否定确认，参数组编号还指示传输信息需要多少数据帧。用多包报文来发送需要八个以上的数据字节来表达的信息；如果只发送少于或等于八个数据字节，则仅用一个 CAN 数据帧。

一个参数组号能够提供一个或多个参数。可以使每个参数都有一个参数组标签，但为了有效利用数据域的八个字节，在许多应用场合将多个参数编成一组，共享一个参数组号。

(5) PDU 详细信息(PS)。PDU 详细信息域这也是一个 8 位域，其定义取决于 PDU 格式(PF)域的内容。当 PDU 详细信息域表示目标地址时，PDU 格式(PF)域的值小于 240；当 PDU 详细信息域表示组扩展(GE)值时，PF 域值的范围为 240～255。

目的地址(DA)表示报文应发送到的节点地址，该地址外的其他设备应忽视这个报文。目的地址(DA)的值为 255 时，表示是全局目的地址，这时报文接收方为网段上的所有设备，这些设备监听该报文并作出响应。

组扩展(GE)域和 PDU 格式域的最低 4 位一起，共为每个数据页提供 4096 个参数组号，仅在使用 PDU2 格式时，这 4096 个参数组可用。另外，每个数据页在 PDU1 格式下可提供 240 个参数组号。因此，可用参数组号的总数为

$$(240 + (16 \times 256)) \times 2 = 8672$$

其中，每个数据页能获得的 PDU1 格式域的数量为 240；每个组的扩展 PDU 格式值是 16，属于 PDU2 格式；可能的组扩展的数量为 256；数据页数为 2。所以两个数据页共可容纳 8672 个参数组号。

(6) 源地址(SA)。源地址(SA)域也是一个 8 位域。网络中应防止重复的地址，相同地址不能被两个不同的电子控制单元(Electronic Control Unit，ECU)同时采用。参数组号(PGN)与地址无关，使得任一 ECU 都能发送报文。地址管理和分配的有关规定在 SAEJ1939-81 中已详细列出。

(7) 数据域。数据域的长度为 0 到 8 个字节。当某参数组的数据字节数小于或等于 8 时，可用数据域的所有八个字节。所有参数组号推荐保留八个数据字节，以便将来扩展使用。某一参数组号的数据字节数量一旦被指定，将不可改变。

当某个参数组需要 9～1785 个字节来表达时，将由多个 CAN 数据帧完成数据的通信。因此，参数组号使用多包这个术语来描述。定义成多包的参数组在某一时刻需要传输的数据字节数小于 9 时，将在一个单一的将 DLC 设定为 8 的 CAN 数据帧中被发送。当某一参数组有九个或多于九个数据字节时，需使用传输协议功能传输，以启动或关闭多包参数组的通信。

SAEJ1939 允许设备在同一网络中使用 11 位 ID，但 11 位 ID 不是 SAEJ1939 的直接组成部分。SAEJ1939 将来也不会为使用 11 位 ID 提供任何进一步的定义，但它可以保证 11 位 ID 的设备与 29 位 ID 的设备能共存于同一 SAEJ1939 网络而不发生冲突。

7.7.4　ECU 的设计说明

工作在网络上的 ECU 被 SAEJ1939 规范分为标准 ECU、网络互连 ECU、诊断/开发工具几种类型。用于发动机、变速器、ABS 系统、虚拟终端、仪表盘等的电子控制单元被称为标准 ECU，其他 ECU 源地址不能被标准 ECU 修改。

网络互联 ECU 主要指中继器、网桥、路由器、网关。网络通过网络互连 ECU 将报文在不同子网间传输。

网段上工作的各种 ECU 会被诊断/开发工具分析、调试、开发、监视。诊断/开发工具能适用于不同网络，并监视操作由不同制造商提供的 ECU，或在网络上给车辆的 OEM 制造商、系统集成商提供网络综合服务。

下面介绍 ECU 设计中涉及的共性问题。

1. ECU 的名称

根据 SAEJ1939，每个电子控制单元都有一个或多个与其相关的名称和地址。电子控制单元(ECU)可以包含多个名称，这些名称与多个地址共存。在同一网络上，只要每个 ECU 有唯一的名称，它就可以与多个执行相同工作的 ECU 共存。可以以 ECU 的功能来命名，如 1 号发动机、2 号发动机、1 号变速器、ABS 控制器等。名称域有 64 位，由于名称不便于一般通信，因而一旦网络初始化完成，每个 ECU 的标志就使用 8 位地址。

为了使多个行业采用 SAEJ1939，与 ECU 关联的行业采用行业组编码来识别。一类特殊的行业组的编码为 0，它标明了对所有行业通用的首选地址和名称，通用 ECU 在该行业组内都有名称和首选地址。

不同行业组的功能编码不同，因而对不同行业组或车辆系统来说，功能值相同并不代表其功能相同。当网络上的 ECU 可以组成多项功能时，会有选项为所支持每种功能宣称一个分别的地址。

按照惯例，名称应包含制造商的编码，一个独特的 ID 号是全名的一部分，制造商对该 ID 号赋值，并且对于指定制造商，该 ID 号是唯一的，并可能成为各 ECU 的序列号之一。SAEJ1939 允许一个制造商有多个编码，以满足多个部门和主要产品线的需要。如果每个产品各自有独特的制造商编码，则很快会用光可用的编码。在名称的 ID 号域中有 21 位可用，允许制造商对每个产品分别指定。

表中的 ID 号为 29 位，ID 号中不包括源地址(SA)的 21 位：P、R、DP、PF、PS。

车辆部件或 ECU 实现的功能可用名称来识别，根据名称和与之关联的地址，可通过网络上多个有相同类型的功能单元唯一地辨认出来。

2. ECU 的首选地址

为了方便网络初始化过程，使用的设备都有一个由委员会指派的首选地址，这样可以防止多个设备在网络上声称有相同的地址。在上电瞬间，大多数 ECU 一般都采用指定的首选地址，同时，可能发生冲突的解决方法是使用一个在上电之后分配地址的专门程序。每个 ECU 都必须有能力去宣布它想要采用的地址，这就是所谓的地址宣称特征，它可以有两个选项。

(1) 在上电或在任意时间被请求时，ECU 通过发送一个地址宣称报文来宣称它的地址。当一个地址宣称报文被 ECU 发送时，所有 ECU 把这个新宣称的地址与它们自己的网络地址表进行比较，并不要求所有 ECU 都维持这样一张网络地址表，但至少能比较新宣称的地址与它自己的地址。如果相同地址被多个 ECU 宣称，则该地址被具有最小值名称的 ECU 使用，其他的 ECU 必须改变地址宣称或停止在网络上通信。

(2) 为得到其他 ECU 已宣称的地址信息，ECU 可以为地址宣称报文发送一个请求。当 ECU 为地址宣称发送请求时，所有被请求的 ECU 都发送它们的地址宣称报文，这样使得现有的地址表被过渡性 ECU 或推迟上电的 ECU 得到，以便其利用一个可用的地址来完成地址宣称，还可确定现在在网上有哪些 ECU。

ECU 的地址号不大于 254，在 SAEJ1939 网络上运行的 ECU 应有一个从 0 开始分配的首选地址。工业组 0 中最常用的 ECU 有 0～127 的地址编号；128～247 的地址编号被保留以用于行业特定分配；248～253 的地址编号被保留以用于特殊 ECU。ECU 不能声明空地址(254)和全局地址(255)。

一个 ECU 可以有多个地址,以区别要发生的作用。例如,变速器可以给发动机(地址为 0)发出一个特定扭矩值命令,而刹车减速器也会给发动机(地址 15)发出一个特定扭矩值命令,这两种情况是有区别的。由此可见,网络上的一个 ECU 有时需要有多个地址,而每个地址都有一个与之关联的名称。

3. ECU 的能力类型

(1) 自配置 ECU。一个网络上未用过的地址可以被自配置 ECU 动态地计算出来并宣称。自配置地址是一个选项,并不要求所有 ECU 都具有自配置地址这项功能,推荐可能会面临地址冲突的 ECU 支持这项功能。大多数的服务工具和网桥也应该有这项功能。

(2) 命令配置的 ECU。一个 ECU 可以命令另一个 ECU 配置为给定地址,配置成新地址的 ECU 发出地址声明报文确认。即使节点已经有合法地址,也可以命令 ECU 接收新地址。

(3) 可维护服务配置 ECU。维护可以使用 DIP 开关模式或使用维修工具修改地址的 ECU。使用命令地址消息时,其选项与命令配置不同。

(4) 不可配置 ECU(Non-Configurable ECUs)。这些 ECU 既不能自配置,也不接收其他节点对它的命令配置。不可配置 ECU 若在宣称地址中失败,则不得不终止通信。

4. ECU 的通信方式

作为 SAEJ1939 网段上的节点,ECU 有三种通信方式。

(1) 有明确目的地址(包括采用全局目的地址 255)的通信方式。采用 PDU1 格式,PF 值的范围为 0~239,要求报文指向一个确定的目的地址,而不能同时指向两个目的地址。

(2) 采用 PDU2 格式的广播通信方式。PF 值的范围为 240~255,报文从单个或多个源节点传到多个目的地址。

(3) 既采用 PDU1 格式也采用 PDU2 格式的专有通信方式。已经为广播专有通信和特定目的地址的专有通信分别指定了特定的参数组号。广播专有通信把特定源节点的专有信息按 PDU2 格式广播发送出去,特定目的地址的专有通信使得服务工具有条件把它的通信目标指向一个特定的目的地址。例如,当一个发动机有一个以上的控制器时,服务工具可以通过专有通信方式分别完成对各控制器的校准、编程。当然,作为目的节点的 ECU 应该有能力正确地理解专有数据。

5. ECU 的处理能力

传输速率为 250 kb/s 数据,表示在该速率下,每个数据位占 40 μm。一个典型报文包含有八个字节的数据域,其长度是 128 位(不包括填充位),大约占 0.5 ms。而数据域为 0 个字节的最短报文长达 64 位,这表示网段上每过 250 μm 就有一定概率出现一个新的报文。即使并非每个报文都与某个 ECU 相关,总线负荷也并非都超过 50%,但作为接收节点的 ECU,其处理器应该能处理或缓存多个连续的报文。综上所述,ECU 必须要有一定的 RAM 空间和存储转换的处理时间,不能因 ECU 硬件设计或软件设计的限制而导致报文丢失。

6. ECU 的诊断

在故障发生后,ECU 应能发送故障信息,指明故障来自哪个 ECU 的哪个特定部件,便于系统监测该部件的工作状态。发送故障信息被规定为一系列疑点参数号 SPN，SPN 由 19 位数表示。除此之外，ECU 还可以说明故障的模式、等级、发生次数等相关信息。

7. 应用数据的格式约定

在 SAEJ1939 网络中，ECU 通过网络相互通信，形成测控系统。车辆 ECU 之间需要通过网络传输的应用数据有四种：测量数据、控制数据、状态符号和故障诊断码。为了正确理解应用数据的含义，应相应地规定数据域中应用数据的格式和顺序。

对于发动机转速、扭矩、踏板位置、电压、电流、温度等测量数据，需要设置分辨率、量程范围、数据长度、有效范围、工作范围、参数组号、数据排列位置、错误指示、故障参数号 SPN 等。

对于各种开关量，应统一规定其处于正向、反向、闭合、断开和无效状态的状态码和命令开关量处于每种状态时的控制指令码。

对于发动机、变速器等车辆常用的 ECU，SAEJL939 规范对其应用数据的格式和参数作了详细的规定，使不同厂家生产的 ECU 在相同的网络条件下能够理解彼此的数据含义。

思考题与练习题

1. CAN 总线有什么特点？
2. 试说明汽车 CAN 总线网络的基本结构。
3. 试阐述 CAN 总线的基本原理。
4. 参考 SJA1000 功能图，试分析 SJA1000 具备哪些基本功能？

第 8 章　LonWorks 现场总线技术

　　LonWorks 现场总线技术是一个开放的控制网络平台技术，是国际上普遍用来连接日常设备的标准之一。比如，LonWorks 技术可将家用电器、电表、空调设备、灯光控制系统等相互连接并与互联网相连。此外，LonWorks 技术提供了一个控制网络构架，为各种控制网络应用提供端到端的解决方案。该技术广泛应用于工厂、楼宇、家庭、飞机和火车等领域。

　　LonWorks 控制网络采用分布式的智能设备组建方式，可支持主从式网络结构，其通信介质可以是电力线、双绞线和光缆等。该控制网络的核心部分(LonTalk 通信协议)已经固化在神经元芯片(Neuron Chip)之中。LonWorks 技术包括一个管理平台，即 LNS(LonWorks Network Service)网络操作系统，该系统为 LonWorks 控制网络提供全面的管理及服务，包括网络安装、监测、配置、诊断等。LonWorks 控制网络可通过各种连接设备接入互联网和 IP 数据网络，实现与信息技术的无缝结合。

　　LonWorks 技术还具有开放性与互操作性的重要特点。国际 LonMark 互操作性协会负责制定基于 LonWorks 的互操作性标准，简称 LonMark 标准。无论设备来自哪家厂商，只要符合该标准，都可集成在一起，形成多厂商、多产品的开放系统。

8.1　LonWorks 技术概述和应用系统结构

　　美国 Echelon 公司发明了 LonWorks 技术，自 1991 年第一代 LonWorks 问世以来，经过了十多年的努力，Echelon 公司已将该技术推向了第三代。

　　通过充分利用互联网资源，第三代 LonWorks 技术将一个现场控制局域网络变成一个借助广域网跨越远程地域的控制网络，并提供端到端的多种增值服务。电力系统的变电站、大厦物业管理、电话局的机站远程监控等方面都可应用这种新的技术。例如对连锁便利店的统一管理，一般小的便利店有防盗和节能方面的需求，且便利店数目庞大，遍及城市的大街小巷。通过将便利店的控制网络连接到互联网，公司总部便可以及时获取便利店有关信息和资料。

　　在一般的应用系统中，可将 LonWorks 技术嵌入到现场设备中，建立设备与设备之间对等的通信结构。同时，控制网络又借助各种互联网的连接设备，如网关、LonWorks/IP 路由器、Web 服务器和 XML 接口，将控制网络的信息通过互联网接入运营商主持的企业数据库或某个数据中心。通过 LNS 网络操作系统建立上层企业解决方案，以达到与 ERP 和 CRM 等应用相结合的目的，一些服务供应商正是基于这样一个基础的构架，利用这一平台向最终用户提供各种增值服务的。

8.1.1　LonWorks 控制网络的基本组成

LonWorks 控制网络有三大基本要素如下：

第一要素，通信介质。LonWorks 系统可以在多种物理传输介质上通信。

第二要素，通讯协议。LonWorks 技术提供了一个公开的并遵循国际标准化组织(ISO)通信参考模型的 LonTalk 协议。

第三要素，神经元芯片。LonWorks 现场控制节点可以直接采用神经元芯片作为测控处理器和通信处理器。其中，神经元芯片可以只作为通信协处理器。基于主机(Host Base)的节点以主机或其他微处理器作为测控处理器。

按功能划分，LonWorks 控制网络可分为 LonWorks 节点、LonWorks 路由器、Lon Works Internet 连接设备、Lon Works 收发器、LonTalk 协议、LonWorks 网络和节点开发工具、LNS 网络工具、Lon Works 网络管理工具。

8.1.2　LonWorks 节点

一个典型的现场控制节点主要包括应用 CPU、I/O 处理单元、通信处理器、收发器和电源几个部分。

1. 以神经元芯片为核心的控制节点

神经元芯片通过其独具特色的硬件、固件相结合的技术成为一个超大规模集成电路 (Very Large Scale Integration，VLSI)器件，该器件包含应用 CPU、I/O 处理单元和通信处理器等现场控制节点的大部分功能。所以一个神经元芯片再配上收发器即可构成一个典型的现场控制节点。图 8-1 所示为一个神经元节点的结构框图。

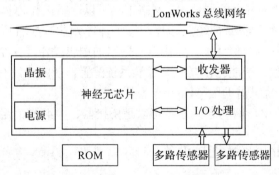

图 8-1　神经元节点的结构框图

2. 采用 MIP 结构的控制节点

由于神经元芯片是 8 位总线，使得它目前支持的最高主频是 40 MHz，因此受主频的限制，该芯片无法很好地完成一些复杂的控制，如带有 PID 算法的单回路或多回路的控制。一种基于主机(Host Base)的结构很好地解决了以上问题，这种结构是将神经元芯片仅作为通信协处理器，而将复杂的测控功能交给高性能主机，从而充分利用主机的资源。

所谓微处理器接口程序(Microprocessor Interface Program，MIP)，就是将神经元芯片作为其他微处理器的通信协处理器的转换固件，使主处理器实现 LonWorks 的应用功能，并使用 LonWorks 协议与其他节点通信。主机上的应用程序可以收发网络变量的更新和显式报文以及轮询网络变量。MIP 将 LonWorks 协议延伸到多种主机上,包括工作站、PC、嵌入式微处理器及微控制器。主处理器和神经元芯片之间使用双口 RAM 或并口实现数据交换。

3. ShortStack 微服务器

ShortStack 微服务器(ShortStack Micro Server)是 Echelon 公司推出的一个重要的第三代产品之一,它是目前为止将现有设备接入 LonWorks 网络的最好的方法,也是另一个实现基于主机节点的重要方法。

在现有的设备当中,只要设备本身包含主处理器,就可将原有的产品变成一个 LonWorks 的网络产品,进而变成一个互联网的产品。实现方法是在原来设备的基础上加上 ShortStack 微服务器,在软件设计上增加少量的应用代码和驱动即可,非常方便。此外,ShortStack 微服务器要与配套的软件 ShortStack API 一起工作,以便于在主处理器上应用和驱动以及对硬件接口(SPI/SCI)进行开发。ShortStack 微服务器在主处理器中所占内存很小,并可以与任意 8 位、16 位或 32 位的主处理器配合使用。

ShortStack 微服务器可在本地或远程接入,同时可对其设备进行操作、诊断、监控,也可将其信息纳入企业的数据网络,从而开发新的增值服务。该 ShortStack 微服务器在家电行业以及某些工业现场中有着广泛的应用前景。

8.1.3 LonWorks 路由器

LonWorks 网络的一大特点是具备路由器,通过使用路由器拓宽了总线在通信介质、通信距离、通信速率方面的能力。只有通过路由器,LonWorks 网络才可以实现在同一网络中对多种介质的支持。路由器可用于控制网络业务量,通过网络分段,抑制从其他部分来的数据流量,从而增加网络的通信量。网络工具可以网络拓扑为基础,自动配置路由器。

路由器通常有两个互联的神经元芯片,每个神经元芯片配有适用于两个信道的收发器,路由器就连接在这两个信道上。路由器对网络的逻辑操作是完全透明的,但是路由器并不一定传输所有的包。智能路由器充分了解系统配置,能阻止没有远地地址的包。穿越路由器,LonWorks 系统可借助因特网跨越远程距离。

在 LonWorks 网络中,网络连接设备可以是桥接器、中继器、路由器等。

8.1.4 LonWorks Internet 连接设备

LonWorks 互联网连接设备(i.LON)将互联网或其他 IP 网与 LonWorks 无缝地连接起来。这一系列产品将日常生活中的电器连上互联网,从而使用户在任何地方都能监控、调节和重组设备,并且可以将控制系统的信息与企业的 SAP、People Soft、Oracle-数据库等运营数据库连在一起以产生新的增值服务。LonWorks 互联网连接设备(i, LON)可以让用户通过 Web 浏览器配置和监测自己的设备,充分利用 IP 基础结构。

LonWorks 互联网连接设备系列有三种不同的产品,用户可根据需求和价格性能比选择相应的产品,三种产品的主要特点如下:

(1) i.LON1000 Internet 服务器是一个高性能并内置 Web 服务器的 LonWorks 至 IP

的路由器。

(2)　i.LON100 是个 LonWorks 至 IP 的网关，同时也是一个 IP 远程网络接口(Remote Network Interface，RNI)，它内置 Web 服务器、SOAP/XML 接口，还具有数据记录功能、报警和时序功能、I/O 控制和读表功能等。

(3)　i.LON10 是一个 IP 远程网络接口(RNI)。

8.1.5　LonWorks 网络管理

在 LonWorks 网络中，建成的节点之间要互相通信，这就需要为网络上的节点分配逻辑地址，并集中管理节点间的网络变量或显示报文；在网络系统建成并正常运行后，还需对其进行维护；为了随时了解网络系统所有节点的网络变量和显示报文的变化情况，还需要有上位机。网络管理的主要功能有以下三个方面。

1.　网络安装

常规的现场控制网络系统，网络节点的连接通常采用直接互联，或者通过 DIP 开关来设定网络地址，而 LonWorks 网络则采用动态分配网络地址的方式，通过网络变量和显式报文来进行设备间的通信。网络安装可选择手动安装的方式或利用 Service pin 按钮设定设备的地址，然后将网络变量互联起来，可以通过发送无响应、重复发送应答和请求响应来设置报文。LonWorks 技术提供了三种安装方式：自动安装、工程安装和现场安装。

(1)　自动安装。任何一个应用节点在安装之前都处于未配置状态，网络安装工具能够自动搜寻应用节点，并对其进行安装和配置。

(2)　工程安装。工程安装分两步进行。首先是定义阶段，应用节点在离线状态时预定义所有节点的逻辑地址和配置信息；然后是发行阶段，当所有节点处于物理连接状态时，所有的定义信息都被下载到应用节点。

(3)　现场安装。当所有节点处于物理连接的状态时，LonWorks 网络通过 Service Pin 按钮或手动方式获得节点的 Neuron ID，并通过 Neuron ID 定位来设定节点的逻辑地址和配置参数。

2.　网络维护

在系统开始时需要进行网络安装，而整个系统运行的始终都需要网络维护。网络维护一般包括维修和维护两方面。网络维护就是检测出错误的设备并进行替换的过程。检测过程能够查出设备出错是由于通信层的问题还是应用层的问题。采用动态分配网络地址的方式使替换出错设备非常容易，只需将从数据库中提取的旧设备的网络信息下载到新设备即可，而不必修改网络上的其他设备。网络维护主要是在系统正常运行的状况下，增加、删除设备以及改变网络变量，显示报文的内部连接。

3.　网络监控

应用设备只能得到本地的网络信息，即网络传送给它的数据，而在许多大型的控制设备中，往往有一个设备需要查看网络上所有设备的信息，并可以统管系统和各个设备的运行情况。因此，要使用户可以通过 LonWorks 网络以本地的方式监控整个系统，必须提供给用户一个系统级的检测和控制服务。如果使用 LonWorks Internet 连接设备，那么也可实现通过 Internet 以远程的方式监控整个系统。通过节点、路由器、LonWorks Internet 连接设备和网络管理这几个部分的有机结合就可以构成一个带有多介质的完整网络系统。

8.1.6　LonWorks 技术的性能特点

(1) 神经元芯片(Neuron 芯片)通过三个处理单元和 11 个 I/O 口完成网络和控制的功能，这三个处理单元分别用于数据链路层的控制、网络层的控制和用户的应用程序。

(2) 支持多种通信介质互联。

(3) LonWorks 控制网络的通信协议是 LonTalk，该协议支持 ISO 标准七层网络协议，并提供一个固化在神经元芯片中的网络操作系统。

(4) 提供给使用者一整套开发 LonWorks 节点的平台，节点应用程序开发语言 Neuron C、单节点开发工具 NodeBuilder、多节点和系统网络样机开发工具 LonBuilder。

(5) 提供现成的网络管理工具(LotiMaker for Windows)、网络维护诊断工具(LonManager 协议分析仪)以及实现网络监控和人机界面应用程序所需的数据交换接口(LNS DDE Server)，并为用户定制这些网络工具设计了 LNS 网络操作系统。

(6) 由于支持面向对象的编程(网络变量 NV)以及 LonMark 互操作性协会的标准化工作，因而很容易实现网络的互操作性。

8.2　LonWorks 网络中分散式通信控制处理器
——神经元芯片

LonWorks 技术的核心是神经元芯片。神经元芯片目前主要有 TOSHIBA 和 Cypress 两家公司研制的 3120 和 3150 两大系列。3120 不支持外部存储器，而 3150 支持外部存储器，适合更为复杂的应用。图 8-2 为神经元芯片的结构框图。

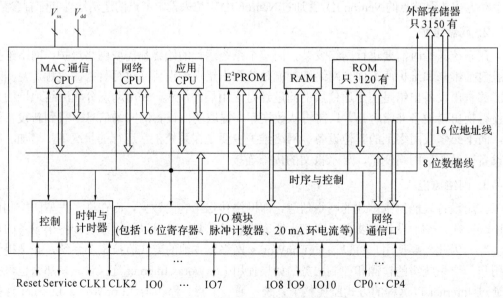

图 8-2　神经元芯片的结构框图

8.2.1　处理单元

神经元芯片内部装有 MAC 通信处理器、网络处理器和应用处理器共三个处理器。图 8-3 所示为神经元芯片的三个处理器和存储器结构框图。

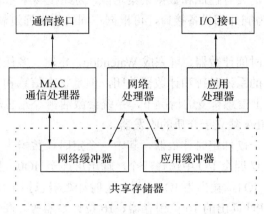

图 8-3　3 个处理器和存储器的结构框图

MAC 通信处理器用来完成介质访问控制(Media Access Control)，它和网络 CPU 间通过使用网络缓冲区进行数据传递。

网络处理器用来处理网络变量、认证、地址、软件定时器、后台诊断、网络管理和路由等进程。该处理器使用网络缓冲区与 MAC 通信处理器进行通信，使用应用缓冲区与应用处理器进行通信。

应用处理器用来完成用户编程，其中包括用户程序对操作系统的服务调用。

8.2.2　存储器

神经元芯片至少包含 512 B 的 EEPROM，用来存储一些重要的非易失数据，这些数据包含网络配置和地址表、可下载的应用程序代码、48 位神经元 ID 码等。保存在该区域的数据，即使节点掉电，过去的数据仍能保存。另外，EEPROM 的写次数有限，所以在实际设计中，为保证 EEPROM 可使用 10 年以上，通过循环链表的方式采用了定时和改写单元。

神经元芯片还包含用于系统程序和应用程序的数据区、堆栈段、LonTalk 协议网络缓冲区和应用缓冲区的 RAM(RAM 的大小不小于 2 KB)。有些程序如果数据区不多，则无需扩展存储器，直接使用该数据区。

神经元芯片的存储器地址空间最多有 64 KB，处理器提供给外部存储器的空间是 593 928 B；系统内部映射有 6114 B。神经元节点的操作系统所占空间为 16 384 B，存储在外部存储器中，而外部存储器剩余的空间可作为应用程序所需要的额外读写数据区、额外的网络缓冲区和应用缓冲区，还可以存放用户编写的应用代码。

由于 3120 系列神经元芯片本身带有 10 KB EPROM(不带外部存储器接口)，可以降低节点成本；然而由于该芯片的 EPROM 是一次性的，所以不适合作为小批量实验性产品，同时从一些系统的扩展性要求考虑，例如一些节点需增加 RAM 数据区，需要通过存储器的外部接口来扩充 RAM 的容量。因此，在以神经元芯片为核心的节点设计中，多采用的是外带 EEPROM。

8.2.3　输入/输出

在一个控制单元中需要有控制和数据采集功能，为此在神经元芯片上特设置了 IO0 到 IO10 这 11 个 I/O 口。为同外部设备接口，可根据不同的需求通过软件编程对 11 个 I/O 口进行灵活配置。

神经元芯片有一个时间计数器，可完成 Watchdog、定时、多任务的调度等功能。在节电方式下，神经元芯片的系统时钟和计数器关闭，但是状态信息和 RAM 中的信息不会改变。在 I/O 状态或网线上信息有变的情况下，系统会激活神经元芯片，芯片内部还有一个传输速率最高为 1.25 Mb/s 独立于介质的收发器。

神经元芯片内有两个硬件定时计数器，其中一个定时计数器为多路选择定时计数器，它的输入可从 IO4 到 IO7 四个 I/O 中选择一个，输出可连至 IO0；另一个定时计数器为专用定时计数器，输入为 IO4，输出为 IO1。每个定时计数器包括可以被 CPU 写入的 16 位装入寄存器、可以被 CPU 读出的 16 位锁存器、16 位计数器等。图 8-4 所示为神经元芯片定时计数器的外部连接图。

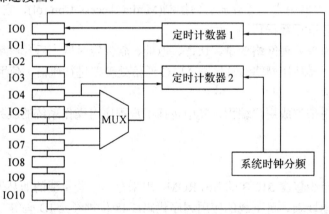

图 8-4　神经元芯片定时计数器外部连接图

神经元芯片的专用编程语言 Neuron C 可以将 11 个 I/O 配置成不同的 I/O 对象。定义的 I/O 可以通过调用函数 io_in( )进行输入，通过调用函数 io_out( )进行输出操作。

神经元芯片的 11 个 I/O 有 34 种预编程设置，可以有效地实现测量、计时和控制等功能。神经元芯片不仅具有强大的通信功能，而且集采集与控制于一体。在某些集散控制系统中，一个神经元芯片加上几个分离元件便可构成一个独立的控制单元。

8.2.4　通信端口

神经元芯片支持多种通信介质，包括双绞线、电力线、无线、红外、光纤、同轴电缆等。

神经元通信端口可以为五个通信管脚配置三种不同的接口模式，以适合各种通信介质不同的编码方案和不同的波特率。这三种模式是单端模式(Single Ended Mode)、差分模式(Differential Mode)和专用模式(Special Purpose Mode)。

1. 单端模式

在 LonWorks 现场总线技术中，单端模式是使用最广泛的一种模式，无线、光纤、红外和同轴电缆都使用该模式。图 8-5 为单端模式的通信口配置，单端输入/输出管脚 CP0 和 CP1 用于数据通信。管脚 CP3 用于睡眠信号的输出，当神经元芯片进入睡眠状态时，它可以使收发器进入掉电状态。

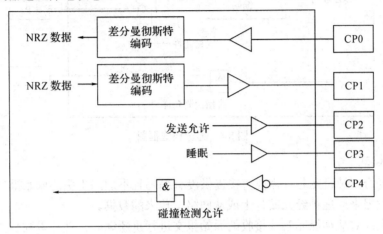

图 8-5　单端模式的通信口配置

在单端模式下，使用差分曼彻斯特编码对数据进行编码和解码。在开始发送报文之前，神经元芯片发送端输出数据(CP1)初始化为低，然后发出发送允许信号(CP2)，确保数据是按照从低到高的顺序发送的。

在正式发送报文之前，为保证接收节点接收时钟同步，发送端发送一个同步头(Preamble)。该同步头包括字节同步域和位同步域。位同步域是一串差分曼彻斯特编码的"1"，具有可变的长度以适应不同的通信介质；字节同步域是 1 位差分曼彻斯特编码的"0"，表示同步头结束，并开始传送正式报文的第一个字节。

神经元芯片通信端口在报文结束时，强制差分曼彻斯特编码为一个线路空码(Linecode Violation)，并将线路空码保持到接收端确认发送的报文结束。根据发送数据的最后一位的高低状态，保持线路在线路空码时为低电平或高电平。线路空码从 CRC 校验码的最后一位开始，延时两位的时间。保持该电平为 2.5 位时间，原因是最后一位没有跳变沿。发送允许管脚一直到线路空码结束才释放。

神经元芯片支持一个低有效的收发器碰撞检测信号。如果碰撞检测允许在发送的过程中，那么管脚 CP4 在一个系统时钟为低时会被神经元芯片侦测到，则表明碰撞产生或正在发送，且通知神经元芯片重发报文。

在神经元芯片不支持碰撞检测的状况下，采用应答或请求—响应方式来保证数据可靠传输是唯一的选择。当采用请求—响应方式或应答方式时，需要设置重发时间。如果在设置的数据从发送完到响应所需的最长时间内没有收到响应或应答报文，则重新发送报文。

2. 差分模式

神经元芯片在差分模式下支持内部差分驱动。图 8-6 为差分模式框图。差分模式与单端模式类似，区别是后者包括一个内部差分驱动但不包括睡眠输出。差分模式的数据格式和单端模式完全相同，也采用差分曼彻斯特编码。

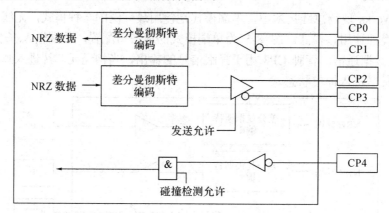

图 8-6　差分模式框图

3. 专用模式

在某些场合，神经元芯片需要直接提供没有编码且不加同步头的原始报文，这就需要一个智能收发器来处理神经元芯片上或从网络上传来的数据。

发送过程：对从神经元芯片接收的原始报文进行重新编码，并插入同步头；

接收过程：去掉从网络上所接收数据的同步头，再对其进行重新解码，然后传送给神经元芯片。

8.2.5　时钟系统

神经元芯片包含一个分频器，该分频器通过外部晶振来输入时钟。神经元芯片在 625 kHz～40 MHz 的频率范围内正常工作。其中，625 kHz 的频率适合于低电压神经元芯片。

8.2.6　睡眠—唤醒机制

通过软件设置，神经元芯片可以进入低电压的睡眠状态。在该状态下，系统时钟、使用的程序时钟和计数器都关闭，但是保留它们使用的状态信息，包括神经元芯片的内部 RAM。当有如下的输入转换时，则恢复正常的系统操作。

(1) I/O 管脚的输入(可屏蔽)IO4 到 IO7。

(2) Service Pin 信号。

(3) 通信端口(可屏蔽)。

(4) 差分模式 CPO 或 CP1。

(5) 单端模式 CPO。

(6) 专用模式 CP3。

8.2.7　Service Pin

在神经元芯片中，节点的配置、安装和维护都需要使用一个名为 Service Pin 的重要管脚。Service Pin 管脚在输出时，通过一个低电平来点亮外部的 LED。LED 一直亮表示该节点设有应用代码或芯片已坏；LED 以(1/2) Hz 的频率闪烁表示该节点未配置。Service Pin 管脚在输入时，通过一个逻辑低电平使神经元芯片传送一个网络管理信息，该信息包括 48 位的 Neuron ID。

Service Pin 管脚的输入/输出以 76 Hz 的频率和 50 %的占空比复用以完成输入/输出功能。当 Service Pin 没有连接上拉电阻和 LED 时，Service Pin 有一个片内可选(可通过软件设置)的上拉电阻，以保证输入为无效。图 8-7 所示为 Service Pin 电路。

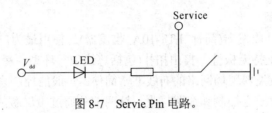

图 8-7　Servie Pin 电路。

8.2.8　Watchdog 定时器

神经元芯片有三个 Watchdog 定时器(每个 CPU 都有一个)，以防止软件失效和存储器错误。三个 Watchdog 定时器需要被应用软件或系统定时刷新，否则将自动复位整个神经元芯片。复位周期依赖于神经元芯片输入时钟的频率。例如，当输入时钟频率为 10 MHz 时，Watchdog 定时器周期为 0.84 s。当神经元芯片处于睡眠状态时，禁用所有的 Watchdog 定时器。

8.3　通　　信

LonWorks 网络一个非常重要的特点是它突破了通信介质的限制，根据不同的现场环境，可以选择不同的介质和收发器。

8.3.1　双绞线收发器

双绞线是一种使用最广泛的传输介质，支持双绞线的收发器主要有三类：直接驱动、EIA-485 和变压器耦合。

1. 直接驱动

将神经元芯片的通信端口作为收发器就是直接驱动，该方式同时加入电阻和瞬态抑制器作为 ESD(Electro-Static Discharge)保护和电流限制。直接驱动的方式适合网络上的所有节点在同一个大设备中使用同一个电流源的情况。直接驱动收发器支持的最高通信速率为 1.25 Mb/s，该速率使下一条通道最多能接入 64 个节点，可达距离长度为 30 m(使用 UL 级 VI 类线)

2. EIA-485

LonWorks 网络同样支持 EIA-485 电气接口，该网络支持多种通信速率，最高可达 1.25 Mb/s。使用 EIA-485 共模电压的方式好于直接驱动，但不如采用变压器耦合。EIA-485 共

模电压范围为 $-7\sim12$ V，也可以加入隔离。建议使用的 EIA-485 通信速率为 39 kb/s，在该速率下一条通道可接入 32 个节点，距离最长可达 660 m。在 EIA-485 中，最好所有节点使用共同的电压，并且在节点的共模电压中加入隔离，否则由于 EIA-485 需要共地，很容易损坏节点。

3. 变压器耦合

为满足系统高性能、高共模隔离的要求，同时具有噪声隔离的功能，在 LonWorks 网络中有相当一部分收发器采用变压器隔离的方式。

1) FTT-10A 收发器

FTT-10A 自由拓扑收发器(简称 FTT-10A 收发器)是使用最为广泛的变压器耦合收发器。FTT-10A 收发器支持无极性、自由拓扑(包括总线型、环型、星型、复合型)的互联方式。因此，FTT-10A 收发器现场网络的布线非常简便。一般的控制系统通常采用总线型拓扑，其节点收发器包含发送控制和线路接收，这两部分通过带屏蔽的双绞线互联在一起。根据 EIA-485 标准，为防止线路反射，保证可靠通信，所有设备必须通过双绞线，采用总线方式互联。FTT-10A 收发器很好地突破了这一限制，但采用自由拓扑是以缩短距离为代价的——总线连接可达 2700 m，而其他连接方式只有 500 m。需要注意的是，总线拓扑的总线和节点的距离不能超过 3 m，否则就不属于总线拓扑。在 FTT-10A 收发器中，一个隔离变压器、一个差分曼彻斯特编码通信收发器以及信号处理器件被集成封装在一个塑胶外壳内。

2) 电源线收发器 LPT-10

电源线是指通信线和电源线缆共用一对双绞线。使用电源线的意义在于，一方面所有节点通过一个 48VDC 中央电源供电，这对于电力资源匮乏的地区具有非常重要的意义。例如对长距离输油管线的监测，每隔一段距离就设置一个电源对节点供电，这显然是不经济的，使用电池也存在经常替换的问题；另一方面电源线和通信线共用一对双绞线可以节约一对双绞线。另外，由于采用的是直流供电，所以电源线收发器可以和变压器耦合的双绞线直接互联。

3) FT3120 和 FT3150 智能收发器

FT3120 和 FT3150 智能收发器是 Echelon 公司研制的一个重要产品，该收发器使用低成本的智能收发器芯片，其结构是将神经元芯片 3120 及 3150 的网络处理核心与自由拓扑的收发器合成在一起。该芯片和 Echelon 公司研制的高性能通信变压器配套使用，从封装到功能完全与 TP/FT-10 兼容，可以在同一通道同时使用 TP/FT-10 或 LPT-10 收发器的节点通信。神经元芯片只需极少的软件和外部电路配合工作，大大节省了开发成本和时间，并且还可以连接其他的主处理器。例如可与该公司的 ShortStack™微服务器或者其他主处理器芯片一起使用，形成一个基于主机的节点。该芯片与神经元 3120 和 3150 具有相同的控制功能，可通过内嵌的方式用于缓冲网络数据和网络变量的 2 kB RAM；该芯片带有的 11 个 I/O 管脚具有 34 个可编程标准 I/O 模式；在每个芯片中的 48 位 ID 是唯一的。FT3120 和 FT3150 智能收发器的传输速率为 78 kb/s，符合 ANSI/EIA 709.3 标准，支持总线型拓扑和双缆线自由拓扑，因而具有布线灵活、系统安装简便、系统成本低的优点，同时提高了系统的可靠性和性能。在对抗电磁场的干扰隔离方面，FT3120 和 FT3150 智能收发器性能的提升也特别明显，它能够防御来自开关电源和马达等方面的电磁干扰，甚至也能可靠地工作在出现强大的共模干扰的一些典型工业现场。FT3120 智能收发器是一个低成本且集系统一体化的芯片，它支持 40 MHz 高速运作，同时内置的 EEPROM 空间可达 4 kB，给应用提供了更多的空间。

8.3.2　电力线收发器

电力线收发器将通信数据调制成载波或扩频信号，通过耦合器耦合到 220 V 或其他交/直流电力线上或没有电力的双绞线上。电力线收发器的优点是可以利用已有的电力线进行数据通信，大大减少了通信中遇到的繁琐布线问题。LonWorks 电力线收发器可将神经元节点用一种简单有效的方式加入到电力线中。

众所周知，电力线上的通信还存在以下主要问题：

(1) 电力线在电器的启停、运行都会产生较大的噪声；

(2) 信号快速衰减；

(3) 信号畸易变；

(4) 线路阻抗经常波动。

电力线上存在的这些问题导致通信非常困难。针对以上通信问题，Echelon 公司在以下几方面对电力线收发器进行了改进。

(1) 通过给收发器增加一个数字信号处理器(DSP)来完成数据的接收和发送。

(2) 收发器能够根据纠错码，短报文纠错技术恢复错误报文。

(3) 动态调整收发器灵敏度算法。

(4) 利用三态电源放大、过滤合成器。

目前经常使用的电力线收发器包括载波电力线收发器和扩频电力线收发器这两类。PLT-22 是一种性能优良，使用最为广泛的电力线收发器。

PLT-22 电力线收发器运用电力线载波技术，使控制系统通过电力线与设备通信。无需重新布线，数据通过现有的电力供电线路传播，从而节省布线的成本。PLT-22 电力线收发器在市政电力的配套设施和家庭自动化中都有着广泛的应用。PLT-22 电力线收发器技术先进、可靠性高且符合 ANSI/EIA 709.2 标准和欧洲 CENELEC EN50065-1 标准。它采用了先进的双载波频率以及数字信号处理技术。双频模式被启动后，当主频段(125 Hz～140 kHz)通信受阻时可自动切换至备用频段(110 Hz～125 kHz)，以保证通信。为满足民用以及欧洲电力系统的要求，PLT-22 电力线收发器支持 CENELEC A 波段和 CENELEC C 波段的应用。多项专利技术应用该收发器克服了一些问题，例如电力线本身带来的多种问题，多种噪音源以及高衰减、信号失真、阻抗变化等问题。由于该收发器本身具有先进的技术性能，所以降低了设备整体的成本，具体表现在它对外部电源的要求很低，可以通过带电的电力线或是不带电的双绞线进行信号传输。LonWorks 网络还支持一些其他的收发器，包括光纤收发器、无线收发器、红外收发器，甚至用户自定义的收发器等。例如，应用 LonWorks 技术的无线收发器可以使用很宽的频率范围。对于低成本的无线收发器，典型的频率为 350 MHz。当使用无线收发器时，神经元芯片的通信口需配置成单端模式，速率为 4800 b/s，同时还需要一个大功率的发射机。

8.3.3　路由器

1. 路由器简介

路由器是桥接器、中继器、配置型路由器和学习型路由器的统称。LonWorks 路由器连接两个通信通道之间的 LonTalk 信息。在这里讨论的通道是指由于距离、通信介质等物理的原因将网络分割成能独立发送报文而不需要转发的一段介质。LonWorks 路由器支持从简单到复杂的网络连接，这些网络可以小到几个节点，大到上万个节点。通过三个路由器把电力线、光纤和 78 kb/s 双绞线三种介质连接到一个 1.25 Mb/s 的双绞线主干通道上。网络中的节点由于使用了路由器，可以透明地通信，就如同它们被安装在一个通道上一样。

路由器可以用于以下几个方面：

(1) 扩展通道容量。有限负载节点的收发器决定每一路通道的长度和节点数，而通道长度和节点数是有限的，路由器可以用来扩展网络中通道的长度和节点数。

(2) 连接不同的通信介质或波特率。例如，在网络的不同位置上是以牺牲数据的传输速率为代价来换取长距离传送的；在节点物理位置频繁变动或一些电缆安装较困难的情况下，可以采用电力线或者使用一个 1.25 Mb/s 的双绞线作主干通道；连接几个 78 kb/s 的自由拓扑和电力通道。遇到这些情况，不同的 LonWorks 通道必须使用路由器来连接。

(3) 提高 LonWorks 网络可靠性。由于连接到一个路由器上的两个通道在物理上是隔离的或相互独立的，因此，这两个物理通道中任何一个出现故障或失效都不会影响另外一个。

(4) 全面提高网络性能。路由器在子系统内可以用来隔离通信。例如，在一个工业区域内，大多数节点通信不是在各部分之间同时进行，而是在某一部分内部进行的。在各部分之间使用智能路由器可以避免内部报文传输影响其他部分，由此可提高整个网络的吞吐率，并减少通信的反应时间。

由于通道之间使用路由器对应用程序是透明的，神经元节点在做网络安装时才通过网络管理工具实现节点的路由，因此，节点设计者不需要了解路由器的工作原理。只有在确定路由器的一个节点网络映像时，才需要知道路由器工作原理。只要改变节点网络映像，就能实现一个节点从一个通道移到另一个通道。路由器节点是通过诸如 LonMaker 之类的网络管理工具管理的。

为适用于不同的用途，LonWorks 路由器包含两个可供选择的模块，其选项如下：

(1) 路由器组件——RTR-10 模块。路由器组件适于嵌入 OEM(原始设备制造商)产品。一个 RTR-10 路由器加上分别连接到两个通道上的两个收发器模块就组成了一个常规路由器。为适用于不同的情况，可以将该路由器封装起来。在一些特殊用途中，如一条主干线连接多个通道的情况下，可以将多个路由器封装在一起。

(2) 路由算法。路由器可供选择的路由算法有四种：学习型路由器、配置型路由器、桥接器或中继器。这些选项以降低系统性能来换取安装的方便。智能路由器可以根据目标地址有选择地转发报文，包括学习型路由器和配置型路由器；中继器转发所有的报文；桥接器转发所有符合它的域的报文。

2. 路由器的工作原理

1) LonTalk 协议对路由器的支持

LonTalk 协议的设计提供了对路由器透明地转发节点之间报文的支持。为了提高路由器的效率，LonTalk 协议定义了一套使用域、子网和节点的寻址层次。子网不跨越智能路由器，这样智能路由器就能根据子网配置信息输出路由决策。为了简化多个分散节点的寻址，LonTalk 协议还定义了另一套使用域和组的寻址层次，智能路由器也能根据组配置信息，给出路由决策。

2) 路由选择

为使装配简单，可采用软件下载的方式有选择地装配 LonWorks 的四种路由器。一个路由器的两端必须使用同一种路由算法。

路由算法的规则：

(1) 要转发的报文必须进入路由器的输入和输出缓冲队列。

(2) 要转发的报文必须有有效的 CRC 校验码。

(3) 优先转发优先级报文。这里的优先级指的不是报文原发端的优先级，而是转发端的优先级。如果转发端没有优先级，则优先端口就不会转发优先级报文。由于优先级报文仍然带着优先级的标志，当它经过另外一个路由器时，如果该路由器有优先级，则该路由器将在优先端口转发此报文。

3) 中继器

能转发经过两端的所有报文的路由器就是中继器。无论报文的域和目标地址是什么，中继器都能转发接收到的带有效 CRC 码的报文。

4) 桥接器

桥接器可以转发桥接器所连的两个域之一的报文，符合这一规则的报文不论其目标地址是什么，桥接器也都能转发。桥接器可以跨越一个或两个域。

5) 配置型路由器

配置型路由器按一定转发规则只转发路由器两个域之一的报文，其转发规则如图 8.8 所示。路由器的每一端的每一个域都对应一个转发表，每张转发表实际上是一组分别对应于一个域中的 255 个组和 255 个子网的转发标志。根据报文的目标地址子网或组地址，这些转发标志决定了该报文是被丢弃还是被转发。

根据网络拓扑，网络管理工具能通过网络管理报文预置转发表，网络性能可被网络管理工具优化，达到更有效地利用带宽的目的。配置型路由器可用于环型拓扑。转发表有两套，一套在 RAM 中，另一套在 EEPROM 中。当路由器复位或上电后，通过"设置路由器模式"选项来初始化路由器，将 EEPROM 的转发表复制到 RAM 中，所有的转发决策均以 RAM 的转发表为依据。

防止 Service Pin 报文循环可通过图 8-8 中的几个操作实现。Service Pin 报文以零子网 ID 号和零长度域发送到网络的所有节点，因此需要对 Service Pin 报文进行特殊处理，当收到一个具有零子网 ID 号的 Service Pin 报文后，报文的源子网就会被路由器改为接收端的子网。如果接收端连接两个域，则对每一个域都转发一个 Service Pin 报文。这样，如果循环导致路由器的同一端再次收到 Service Pin 报文，则路由器会丢弃它。

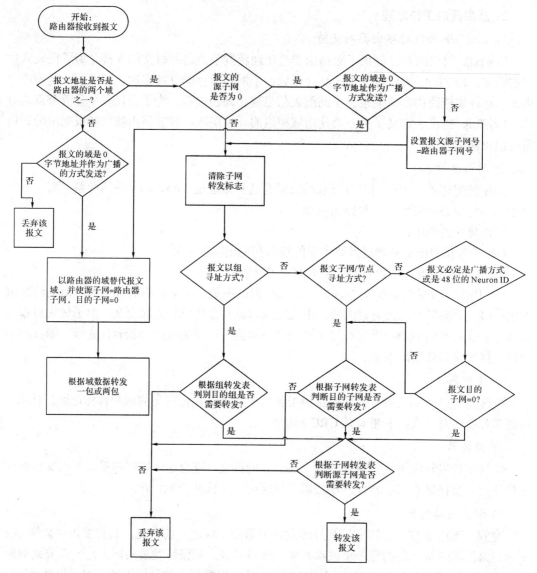

图 8-8　路由器转发规则

6) 学习型路由器

学习型路由器遵循图 8-8 所示的转发规则，只转发路由器两个域之一的报文。学习型路由器的子网转发表不是由网络管理工具设置，而是通过路由器固件自动更新外，其使用方法与配置型路由器相同。

学习型路由器的网络拓扑是通过检查路由器收到的所有报文的源子网实现的。由于一个学习型路由器的两个通道不能被子网跨越，因此只要源地址上出现该子网 ID，路由器就能知道该子网连接哪一端。子网转发表开始被设置为转发所有带子网目标地址的报文。每次一个新的子网 ID 在报文的源地址区出现时，子网转发表就消除其相应的标志，通过检查目标地址的转发标志确定该报文是应该转发还是应该丢弃。所有的转发标志在路由器复位后都被清除，因此复位后这种"检查"过程将被重新设置。

一个给定子网的转发标志在路由器的两端不能被同时清除，然而这种情况在把一个节点从路由器的一端移到另一端时有可能发生。例如，子网 1 位于一个路由器的 A 端，只要该路由器收到任何一个来自子网 1 中节点发出的报文，子网 1 的位置就会被确定。假设不重新设置任何一个移到 B 端的子网 1 节点，则路由器会查出子网 1 也在 B 端，并停止将子网 1 的报文转发到 A 端。学习型路由器能检测出并记录这种错误。

与配置型路由器相同，学习型路由器有时也需通过修改 Service Pin 报文的源地址来阻止报文循环。

总之，由于学习型路由器总是转发所有带组目标地址的报文，所以通道带宽的效率比较低；学习型路由器的优点是简化了安装，安装工具无需知道网络拓扑就可以完成学习型路由器的配置。

7) 报文缓冲器

路由器把接收到报文放到输入缓冲器队列中，队列设置两个报文缓冲器，以确保优先级报文排在全部非优先级报文前面。路由器的发送端收到转发的优先级报文时，由于优先级报文有其相应的优先输出缓冲器队列，所以该队列中的报文会在发送端被优先发送，保证路由器优先处理这些输出报文。由于报文反方向流动时存在着另一套输入/输出缓冲器队列，因此报文反方向的流动与上述过程相似。

路由器上 RAM 的大小限制报文缓冲器的数目和空间。路由器的每一端都有 1254 B 的缓冲器空间，这个空间由两个优先输出缓冲器和 15 个非优先输出缓冲器和两个输入缓冲器组成。每个缓冲器空间的默认值是 66 B。

基于 66 B 的空间，路由器可以处理的数据以地址空间最长来计算。报文中显示报文和网络变量报文的数据最多可达 40 B，这个空间对于任意网络变量、网络诊断报文和网络管理来说都是足够大的。在实际应用中，只有转发显示报文多于 40 B 时，才可以增大缓冲器的空间和减少非优先级缓冲器的数目，但是三种缓冲器队列的存储区之和不能超过 1254 B。

配置默认缓冲器的方法是在路由器的输出队列放置大量的缓冲器。例如，标准的配置方法是放置 17 个缓冲器在输出队列中，其中 15 个为非优先型和两个为优先型，采用这种排列方式的原因是在报文进入缓冲区队列后尽可能将其保留在输出队列中。上述过程还包含寻查优先级报文的过程，通过路由器的优先级输出缓冲器转发寻查到的优先级报文，保证尽可能快地发送优先级报文。然而，网络上会同时出现许多报文，这会导致输入队列全满、超量的报文丢失，这时可以减少输出队列的缓冲器，增加输入队列的缓冲器即增加输入队列的空间。路由器带有较大输入队列，能处理更多的通信量，但会有几个非优先级报文排在优先级报文前面的危险。

8.4　LonTalk 协议

8.4.1　LonTalk 协议概要

LonTalk 协议是 LonWorks 技术平台的核心技术之一。由神经元芯片中的 MAC 处理器和网络处理器执行通信协议规则，实现与其他神经元芯片的通信。应用处理器通过使用网络变量和显示报文来实现面向对象的通信机制。

1. LonTalk 协议的七层参考模型

LonTalk 协议的七屋参考模型及每层的作用、提供的服务、使用的处理器如表 8-1 所示。

表 8-1　LonTalk 协议的七层参考模型

LonTalk 通信层	作用	提供的服务	处理器
应用层	网络通信应用	标准网络变量	应用
表示层	数据翻译	网络变量，协议转换	网络
会话层	远程操作	请求/响应，证实服务，网络管理	网络
传输层	端对端通信可靠性	应答，非应答	网络
网络层	寻址	寻址，路由	网络
数据链路层	介质访问以及组帧	组帧、数据编码、CRC 校验、预测 CSMA、冲突检测、避免冲突、优先	通信介质访问
物理层	电气连接	特定介质接口、调制模式	通信介质访问、智能收发器

2. LonTalk 协议的主要特性

1) 支持多种通信介质

LonTalk 协议支持不同通信媒介的信道，由此构成了一个大型的测控网络。该协议支持的通信介质种类繁多，适合于多种特定场合，通信介质包括双绞线、电力线、调频收音机、红外线、同轴电缆、光纤等。

2) 支持多个通信信道

信道是 LonTalk 信息传输的通信媒介，其最大通道可容纳 32 385 个节点。LonTalk 协议支持完整的 LonWorks 网络，包括一个或多个通信通道。路由器用于不同信道之间的通信，以保证网络通信中一些基本参数的正确性，如速率和带宽。

3) 通信速率可配置

不同的通信信道和信道容量参数可以实现不同的通信速率，以满足通信距离和速度的应用要求。信道容量参数包括通信速率、节点晶体振荡器频率、收发器特性、通信包平均长度、应答服务的使用、优先级业务、认证业务的使用。

4) LonTalk 协议的地址分配规则

LonWorks 网络结构分层逻辑构建分层逻辑寻址。层次结构包括两种：域地址、子网地址、节点地址、域地址和组地址。

一级域地址：不同域的节点不能通信(包括广播消息、SerivcPin 消息)。域识别码的典型应用实例是同一域内频率相同的数据通过无线通信信道传输；不同的域使用统一的通信频率，不相互干扰，它们完全分离成两个独立的通信网络，充分利用了网络资源。

二级子网地址：一个域最多包含 255 个子网，一个子网可以有一个或多个通信通道。LonWorks 网络设备中的智能路由器工作在子网级别实现消息的智能寻址和转发。

三级节点地址：一个子网包含 127 个节点，一个节点可以同时属于两个域。大多数网络应用程序使用上述层次结构。

LonTalk 还支持域和组的结构：一个域可以包含 256 个组，一个组可以包含 64 个节点，一个节点可以同时属于 15 个组。域和组的结构减少了通信帧里地址域部分的数据开销，可以实现同一组的节点同时接收一个通信报文。该结构典型应用于火灾报警系统中的分区域报警，在实际应用中不需要知道火灾探头具体的逻辑地址，只需要区分不同的报警区域即可实现基本功能。

5) LonTalk 协议的通信报文服务

LonTalk 协议提供四种基本的消息传递服务：确认、请求/响应、未确认重复和不确认。其中确认、请求/响应属于端到端响应类型；未确认重复和不确认属于响应类型。

(1) 确认服务。一个报文被发送到一个或一组节点时，发送节点将等待来自每一个接收节点的响应报文。如果没有收到超时的确认，发送节点则重新传输消息。确认服务由网络处理器完成。

(2) 请求/响应服务是协议中最可靠的通信服务。消息被发送到一个或一组节点。发送节点等待来自每个接收节点的响应消息。输入消息由接收应用程序在生成响应之前处理。发送时间、重试次数和接收时间都是可以设置的通信参数。响应部分由网络处理器处理。响应消息可以包含用于远程调用或客户端/服务器应用程序的数据。

(3) 未确认重复。一条消息被多次发送到一个或一组节点，发送节点不需要响应，通信量远小于应答类型。

(4) 不确认。消息只发送到一个或一组节点一次，发送节点不需要接收响应。

6) 证实服务

LonTalk 协议支持消息认证服务，认证消息的接收者决定发送者是否有权通信。认证是在网络安装节点时设置 48 位密钥，通过验证业务实践密码算法获取当前消息的通信密码。

7) 优先级的使用

LonTalk 协议选择性地提供优先级机制，以提高对重要数据包的响应效率。该协议允许用户在通道上分配优先级时间槽，这些时间槽专用于提供优先级服务的节点。当节点中生成优先级数据包时，该节点被放置在优先级队列中，路由器放在优先级槽中传送。

8) 支持冲突检测

早期的收发器支持硬件冲突检测，而 LonTalk 协议支持冲突检测和自动收发。一旦收发器检测到冲突，LonTalk 协议可以立即重新传输被冲突损坏的消息。

9) 通信冲突的解决

LonTalk 协议的 MAC 子层协议采用了可预测的 P-依从 CSMA 算法，这是一种独特的冲突避免算法。该算法使网络即使在超负荷工作时也能达到最大流量，而不会出现由于冲突过多而导致网络吞吐量急剧下降的现象。所有节点都使用时间槽随机访问通信媒体。此外，该算法还预测了信道积压的工作情况，动态调整了随机时间槽的数量，并主动管理了网络的冲突率。

10) LonTalk 协议的兼容性

为了支持其他协议，通信报文最多可以包含 228 B 的数据。只是在处理过程中把数据当成普通的字节数组，由应用程序解析其协议的具体内容。

11) 网络管理和诊断服务

LonTalk 协议不仅提供应用消息服务，还提供网络管理服务、诊断消息服务，以用于安装节点、配置节点、远程下载节点的应用程序以及诊断网络状态。

8.4.2　LonTalk 协议结构和相关内容

1. LonTalk 协议结构

LonTalk 协议的结构及相关内容如表 8-2 所示。

表 8-2　LonTalk 协议结构

OSI 参考模型层	提供的服务	LonTalk 协议层次
应用层，表示层	网络变量的操作、网络报文的管理及诊断	第六、七层
会话层	请求响应	第五层
传输层	应答/非应答、单点传送/多点传送	第四层
事务控制子层	授权服务、公共命令、副本检测	
网络层	减少连接、域内广播、拆分报文、环型自由拓扑、学习路由	第三层
数据链路层	组帧、数据编码、CRC 校验	第二层
MAC 子层	预测性 P-坚持 CSMA、避免冲突、冲突检测、优先级	
物理层	多种通信媒体，特殊媒体协议(etc.PLC)	第一层

2. 分层结构

第一层：物理层协议支持多种通信媒体协议，协议通信帧编码独立于通信媒体。

第二层：MAC 子层使用 LonTalk 协议的独特预测性 P-坚持 CSMA 来解决通信冲突。在这种低速的现场测控网络中，独特而有效的算法使 LonWorks 网络得到了快速的发展。数据链路层实现简化的连接服务，如限制帧、帧解码、错误检测、恢复和重新传输等。

第三层：网络层处理信息包的传输，支持 LonWorks 域内的通信，不支持域间通信。网络服务包括应答、减少连接、拆分和重新组织消息。智能路由算法有两种：配置型路由器和学习型路由器。为了学习网络的拓扑结构，首先假设网络是树型网络拓扑，配置型路由器在树型网络中工作，数据只在路由器的一侧出现一次，使用学习型路由器的单点传输路由算法将减少通信开销，不会增加流量。单点传输以组地址的形式使用配置型路由器。

第四层：LonTalk 协议的核心传输层。公共的事务控制子层处理传输序列、副本检测传输层减少连接、提供可靠的消息传输，并提供发送方消息证实鉴别。

第五层：LonTalk 协议的核心会话层。会话层实现远程服务访问，提供请求响应机制，为远程过程调用搭建平台。

第六、七层：表示层、低层应用层。实现网络变量的传输、网络报文的管理及诊断。

8.4.3　LonTalk 的物理层通信协议

LonTalk 协议在物理层协议中支持多种通信协议，即需要不同的数据解码和编码来适应不同的通信介质。例如，双绞线通常使用差分曼彻斯特编码，电力线使用扩频，无线通信使用频移键控(FSK)等。由于 LonTalk 协议考虑了对各种媒介的支持，LonWorks 网络可以支持多种通信媒体，如双绞线、电力线、无线电、红外线、同轴电缆、光纤甚至用户定义的通信介质。

LonTalk 协议支持在通信介质(如双缆线)上进行硬件冲突检测，还可以自动取消和重新分发冲突消息。如果没有冲突检测，那么当发生冲突时，只有在响应或响应超时时才会重新传输消息。

8.4.4　LonTalk 协议的网络地址结构及对大网络的支持

LonTalk 协议的网络地址有三层结构：域(Domain)、子网(Subnet)和节点(Node)。

节点也可以分组，并且一个组可以跨越域中的多个子网络或通道。一个域有 255 个组，每个组有 63 个节点需要响应服务，并且不限制不响应服务的节点数。一个节点可以分为15 组来接收数据。分组结构可以使一个报文同时为多个节点所接收。

上述信息列出如下：

子网中的节点数：127 个；

域中的子网数：255 个；

域中的节点数：32 385 个；

网络中的域：2^{48} 个；

系统中最多的节点数：$32K \times 2^{48}$；

组中的成员：

非应答或重复的节点：无限制；

应答或要求响应的节点：63 个；

域中的组：255 个；

网络中的信道：无限制；

网络变量中的字节：31 个；

显式报文中的字节：228 个；

数据文挡中的字节：232 个。

另外，每一个神经元芯片有一个独一无二的 48 位 Neuron ID 地扯，这个 Neuron ID地址是在生产神经元芯片时由硬件确定的，该地址作为产品的序列号，是不可更改的。图8-9 为报文地址结构。

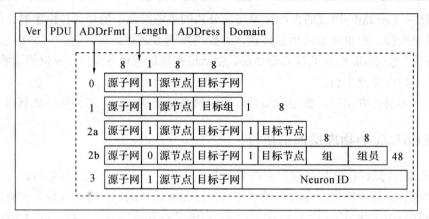

图 8-9　报文地址结构

通道是一种可以独立地(无需转发)发送消息的媒介，LonTalk 协议规定一个通道最多有 32 385 个节点，通道不影响网络的地址结构，域、子网和组可以跨多个通道。网络可以由一个或多个通道组成，通道由网桥连接。这样，不但可以将多媒体连接到同一个网络上，而且一个通道的网络通道也不会太拥挤。

8.4.5　LonTalk MAC 子层

LonTalk 协议的 MAC 子层是数据链路层的一部分，使用 OSI 协议在每一层标准接口与数据链路层的其他部分进行通信，如图 8-10 所示。

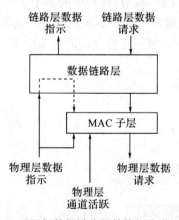

图 8-10　MAC 子层与数据链路层其他部分进行通信的框图

目前，在不同的网络中有许多媒体访问控制协议，一种比较常见的是 CSMA(载波监控多址访问)。LonTalk 协议的 MAC 子层是对 LonTalk 协议的改进。

现有的许多 MAC 协议，如 IEEE802.2、802.3、802.4、802.5，在大型网络系统、多通信介质和重负载情况下都不能保持较高的网络效率。

对于常用的 CSMA/CD，在轻负载的情况下具有很好的性能；在重负载的情况下，在发送数据包时，可能有很多网络节点等待网络空闲，一旦数据包发送完毕，网络空闲后，这些等待发送的节点就会马上发送报文，必然产生碰撞。产生碰撞后，由避让算法使节点等待一段时间再发报，假如这段时间相同，则重复的碰撞仍会发生。在这种情况下，网络效率就会大大降低。

令牌环(Token-Ring)网络支持多种介质，但是这些介质必须具有环的结构，令牌在这个环线上轮询，这在使用电力线和无线电作为介质的网络中显然是行不通的，因为网上的所有节点几乎都能同时收到令牌。此外，令牌环网络还需要增加令牌丢失时的恢复机制和令牌快速应答机制，这些都增加了硬件上的开销，使网络的成本增加。

对于令牌总线网络，LonTalk 在令牌中加入网络地址，因此在物理总线上建立逻辑环结构，以使令牌能够对逻辑环进行轮询。然而，在低速网络中，令牌轮询时间变得非常长。此外，当令牌总线被节点连接或断开连接时，网络连接将重新配置。在电池供电系统中，由于节点的休眠和唤醒，网络重构经常发生；在恶劣的环境中，令牌丢失经常发生，这将大大降低网络重构的效率。同时，由于网络地址的限制，每个网络最多有 255 个节点。

LonTalk 协议使用了一种改进的媒体访问控制协议——预测性 P-坚持 CSMA。在保留 CSMA 协议优点的同时，该协议着重克服其在控制网络中的不足。在预测性 P-坚持 CSMA 协议中，所有节点都根据网络积压参数等待随机时间片访问媒体，有效避免了频繁的网络冲突。在发送消息之前，每个节点随机插入了 $0\sim W$ 个随机时间片。因此，在发送普通消息之前，网络中的任何节点都会插入平均 $W/2$ 个随机时间片。W 根据网络积压的变化对 W 进行动态调整，它的公式是 $W = BL*\text{wbase}$，其中 wbase $= 16$，BL 是网络积压的估计值，即当前发送周期需要发送消息的节点数。

当一个节点由于需要发送信息而试图占用信道时，首先在 Betal 中检测该信道是否发送消息，以确定网络是否空闲。然后，该节点生成一个随机等待 t，它是 Beta2 时间片中 $0\sim W$ 的一个。当延迟结束且网络仍处于空闲状态时，节点发送消息；否则，节点继续检测是否有要发送的信息，然后重复 MAC 算法。

由上文可知，BL 值是对当前网络繁忙程度的估计，每一个节点都有一个 BL 值。当侦测到一个 MPDU(Media Protocol Data Unit)或发送一个 MPDU 时 BL 加 1；同时每隔一个固定报文周期 BL 减 1。把 BL 值加到 MPDU/LPDU(Link Protocol Data Unit)的头中，MPDU/LPDU 格式如图 8-11 所示。当 BL 值减到 1 时，就不再减，总是保持 $BL\geq1$。可以看出，采用带预测性 P-坚持 CSMA 允许网络在轻负载的情况下，插入的随机时间片较少，节点发送速率快；而在重负载的情况下，随着 BL 值的增加，插入的随机时间片较多，又能有效避免碰撞。图 8-12 为带预测性 P-坚持 CSMA 的示意图。

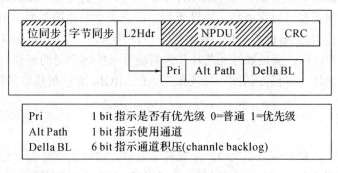

图 8-11　MPDU/LPDU 格式

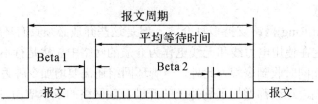

Beta 1：空闲时间
Beta 1>1 b+物理延迟+MAC 响应时间
Beta 2：随机时间片
Beta 2>2×物理延迟+MAC 响应时间

图 8-12　带预测的 P-坚持 CSMA 的示意图

实验表明，36 个 LonWorks 节点相互连接，采用 P-坚持 CSMA，当需要传输的消息数达到每秒 500～1000 个包时，冲突率从 10%提高到 54%。当采用带预测性 P-坚持 CSMA 时，若包数小于 500，则碰撞率相等，但当包数在 500～1000 之间时，碰撞率稳定在 10%。

综上所述，LonWorks 的 MAC 子层具有多种优点：支持多媒介通信、支持低速网络、在重负载下保持网络性能、支持大规模网络。

8.4.6　LonTalk 协议的网络层

在网络层，Lontalk 协议为用户提供了一个简单的通信接口，该接口定义了如何接收、发送和响应消息。网络管理包括网络地址分配、错误处理、网络认证、流量控制等。路由器机制也在这一层中实现。

对于网络层协议数据单元地址格式，根据网络地址可分为五种地址格式。在源子网的每个地址格式中，"0"表示节点不知道其子网号。

8.5　面向对象的编程语言 Neuron C

Neuron C 是一种以 ANSI C 为基础的编程语言，是编写神经元芯片程序最为重要的工具。Neuron C 是专门为神经元芯片而设计的，同时加入了通信、分布数据对象、事件调度和 I/O 功能。Neuron C 在数据类型上和 ANSI C 仍有一定的差别，Neuron C 支持 ANSI C 的定义类型、数组类型、枚举类型、指针类型、联合类型和结构类型；但 ANSI C 的标准运行库的一些功能 Neuron C 不支持，例如文件 I/O、浮点运算等。Neuron C 有不同于 ANSI C 的扩展运行库和语法，满足神经元芯片作为智能分布控制应用的需要，这些扩展功能包括网络变量、定时器、多任务调度、显式报文、EEPROM 变量和其他多种功能。

8.5.1　定时器

在一个程序中，最多可以定义 15 个软件定时器。定时器可分为毫秒计数器和秒计数器。毫秒计数器的计数范围是 1～64 000 ms；秒计数器的计数范围是 1～65 535 s。对于计数范围为大于 64 s 的精确计数，使用秒计数器。这些计数器在网络处理器中运行，与两个位于神经元芯片上的硬件定时计数器是分离的。

8.5.2 网络变量

LonTalk 协议提出了网络变量这个全新的概念。网络变量大大简化了具有互可操作性、使用多个销售商产品的 LonWorks 应用程序的设计工作，并方便了是以信息为基础而不是以指令为基础的控制系统的设计。网络变量可以是任何数据项(开关值、温度或执行器位置设定)，它们是期望从网上其他装置得到(输入 NV)或期望提供(输出 NV)给网上其他装置的一个特定装置应用程序。

装置中的应用程序不需知道输出 NV 走向何处或输入 NV 来自何处。当应用程序的输出 NV 值变化时，在一个特定的存储单元写入这个新值，一个被称为捆绑(Binding)的过程在网络设计和安装期间发生，通过该过程配置 LonTalk 固件，以确定网上要求 NV 的装置组或其他装置的逻辑地址，汇集和发送适当的包到这些装置。类似地，当 LonTalk 固件收到它的应用程序所需的输入 NV 的更新数值时，在一个特定的存储单元放置更新的数据，应用程序通过该存储单元即可找到最新数据。因此，捆绑过程的逻辑连接就在一个装置中的输出 NV 和另一装置或装置组的输入 NV 之间建立起来了。可将连接想象为"虚拟线路"，例如，一个节点有一个物理开关及相应的输出 NV 被称为"开关 on/off"；而另一个节点有一个输入 NV 的灯泡被称为"灯 on/off"，通过连接两个 NV 建立了一个逻辑连接，其功能效应就类似于从开关到灯泡的一条物理线路。

在应用程序中定义的网络变量，其类型可以是整型、字符型或结构等类型，但不能是指针类型。一个网络变量可以与一个或多个在其他节点上类型相同的网络变量捆绑。从通信的角度看，网络变量可分为输入网络变量和输出网络变量，输入网络变量或输出网络变量可以和其他节点的多个输出网络变量或多个输入网络变量互连，但是输出网络变量之间及输入网络变量之间是不能互连的。

通过网络变量可以实现节点的数据共享，一个节点输出或输出网络变量更新，而所有与之相连的其他节点的输入或输入网络变量也相应地更新。例如，定义一个输出网络变量，可以是一个温度测量节点，该网络变量包含当前的温度值；定义一个输入网络变量，为温度控制节点，它需要知道当前的温度测量值，输入网络变量和温度测量节点的输出网络变量类型是一样的。将这两个网络变量互连，当温度测量节点的温度值更新时，温度控制节点就会相应地获得更新后的当前温度值。

通过 LonTalk 协议完成网络变量的传送，该过程对用户来说是透明的，开发者在开发应用程序时，不必关心低级网络操作，包括网络变量传送的打包/拆包、目标地址及报文缓冲区的请求、响应、重发等。因此，使用网络变量极大地简化了开发和安装分布系统的过程。

网络变量的捆绑可以选择的网络管理工具包括 LNS、LonBuilder 和 LonMaker for Windows。捆绑过程实际上是将一组包含节点地址、报文类型等信息的网络管理报文发送到需要捆绑的节点，需要捆绑的节点将收到的配置信息写入到节点的地址表和网络变量配置表中。神经元芯片的 EEPROM 中有地址表和网络变量配置表，因此配置信息即使在节点掉电的情况下也不会丢失。输出网络变量对应输入网络变量，输入网络变量更新也使相应的输出网络变量更新，最新的输出网络变量值可以通过轮询方式被输入网络变量获得。需要注意的是，在节点代码编译时完成网络变量的定义，而连接过程则可以在节点联网之前、之后或是在节点运行过程中完成的。

　　一个节点最多可以定义 62 个网络变量。通常情况下，这个限制不是非常重要的，特别是在以神经元芯片为核心的小系统中，因为无数个输出网络变量可以和一个输入网络变量互联，一个输出网络变量可以和无数个输入网络变量互联。网络变量的长度不能超过 31 字节，对于超过 31 字节的数据可以使用显式报文。

　　基于主机(Host Base)的节点将神经元芯片作为通信协处理器，该处理器网络变量转移到主处理器中或神经元芯片的 EEPROM 中，此时，网络变量的数量可达 4096 个。

　　根据 LonTalk 协议，网络变量的更新也提供了四种服务：ACKED(应答服务)、REQUEST(请求—响应方式，输入网络变量使用轮询方式实现)、UNACKD_RPT(非应答重发方式)及 UNACKD(非应答方式)。

　　根据 LonTalk 协议，网络变量还可以定义为认证方式、优先级方式等；还可以定义为同步方式以保证传送网络变量的所有更新。

　　四个预定义完成事件被包含在网络变量中：

nv_update_ occurs——输入网络变量接收到一个输入值；

nv_ update_fails——输出网络变量发送失败；

nv_update_succeeds——输出网络变量发送成功；

nv_update_completes——输出网络变量发送完成(包括失败和成功)。

8.5.3　显式报文

　　在大多数情况下，在网络通信中采用网络变量是一个简便又快捷的方法，但是编程者往往会受限于网络变量的个数、长度和发送目的地址等方面。LonWorks 提供了显式报文这种更灵活但较复杂的通信方式。所谓显式报文是一个结构变量，分为输出显式报文、输入显式报文、响应输出报文和响应输入报文。

8.5.4　调度程序

　　Neuron C 的任务调度采用的是事件驱动方式。当一个给定事件发生的条件为真时，与该事件关联的一段代码被执行。调度程序允许编程者定义事件，例如输入管脚状态的改变、计数器的溢出、网络变量的更新等。为使一些重要事件能够优先得到响应，可以定义这些事件的优先级。任务调度在 Neuron C 中是非实时的，如果高优先级的事件在低优先级事件正在运行时发生，则必须等到低优先级事件的任务完成后，才重新调度执行高优先级事件的任务。通过 When 语句来定义事件，一个 When 语句包含一个表达式，表达式后面的任务在该表达式为真时被执行。Neuron C 中定义了系统级事件、定时器事件、输入/输出事件、网络变量和显式报文事件、用户自定义事件这五类事件。

8.6　LonWorks 的互可操作性

　　LonWorks 技术使互可操作设备和系统得到了发展。但是站在系统角度来看，单个

LonWorks 节点所采用的应用程序和通信介质对网络中的其他节点来说是不可见的。所以来自不同制造商的设备仅靠 LonWorks 节点本身并不能保证在同一系统中互可操作，还必须进行正确的网络设计。

8.6.1　LonMark 协会

1994 年由 Echelon 公司和致力于建造互可操作产品的 LonWorks 用户集团成立了 LonMark 互可操作协会。互可操作性表示在同一个控制网络中，无需特定的节点或特定的编程，来自同一个或不同的制造商的多个设备都能集成在一起。LonMark 协会致力于发展互可操作性标准，认证符合标准的产品以及发扬互可操作系统的优点。

LonMark 标志对高层次的互可操作性提供保证。所谓 LonMark 产品是指经过 LonMark 协会认证的产品并携带 LonMark 标志。制造商根据协会发布的各种产品技术规范和准则设计产品，保证互可操作。协会还编制了功能性行规，用来介绍应用层接口，包括通用或专用控制功能所需的网络变量、系统设定、配置属性和上电动作。协会还致力于下述两个领域：

(1) 标准收发器和相应的物理信道的准则。

(2) 节点应用程序的结构分析和文件编制。

8.6.2　收发器和物理信道准则

在文件《LonMark 一到六层互可操作性准则》中包含收发器和物理信道的 LonMark 准则，在该文件中有已获得认证的所有标准物理信道以及相应收发器的说明，该文件也为 LonTalk 协议的使用提供缓冲器大小、类型、数量、地址表入口等准则。

TP/FT-10(78 kb/s 双绞线自由拓扑型)和 TP/XF-1250(1.25 Mb/s 双绞线总线拓扑型)是楼宇中最经常使用的信道类型。有时在工业或商业领域中，为充分利用现有的电力线作为传输介质，也使用 PL-22(5.4 kb/s 电力线)电力线类型收发器。

8.6.3　应用程序准则

《LonMark 应用层互可操作性准则》中包括互可操作设备应用程序的 LonMark 准则，这是基于功能性行规的准则，是通过单个节点中的 LonMark 对象实现的。一个或多个 LonMark 对象构成节点应用程序的接口，每个对象的文档记录功能按照被定义的输入/输出接口执行以实现和其他对象的通信，这些对象在同一节点内部或在不同节点中。在建立好的一个完整 LonMark 对象中，设计一个网络任务就是选择并连接适当的 LonMark 对象。

LonMark 对象描述了信息输入节点和从节点输出的过程，并与网络上其他节点共享信息的标准格式，从而为应用层互可操作性奠定了基础。LonMark 对象由一套配置属性和一套输入、输出网络变量组成。其中，网络变量带有对象行为和网络变量值；配置属性用来说明对象的配置参数。LonMark 对象的定义包含必要的网络变量和配置属性、可选择的网络变量和配置属性以及制造商自己定义的网络变量和配置属性，这就能扩展且能将不同的制造商区别开来。

1. 标准网络变量类型

网络变量中数据格式的定义是一致的,这就能使来自多个制造商的产品方便地使用网络变量实现互可操作性。例如温度值在网络上传送时必须是同一种格式,格式可选择绝对温标、华氏温标或摄氏温标,真正的互可操作标准只能在这些格式中选择一种,由 LonMark 协会完成这个标准的选择。LonMark 协会到目前为止已定义和公布超过一百个通用的网络变量,这些变量被称为标准网络变量类型(Standard Network Variable Type,SNVT)。标准网络变量不限定数据在网络工具中的显示形式,例如,尽管温度值使用绝对温标或华氏温标传送,但是网络工具使用者可以很容易地控制该温度值以绝对温标或摄氏温标或华氏温标进行显示。

2. 配置属性

每个 LonMark 对象只通过 SNVT 与其他 LonMark 对象交换信息,但是也会按照特定系统的应用定制许多对象。这样的数据结构在 LonMark 准则中被规定为配置属性,它提供了文件编制和用网络工具将数据下载到节点上的网络报文格式标准。LonMark 协会定义了一套标准配置属性类型(Standard Configuration Property Type,SCPT),配置属性类型可以由制造商自己定义,这种配置类型被称为用户定义的配置属性类型(User Configuration Property Type,UCPT)。标准配置属性类型可以应用于滞后界限、系统设定值、最大/最小极限值、增益设定和延迟时间等许多种功能模式中。标准配置属性类型可以记录在 SCPT 主表上,并可应用在任何可以应用的地方。如果没有合适的标准配置属性类型,则制造商可以为配置对象定义 UCPT 并按标准格式将其记载在资源文件中。

3. LonMark 对象和功能模式

LonMark 准则定义了通用 LonMark 对象和 LonMark 功能模式这两种类型的对象。在各行各业中,通用 LonMark 对象有着广泛应用,例如对于开环传感器对象,它向网络提供来自 LonMark 节点集成或与其连接的任何形式传感器的数值。LonMark 功能模式设计用于特定应用领域,如 HVAC(暖通空调)或照明系统。例如 VAV 控制器功能模式,它从网络中取得室温值,通过运行 PID 控制算法来驱动风门,以达到调节房间温度的目的。LonMark 协会成立了一个由感兴趣的成员组成的工作组,该工作组负责设计、批准和出版许多领域的功能模型,如 HVAC 和安全、照明及半导体制造系统。

1995 年 1 月公布在 LonMark 互操作性准则中的通用对象(传感器、执行器和控制器)的基本集由最初的一个 LonMark 对象集构成,从这个基本集出发可实施许多应用。输入和输出数据类型将根据特定应用程序进行解释。自那时以来,LonMark 对象已有所进展,它定义了数据类型和与其相配合的配置属性,以达到可用功能模式描述新的专用对象的要求。

LonMark 功能模式描述了应用层接口,包括配置属性、网络变量、系统设定和上电动作,它们是 LonMark 节点为实现专用或通用控制功能所必需的。功能模型是为了规范功能而设定的,它不是产品。所以功能模式是提供给制造商用来描述通用控制功能的快捷方法。这种方法方便了规范的制定,提高了互可操作性,同时又不损害规格制定者与制造商的利益,以获得独特功能和有竞争力的专门化产品。除了基本的 LonMark 对象的任何组合外，该产品还可以包含一个及以上的功能模式。因此，由一个或几个 LonMark 对象可组成 LonMark 节点中的应用程序，每个对象都由相对应的功能模式定义，同时，每个 LonMark 对象都独立于其他对象的使用和配置。每个 LonMark 标记对象都可以连接到网络上的任何其他对象，以实现所需的系统级功能。很多 LonMark 节点包含一个节点对象，该对象的功能在于让网络管理工具来监控自己和其他对象在节点中的状态。

为保证基于 LNS 的任何网络管理工具都能从网络上的任何 LonMark 节点取得所有必要的信息，所有 LonMark 节点必须自编文档，以便把节点连接到系统中，使系统可以对其进行管理和配置。每个 LonMark 节点还必须有外部接口文档(带 XTF 扩展名的特殊格式化文本的 PC 文档)，使网络工具能在节点进行物理连接前设计和配置网络数据库，以便在安装之后调试节点。

4. LonMark 资源文件

LonMark 资源文件是用于描述一个或多个 LonWorks 设备的外部接口配置情况的一系列文件。这些文件使操作员界面应用程序和网络安装工具能够理解节点发送来的数据，并将发送给节点的数据正确格式化。LonMark 资源文件也帮助系统操作员和系统集成商知道如何使用一个设备或控制设备上的 LonMark 对象。设备制造商可以从 LonMark 协会获得标准资源文件，以描述设备外部接口的标准配置情况。设备制造商需要为自己定义的外部接口配置创建用户定义的资源文件，具体描述了四种类型的资源文件，如下：

(1) 类型文件(Type file)。类型文件使用.TYP 扩展名，用于定义配置属性、网络变量和枚举类型，如 STANDARD.TYP 文件中定义 LonMark 的 SNVT 和 SCPT。

(2) 功能模式模板(Founctional Profile Template)。功能模式模板使用 .FPT 扩展名，用于描述 LonMark 对象。功能模式模板说明了可选的和必要的网络变量和配置属性。从功能模式模板衍生出的特殊 LonMark 对象不必全部表示出可选的网络变量和配置属性。LonMark 标准的功能模式模板在 STANDRAD. FPT 文件中定义。

(3) 格式文件(Format File)。格式文件使用 .FMT 扩展名，用于为类型文件中的网络变量和配置属性定义显示或输入格式。STANDRAD.FMT 是 LonMark 标准网络变量和配置属性的格式文件。

(4) 语言文件(Language File)。每个设备的资源文件中都包含一个或一个以上的语言文件。这些文件包含随语言而定的字符串，应用的目标语言决定文件的扩展名。例如美国英语文档有一个.ENU 扩展名，而相应的英国则为一个.ENG 扩展名。

使用非标准类型或功能模式模板的设备制造商应该为其设备提供资源文件，也可以把资源文件提交给 LonMark 协会，该协会提供资源文件的网络下载渠道。

资源文件相对应的设备必须能够被资源文件识别，例如，标准资源文件应该能用到所有设备中。制造商自己的或同类的或特定的设备应和定义的资源文件联系在一起，这使得来自许多厂商的多个资源文件可以被一个用户拥有。通过 LonMark 程序 ID(将在下文介绍)，这些文件可自动地与相对应的设备联系。

5. LonMark 程序 ID

在每个 LonMark 设备中，LonMark 程序 ID(Program ID)是唯一的设备应用程序标识符。符合 LonMark 准则的一个设备包含按照标准格式定义的 Program ID，该 ID 被称为标准

Program ID。标准 Program ID 包含设备制造商信息、设备功能、使用的收发器和计划的应用程序。因此，在 LonWorks 网络中，网络工具可以通过标准 Program ID 从功能上识别相应的设备。由 64 位二进制数组成标准的 Program ID 所包含的字段如下：

(1) 格式(Format)。格式是定义 Program ID 结构的 4 位数值。Program ID 格式 8 和 10 到 15 为互可操作的 LonMark 节点保留。Program ID 格式 8 用于标准 Program ID，表示该设备是通过 LonMark 认证的设备。Program ID 格式 9 表示该设备是和 LonMark 兼容的设备，但还未通过 LonMark 一致性测试认证，用于设备的研制或测试阶段。在通常情况下使用 Program ID 格式 8 和格式 9。

(2) 制造商 ID(Manufacturer ID)。制造商 ID 是唯一一个 20 位 ID，用于识别 LonMark 设备的制造商。ID 是在制造商成为 LonMark 互可操作协会会员，并提出要求时分配的。没有这个 ID 的制造商可以在设备研制或测试阶段使用制造商 ID 号 10。

(3) 设备类别(Device Class)。设备类别是标志设备所属类别的一个 16 位 ID，这个 ID 取自预定义的类别定义登记表。设备类别指示设备的初始功能，如果没有给出适当的类别名称，则可以向 LonMark 协会提出申请，请求 LonMark 协会分配类别名称。

(4) 设备子类别(Device Subclass)。设备子类别为确定设备类别内子类的 16 位 ID，这个 ID 来自预定义的子类定义登记表。设备子类别指出设备上所用收发器的类型及其预定用途，即居住建筑、工业建筑、商用楼宇等。如果没有给出适当的子类别名称，则可以根据请求申请分配。

(5) 型号(Model Number)。型号是由产品制造商分配的、用于指定产品型号的 8 位 ID，型号在设备类别和子类别内对于对制造商来说必须是唯一的。Program ID 内的型号并不一定要和制造商的 ID 号一致。

8.7　LonWorks 节点开发工具

为了让使用者利用 LonWorks 网络快速地、方便地开发节点和联网，两种现成的节点开发工具包含在 LonWorks 技术中，即单节点开发工具 NodeBuilder 和多节点开发工具 LonBuilder。

8.7.1　多节点开发工具 LonBuilder

LonWorks 技术中的 LonBuilder 是一个最主要的节点开发工具，它具有开发 LonWorks 节点和系统网络样机所需的所有部件和工具。多节点开发系统提供了可在两个至数百个节点的网络开发中建立应用软件以及硬件样机测试的工具，该系统分为以下几部分：

(1) 节点开发器。一个 Neuron C 编译器包含在节点开发器中，该编译器能够将用户的 Neuron C 程序编译生成可下载文件或生成可供 EPROM 编程器使用的二进制映像文件；节点开发器包含两个神经元芯片在线仿真器，能够以 Neuron C 源程序级进行仿真。通过这两个在线仿真器，节点开发器可以进行一些比较简单的网络通信，两个在线仿真器中都包含 11 个 I/O 出口，可以模拟 I/O 输入和输出。节点开发器还包含一个路由器，路由器一端连至开发器的 1.25 Mb/s 背板上，根据不同的需要另一端可挂接不同的收发器。

(2) 网络管理器。网络管理器提供网络安装和配置服务，在逻辑上连接物理互连的应用节点，分配逻辑地址(包括域、子网及其所属的组)，定义网络通道和子网，安装路由器，设置优先级、网络变量和显式报文的互联等，设置信息发送方式为无响应发送、重复发送和请求响应发送。

网络管理器还负责系统维护、测试节点和路由器状态、更换错误节点和路由器，并可查看网络中所有应用节点的信息。

(3) 协议分析器和报文统计器。LonBuilder 中一个非常重要的工具就是协议分析器，通过协议分析器，网络上所有节点的通信报文都能被截获，并转换成 ASCII 字符。报文统计器能够分析当前网络报文流量、带宽利用率、出错率和碰撞率，进而调整节点间的数据通信。

(4) 演示程序和开发板。LonBuilder 还包含一些可供练习的开发板、应用模块和演示程序。

8.7.2　NodeBuilder3 节点开发工具

NodeBuilder3 节点开发工具是一个用来开发 LonWorks 节点的开发工具，同时也是一个软硬件的组合平台，是针对 Echelon 收发器应用和神经元芯片的工具。该节点开发工具包括一个基于 Windows 的软件开发系统和一个用于设计和调试的硬件开发平台，另外与它配套使用还有相应的网络管理工具。由于加入了各种向导、自动生成模板和代码，同时内置对 LonMark 的支持，这个新一代的 LonWorks 开发工具节省了大量开发时间，同时降低了开发难度。

下面对 NodeBuilder3 软件方面的组件和主要特性做一些介绍。

1. NodeBuilder 自动编程向导

NodeBuilder 自动编程向导用来定义设备的外部接口，并自动生成某些 Neuron C 的代码，生成的设备外部接口符合 LonMark 标准。这些自动生成的模板和代码为编程人员节省了开发时间。

2. NodeBuilder 资源编译器

NodeBuilder 资源编译器用来查看和使用标准的数据类型和功能模式，并且用来定义特定的数据类型和功能模式。LonMark 资源文件中储存类型信息，代码向导可被 NodeBuilder 资源编译器、Neuron C 编译器、LonMaker 集成工具以及 Plug-in 向导使用，这使得所有的工具有统一的显示方式，从而减少了开发时间。与 LonMark 标准兼容的设备需提供相应的资源文件。

3. LNS 节点 Plug-in 向导

LNS 节点 Plug-in 向导可自动生成一个基于 Visual Basic 的应用(又称节点 Plug-in)，用于指导用户配置、浏览、监测及诊断由 NodeBuilder 开发工具所开发生成的设备。硬件产品由于包含节点 Plug-in 向导软件而具有极大的实用性。NodeBuilder 3 节点开发工具包括开发、测试、生成 LNS 节点 Plug-in 向导所需的 LNS 组件。LNS 为控制网络的操作系统。该 LNS 节点 Plug-in 向导与任意支持 LNS Plug-in API 的 LNS Director 应用兼容。

NodeBuilder3 节点开发工具还包括 LonMaker 集成工具、LNS DDE Server 软件、LTM-10A 平台(硬件)、Gizmo 4 I/O 板等其他一系列的产品。

8.8　LNS 网络操作系统

8.8.1　LNS 网络操作系统概述

LNS 网络操作系统基于客户/服务器结构,是一个 LonWorks 控制网络的操作系统,是唯一适用于单信道或多信道控制网的网络操作系统。该系统提供的服务包括基本的目录、管理、监控、诊断等。LNS 网络操作系统的工具可用于 LonWorks 网络的安装、设计、操作、检测、维护等。系统集成商、管理和维护人员采用 LNS 技术可以同时访问网络、应用管理服务器和来自任何客户工具的数据。LNS 技术是 LonWorks 控制网络技术中最重要的组成部分之一。

采用 LNS 客户/多服务器构架可以给网络使用者带来很多好处。

(1) 可大大减少开发时间和成本。采用 LNS 技术可使多个网络安装工具在一个网络系统中同时工作而不会产生冲突,每一个安装工具就是作为远程客户来申请网络服务的。由于所有安装工具使用同一个网络数据库,因此没有网络数据库不同步的问题,也正因为客户不需要同步网络数据库,所以客户的硬件成本很低,同时可保证用户方便地采用许多其他公司的网络产品,节约用户开发的时间。

(2) 使系统集成更简单。LNS 具有各种网络工具的互可操作性。为了给各种网络工具彼此之间的互联和通信的提供基础,LNS 网络操作系统定义了设备层的对象结构以及上层的插件(Plug-in)规范。可互操作的工具简化了系统集成问题,通过运用插件规范,系统集成商能够快速方便地将新功能增加到自己的 LonWorks 系统中。

(3) 易于定制专用系统。LNS 支持有互可操作性的网络工具,也允许开发者创建具有自己特色的系统或设备级工具。OEM 制造商通过将专用应用程序嵌入到网络工具中,使系统增值;系统集成商无需理解专用系统内部的实现细节;对于最终用户,该系统是一个更简便、更高效、更适用的操作系统。

(4) 访问数据不受限制。LNS 允许用户同时使用多台人机界面、SCADA 站、数据站,同时访问网络上的数据。由于 LNS 基于客户/服务器构架,因此不存在数据库复制和冗余更新的问题,用户不会再因为网络工具中的网络配置不同步而烦恼。LNS 跟踪每个工具的需要请求都会,并自动地通知它们网络配置的变化。

(5) 增加了系统正常的运行时间。采用 LNS 技术,维护人员除了可以将网络工具插入网络中的任意位置,还可以访问所有网络服务和数据。由于多个网络工具在同一个网络中,是可互操作的,因此多个技术人员可以同时诊断和维护网络,他们的行动不需要协调,甚至相互之间也不需要知道是否还有其他人在维护网络。OEM 用户可以在网络工具中构建专用应用程序,通过自动故障检测、隔离、报告和维修,可进一步缩减系统的故障时间。

(6) 建立透明的 IP 网络通信。LNS 允许网络工具通过 IP 网络访问 LonWorks 网络。任何与 LNS Server 连接的工作站都可以像本地网络工具一样运行基于 LNS 的网络工具。因此，用户很容易将基于 LNS 的网络和基于 Internet 的应用集成在一起，创建强有力的企业级网络解决方案，以及使用现有的 LAN 架构实现高速网络的连接。

(7) 便于扩展系统。因为 LNS 是基于客户/服务器的设计，所以可进行平滑的系统扩展。在任何时候，通过简单地增加客户或服务器、应用模块化的软硬件组件，用户就可以扩展其控制系统。对于最终用户，除了在功能和容量方面有所增加外，这个变化对系统是没有影响的。

8.8.2　LNS 网络工具

用户可以根据自己的需求借助 LNS 网络操作系统，开发出各种各样的 LNS 网络工具，并将其用于网络的安装、配置、维护和监控。

以下是几种由 Echelon 公司开发的网络工具。

1. LonMaker for Windows 集成工具

LonMaker for Windows 集成工具是一个用于设计、安装和维护多节点供应商的、开放的、互可操作性的 LonWorks 控制网络软件包。LonMaker for Windows 集成工具基于 LNS 网络操作系统，包含功能强大的客户/服务器体系结构以及简单易用的 Visio 用户界面。该工具功能强大，可用来设计、启动和维护分布式的控制网络，也可经济地用作一个网络维护工具。

LonMaker for Windows 集成工具包括一个 LNS3 运行软件和 LNS3 Server。所有 LonMaker 用户可以通过 LonWorks 网络、局域网和 Internet 访问一个共享的 LNS 服务器。

LonMaker 可用于开发简单的人机界面应用，对于复杂的人机界面，LonMaker 需与 LNS DDE Server 兼容。

2. LNS DDE Server

LNS DDE Server 是一个软件包，可作为 LNS 工具与人机界面、可视化应用程序的接口，它使得任何与 DDE 兼容的 Microsoft Windows 应用程序不需要编程就可以监视和控制 LonWorks 网络。LNS DDE Server 的典型应用包括人机界面应用程序、数据记录、趋势应用程序以及图形处理显示的接口。

通过建立 LNS 和 Microsoft DDE 协议的连接，与 DDE 兼容的应用程序可以通过以下方法和 LonWorks 节点进行交互：

(1) 读取、监视和修改任何网络变量的值；

(2) 监视和改变配置属性；

(3) 接收和发送应用程序消息；

(4) 测试、使用、禁止以及强制 LonMark 对象；

(5) 测试、闪烁以及控制节点。

3. LonManager 协议分析仪

LonManager 协议分析仪为 LonWorks 制造商、系统集成商和最终用户提供了一套基于 Microsoft Windows 的工具和高性能的 PC 接口卡，使得用户可以观察、分析和诊断 LonWorks 网络的工作。此工具的开放性使得用户可以定制它，以满足自己的特定需求。

LonManager 协议分析仪包括用于网络分析和监视的三个工具，即协议分析工具、网络通信统计工具和网络诊断工具。

LonManager 协议分析仪具有如下特性：

(1) 捕获一个信道上所有的 LonWorks 报文，可对网络活动和通信情况进行详细分析。

(2) 解释报文的内容。

(3) 通过会话分析系统简化报文解释。

(4) 通过接收过滤器减少记录的数据，有助于用户快速地隔离问题。

(5) 为用户创建接收过滤器的开放接口。

(6) 允许生成有分析功能的用户界面。

(7) 全面统计和诊断网络，并提供网络健康状况的详细分析。

8.9　应 用 系 统

1993 年 LonWorks 技术被推广到中国。到目前为止，该技术已在电力、冶金、楼宇、工业和家庭自动化等领域有了广泛的应用，下面介绍 LonWorks 在这些领域的应用实例。

8.9.1　LonWorks 技术在楼宇自动化抄表系统中的应用

随着建筑自动化的发展和普及，人们也对繁琐的抄表工作提出了自动化要求。本例为高档住宅小区，共有四栋住宅楼，120 多户。开发人员对三表计费系统提出了更高的要求，不但要完成三表的数据采集，而且要将采集到的数据直接接入数据库，实现计费、查询和打印功能；对于电表，应根据不同的时段采用不同的费率；现场节点应不依赖上位机而独立分时统计。本项目采用 LonWorks 的 LNS 客户机/服务器架构，实现了抄表、数据统计、网络管理等功能。

1. 工程结构

本项目的前端为现场控制柜，每个柜可根据住户分布插入一个或多个 LonWorks 控制模块，用于检测一个单元或多个住户的水表。水表和电表的信号连接到控制柜的端子排。

上位机采用客户端/服务器结构，数据库管理器(Pentiuml33 工业 PC、Windows 95 平台)作为网络服务器，管理同一网络的数据库，同时处理计费系统的数据库。网络管理器是一台奔腾 CPU 便携式计算机，作为客户端，它通过网络服务器上的共享网络数据库安装和维护网络。当系统正常运行时，网络管理器不需要运行(这也是使用便携式计算机的原因)。根据客户端/服务器的结构，它可以将多个客户连接起来作为网络管理。即使服务器与互联网互联，网络也可以通过互联网进行管理和维护。

2. 前端硬件结构

前端硬件模块主要包括三部分，信号采集模块、路由器模块、时钟模块及 PC 和便携机接口卡。

(1) 信号采集模块。信号采集模块为 11 路 I/O 量采集模块，它将现场信号与神经元芯片 3150 相连，由于神经元芯片 3150 本身有 11 个 I/O 口，因此只需将电表和水表信号转换成标准的 TTL 信号即可。

(2) 路由器模块。由于四栋住宅楼分布较远，住宅区内网络线路实际施工长度已超过收发机最大传输距离(2.7 km)，故采用桥接器。为了提高系统的可靠性，采用了星型布线。虽然总线型中继可以减少中继器的数量，但往往会因为一个中继器不工作，导致其他网段不能与主机通信；星型布线不存在这种情况，不工作的中继器只会影响与该中继器相关的网段。

(3) 时钟模块。时钟模块的核心部分是 DS12887 实时时钟芯片。将神经元芯片 3150 的 11 个 I/O 口变成多总线(MUXBUS)形式，通过数据和地址复用技术与 DS12887 互连。

(4) PC 和便携机接口卡。采用网络服务器接口 NSI 作为 PC 或便携机接口卡与和主机的接口。

3. 网络管理

基于 Echelon 公司的 LNS 网络操作系统开发出一套集网络安装、维护和监控于一体的网络管理工具——LonWorks Networks Manage Tool(LNMT)，该软件是在 Windows 95 的环境下全 32 位编程的，采用了客户端/服务器的方式。网络上任意一个 NSI 节点都可以通过该软件对网络进行管理，使网络有很好的灵活性，LNMT 的主要功能有以下三个方面。

(1) 网络安装。LNMT 通过 Service Pin 或手动方式设定设备的网络地址，然后将网络变量互连起来，并可以设置发送无响应、重复发送、发送响应和请求回答四种方式。

(2) 网络维护。网络维护主要包括网络维护和网络维修两个方面。网络维护主要是在系统正常运行状态下，增加或删除节点的设备、改变网络变量与显式消息之间的内部连接；网络维修是检测和替换错误设备的过程。由于网络地址是动态分配的，所以替换错误的设备很容易，只需从数据库中提取旧设备的网络信息并下载到新设备，而不需要修改网络上的其他设备。

(3) 网络监控。LNMT 为用户提供了一个系统级服务，以观察和修改网络变量和显式消息。用户可以通过网络上的任何 NSI 节点，甚至通过远程控制(如 Internet)来监控整个系统。

4. 数据库管理

数据库管理应用软件运行于数据库管理机，运行的软件环境要求为 32 位多任务抢占式操作系统 Windows 95 或 Windows NT，硬件平台要求为 Pentium 系列微机。

数据库管理应用软件具有如下特点：

(1) 友好性。数据库管理应用软件是 32 位多任务 GUI 的多文档界面(MDI)应用程序，具有友善、易于掌握、易于操作的图形化用户界面。

(2) 先进性。应用软件的开发以 Echelon 公司 LonWorks 的 LNS 客户服务器构架为核心，采用开放数据库互连(ODBC)和对象嵌入连接(OLE)技术，在 Visual Basic 5.0 开发环境中编程实现。

(3) 开放性。数据库管理应用软件比较灵活，LonWorks 网络节点模块的扩充、删除、修改和小区住户的变更只需软件使用者更新几张软件运行信息表即可，应用软件不需要任何修改。此外，数据库管理应用软件也可用于一户多表和多费率计费的情况。

数据库管理应用软件实现的主要功能如下：

(1) 监控 LonWorks 网络节点状态。数据库管理应用软件实现了对网络中各个节点状态的实时监控。应用软件定期查询连接到网络的节点，并提供有关节点运行状态的各种信息。当发生故障时，由 LNMT 软件进行维护。

(2) 实时查询住户和整个小区的三表使用情况。数据库管理应用软件通过网络获取有关住户和小区的实时信息，提供给软件使用者的实时信息包括：① 每位住户实时查询热水表、冷水表、电表的读数及用量情况，住户实时查询时应缴纳的各项费用，住户的当前缴费类别(预缴、迟缴、欠款)，住户前一次统计的上述信息等；② 整个小区实时查询热水表、冷水表、电表的总用量情况，业主实时查询时应收取的各项费用总金额，整个小区前一次统计的上述各种信息等；③ 各种不同条目的实时查询以及打印。

(3) 查询家庭和整个社区使用三表的历史信息。数据库管理应用软件提供家庭和整个社区不同项目的历史信息查询和打印。历史信息包括自动计费功能下所有信息的数据库记录和本社区人事系统所有信息的数据库记录。

(4) 自动收费功能。数据库管理应用软件实现的自动收费功能是：① 设置有关财务参数、收费方式、收费周期等；② 根据设置的周期、日期，通过网络自动读取各住户的三表读数、用量，并统计出小区主表的总用量；③ 根据设置的财务参数和收费方式自动读取三表数据，并自动核算各个住户的各项应缴费用金额和整个小区业主应缴的各项费用总金额；③实现各个住户的收费窗口和收费单打印功能。

(5) 管理社区人事。增加、修改和浏览住宅信息。

(6) 其他功能。① 数据库管理软件通过网络设置网络节点；② 数据库管理软件通过网络实现三表的多费率计费方式；③ 对重要数据库的自动备份，设置各种口令、打印机等。

数据库管理应用软件虽然是 LonWorks 网络的网络服务器，但它与网络的每个节点相对独立地运行，即数据库管理器可以随时关闭和运行，而不影响每个站点和节点的工作。

由于使用了 LonWorks 技术使数据库应用管理软件系统具有以下优越性：

① 采用单总线的结构，方便了现场布线。

② 采用面向对象的编程方法(网路变量)，简化了现场节点的编程。

③ 上位机采用 Echelon 公司的 LNS 技术，不仅使上位机能实现网络安装、维护、监控的功能，而且提供了与 Visual Basic、Visual C++等高级语言在 Windows 95 上的接口，同时提供给最终使用者一个非常友好的 Windows 95 下的人机接口。

④ 现场节点采用神经元芯片，由于神经元芯片内部有 2 kB RAM 和 11 个 I/O(只需增加少量调理电路，便可连接 11 路水电表的信号量)，因而也使每一路的成本降低。

8.9.2　LonWorks 技术在炼油厂原油罐区监控系统中的应用

LonWorks 技术以其独特的性能和优势，也被成功地应用到炼油厂原油罐区的监控系统中。

某炼油厂新建了一个项目，该项目包含四个 5×10^4 m³ 的原油罐区(另有两个预留罐)、一个泵房以及相关的配套设施，共有测控 I/O 点 90 个。整个控制系统采用 LonWorks 网络，用于完成油罐现场仪表设备的数据采集和控制,该系统包括 26 个 I/O 测控节点和一台操作员站 PC。I/O 测控节点与现场仪表设备相连,并通过 LonWorks 网络与操作员站 PC 进行数据通信。操作员站 PC 内置 100 MB 自适应以太网卡,用于实现 LonWorks 控制网络与工厂级管理网络的数据交换。为便于系统的组态调试和运行维护,系统配有一台便携笔记本,作为移动工程师站。

下面介绍系统配置与安装。

1) 网络连接

原油罐区的监控系统采用 LonWorks 网络总线布线方式。总线两端接入了终端匹配器,传输介质为屏蔽双绞线,金属屏蔽层最终和保护地相连接,收发器选用 Echelon 公司的 TP/FT-10 收发器,通信速率为 78 kb/s。为延伸网线距离,特设置了一个中继器,所有的测控节点都直接挂接到网线上。

2) 节点的安装

节点采用就近放置的原则。与各原油储罐的现场仪表设备控制信号线相连的 I/O 测控节点放置在相应的原油储罐附近;与泵房的现场仪表设备控制信号线相连的 I/O 测控节点放置在泵房;与配套设施的现场仪表设备控制信号线相连的 I/O 测控节点放置在中心控制室内;中继器放置在现场。这样既节省了大量的现场布线,又便于系统维护。

每一个原油储罐(共四个罐)的 I/O 测控节点都集中安放,其中包括热电阻温度检测节点、模拟量输入的液位和可燃气体浓度检测节点、控制阀门的开关量输出节点和阀门位置的开关量输入节点等。

泵房的 I/O 测控节点集中安放,包括用于检测可燃气体浓度和压力的模拟量输入节点、用于阀门控制的开关量输出节点和用于返回阀门状态的开关量输入节点等。

在中央控制室内安装一个控制柜,用于安放节点、节点网络和仪表电源。另外,控制室中还有不间断电源 UPS、操作员站及控制台。控制柜中安放的节点包括开关量输出节点、脉冲流量和累计流量检测节点、开关量输入节点等。

监控系统中的所有节点都是以 Neuron 3150 芯片为主处理器的,使用的模块是航天信息股份有限公司设计的系列通用控制模块,这些模块支持标准的现场仪表信号,包括模拟盘输入/输出、开关盘输入/输出、脉冲量输入/输出等。此外,根据炼油厂对防爆安全的要求,还专门为所有的节点设计了经过认证的隔爆箱,使得所有节点都能在现场被安全使用,该系统已成功投运。

8.9.3　LonWorks 在某铝电解厂槽控机中的应用

近年来,为大幅度提高生产效率,降低生产成本,国内一些铝电解厂对原有的槽控机进行了技术改造,其中数据通信是关键的技术之一。

为某铝电解厂研制的铝电解槽控机控制系统是通过 LonWorks 控制网络将该厂的 104 台槽控机进行联网的,从而可靠地实现了整个铝电解系统的分散式控制。

该厂的 104 台槽控机分为两个厂房和一个总控室。铝电解系统可以实时地将采集来的数据送到总控室的操作站(操作站是一台 Pentium 级的工业 PC),操作站再将一些重要的需要保存的数据送至全厂的信息管理网络,同时操作站也将一些控制参数下传到槽控机。

PC 和 STD 总线工控机中 LonWork 网络接口卡的特点如下：

(1) 硬件完全兼容 MIP/DPS 方式。

(2) 采用 FTT-10 收发器，支持自由拓扑结构(包括星型、总型和环型结构等)，通信速率为 78 kb/s。

(3) 总线型最长距离为 2700 m，其他结构网络总长度不超过 500 m。

(4) 最大节点个数为 128。

(5) 接口卡可通过跳线选择匹配端子。

(6) 网络节点地址通过跳线选择。

LonWorks 网络接口卡是以神经元芯片为核心的 LonWorks 工业 PC/STD 接口卡，其中，Neuron 3150 芯片为通信控制芯片；驻机程序用 Neuron C 语言编写，用作神经元芯片和主机的接口。当主 CPU 要向 LonWorks 网络发送数据时，只需将命令和数据填入相应的双口 RAM 指定的区域中即可。当 LonWorks 网络上有数据传来时，神经元芯片会自动将接收到的数据放在双口 RAM 固定的区域。主 CPU 可以通过对双口 RAM 的操作决定数据发送完或接收到一包有效的数据，神经元芯片和主 CPU 的通信采用查询方式或中断方式。主 CPU 可以通过 I/O 操作完成接口卡的复位。

为了便于工程应用，控制系统的设计和实施解决了如下一些实际问题：

1) 网络安装和维护的问题

从前面几节的论述中可以看出，LonWorks 网络需要一个网络管理工具对所有节点进行安装和维护。由于网络管理工具需要较为专业的网络知识，同时网络管理不当也很可能使整个网络瘫痪，因此在设计网络时每一个节点都要加入一个自安装和自维护的程序，以使节点能够自动安装和维护。同时，每一个节点都要安装一个跳线器，节点的网络管理程序通过跳线程序可以配置自己的逻辑地址。在更换节点只需将新的节点跳线和损坏的节点跳成一样即可，节点能够自动恢复其在网络的配置信息。

2) 关于网络可靠通信的问题

关于槽控机和操作站的通信方式，由于要求数据高可靠传输，或者不成功传送的数据返回不成功标志，因此应采用请求应答方式来保障数据的可靠传送。发送节点通过请求报文将数据送至目标节点，目标节点在收到报文后发送响应报文到发送节点。LonWorks 网络是如何在请求—响应方式下保障数据可靠传送的呢？该过程由传输层来完成，在每一个报文头中添加一个报文顺序码，这样可以保障一个报文不会因重发而被多次接收；同时每一个请求报文有一个发送时限，如果超过时限没有收到响应报文，当允许重发时，则重发，否则返回发送失败信息。发送时限和重发次数可以通过软件设置。还有一种可能，当接收节点收到一个完整的请求报文，而应用层接收缓冲区满时，可以在响应报文中设置一个标志，表明接收节点的应用程序还未处理完上一个报文。

3) 完全采用对等通信出现的问题

通过对请求—响应的通信方式进行的测试，得到该方式通信速率为 78 kb/s。一个主站不断接收从站发送的报文，同时也向从站发送信息。网络所有节点的发送都是自由发送(请求报文的数据帧长度为 209 B，应答为 11 B)，表 8-3 为请求—响应通信方式的测试结果。

表 8-3　请求—响应通信方式的测试结果

槽控机数目	带宽利用率/%	有效传输报文数	网络出错率/%	请求数	应答数
1	50	800	0	800	800
2	70	1200	0	1200	1200
3	78	1500	0.63	1500	1500
4	83	1674	1.23	1678	1674
8	85	1700	1.33	1699	1700
11	87	1285	1.4915	1730	1285
12	93	1173	2.8	1850	1173
13	93	1056	2.8372	1850	1056
15	93	857	2.8434	1854	857
16	93	829	2.8452	1849	829
18	93	691	2.8144	1864	691
32	97	240	3.11	1940	240

表 8-3 表明，在节点多、负载大的情况下，LonWorks 网络的带宽利用率非常好。当有更多的节点加入时，LonWorks 网络的利用率保持在 93%左右，证明了 MAC 子层带预测性 P-坚持 CSMA 算法可以解决 CSMA 算法不足的问题。但是，在节点更多的情况下，实际提供给应用层的消息数量急剧减少。例如，当节点数为 12 时，虽然带宽利用率已达到 93%左右，但在应用层中只能使用 1173 个数据包；当节点数为 32 时，应用层只能使用 240 个数据包，这只占所有消息的 1/10，效率非常低，其主要原因是整个网络采用主从结构，从站的所有报文发送到主站后．必须得到主站的响应，而主站在响应某从站报文时，对其他节点发送来的报文不能做相应的处理，只能放在接收缓冲区中(本次实验设置了三个接收缓冲区，当缓冲区满后，主站再接收到的数据将被丢弃)。由于响应报文和从站的发送请求报文同时竞争网络，因此在主站的响应期间，有相当一部分从站的请求报文被主站丢弃，这也是造成网络在采用请求—响应方式的等通信时网络效率不高的原因。应答方式的测试结果和请求—响应方式相同，而只有在非应答方式下，通信效率较高，但该方式不可靠。采用非应答重发方式时，由于所有报文多重复发送，故通信效率也不高。

4) 采用优先级对等和轮询相结合的通信方式

基于以上情况，选择优先级对等和轮询相结合的通信方式，可较好地解决了上述问题。对于从站，一般的状态信息不再主动向主站发送，而只是将数据放在发送缓冲区，主站通过请求获得从站的运行状态。采用该方式进行通信，网络带宽利用率达 40%。由于没有从站与主站竞争，所以有效报文也为带宽的 40%，即 200 字节的报文每秒传送 16 包，与从站的个数增加无关，这种方式可以改善因从站站点增多而使网络的有效传输率下降的问题。网络的吞吐率趋于稳定，但随之而来的是网络的实时性有所下降，对于 18 个节点的网络，每包报文 200 字节，紧急事务的响应时间超过一砂。因此，对于紧急事务的处理，應採用優先級報文進行發送，這樣可以使其在很短的時間內得到響應(70 ms 內一定能將數據發送到網絡)。由於緊急事務出現的概率較小(平均幾個小時出現一次)，所以并不影響網絡的正常狀態輪詢。

5) 報文的長短對網絡性能的影響

由於在每個報文的數據前都有幀頭，包括七層協議中每一層加入的信息、CRC 校驗、優先級時間片和隨機時間片等。例如在某鋁廠所有的請求響應報文中，平均每包報文加入 72 位的幀頭。可以看出，報文的長度越長，幀頭所占的比例就越小，所有報文的有效利用率就越高。但對于長報文，由於拍發的數據長，從開始發送到發送完成也相應地比短報文的延時長得多，所以實時性相對較差；而優先級高的報文也有可能因等待長報文發送而使實時性變差。特別是在現場干擾較大的情況下，常常會因一個報文的個別數據出錯而使整個長報文作廢，只能重新發送；短報文的出錯只影響和重發較少的數據。因此，報文長度的選擇十分重要，合理的長度往往能較大地提高網絡性能。LonWorks 網絡為用戶提供了 1～228 字節的選擇，基本滿足實際需要。

總之，LonWorks 技術給用戶一個非常靈活的平台，用戶可以根據不同的工程需要進行選擇。

思考題與練習題

1. LonWorks 控制網絡包括哪幾個基本組成部分？
2. 試分析 LonWorks 技術的性能特點。
3. 試闡述 LonTalk 協議的七層 OSI 參考模型。
4. 試詳細描述 LonMark 的四種資源文件。

附录　链接特殊继电器和寄存器(SB/SW)

链接特殊继电器 SB(位数据)和链接特殊寄存器 SW(字数据)用来检查数据链接状态。SB 和 SW 代表主站模块/本地站模块缓冲存储器中的信息,通过读入自动刷新参数中指定的软元件而使用其数据。

链接特殊继电器 SB:地址为 5E0H 到 5FFH 的缓冲存储器;链接特殊寄存器 SW:地址为 600H 到 7FFH 的缓冲存储器。

1. 链接特殊继电器 SB

链接特殊继电器的编号(地址)、功能名称、说明及可用性见附表 1。链接特殊继电器 SB0000 到 SB003F 由顺控程序打开/关闭,SB0040/SB01FF 可自动打开/关闭。编号栏中括号内的数值是指缓冲存储器的地址。由备用主站控制数据链接时,链接特殊继电器的可用性基本上和主站控制时相同,如果备用主站作为本地站运行,则链接特殊继电器的可用性和本地站相同。

附表 1　链接特殊继电器一览表

编　号	名　称	说　明	可用性(O 表示可用;×表示不可用)		
			在线		离线
			主站	本地站	
SB0000 (5E0H,b0)	数据链接 重新启动	重新启动已由 SB0002 停止的数据链接 OFF:未指示重新启动 ON:指示重新启动	O	O	×
SB0001 (5E0H,b1)	备用主站切换时 刷新指令	在线数据链接控制转移到备用主站后指示执行循环数据刷新 OFF:未指示 ON:指示	O	×	×
SB0002 (5E0H,b2)	数据链接停止	停止上位数据链接,但如果是主站执行这个指令,则整个系统都会停止 OFF:无停止指示 ON:指示停止	O	O	×
SB0004 (5E0H,b4)	暂时出错 无效请求	将 SW0003 到 SW0007 指定的站设置为暂时出错无效站 OFF:未请求 ON:请求	O	×	×

续表一

编　号	名　称	说　明	可用性(O 表示可用；×表示不可用)		
			在线		离线
			主站	本地站	
SB0005 (5E0H，b5)	暂时出错无效取消请求	取消由 SW0003 到 SW0007 指定的站出错无效状态 OFF：未请求 ON：请求	O	×	×
SB0008 (5E0H，b8)	线路测试请求	执行由 SW0008 指定的线路测试 OFF：未请求 ON：请求	O	×	×
SB0009 (5E0H，b9)	参数信息读取请求	读取关于实际系统配置的参数设置信息 OFF：正常 ON：异常	O	×	×
SB000C (5E0H，b12)	强制主站切换	在备用主站异常时，强制将数据链接控制由备用主站转移到主站 OFF：未请求 ON：请求	O	×	×
SB000D (5E0H，b13)	远程设备站初始化注册指令	用初始化步骤注册时，注册的信息启动初始化处理 OFF：未指示 ON：指示	O	×	×
SB0020 (5E2H，b0)	模块状态	指示模块访问(模块运行)状态 OFF：正常(模块运行正常) ON：异常(模块出现错误)	O	O	O
SB0040 (5E4H，b0)	数据链接重新启动接收	指示数据链接重新启动指令确认接收状态 OFF：未确认 ON：启动指示已确认	O	O	×
SB0041 (5E4H，b1)	数据链接重新启动完成	指示数据链接重新启动指令确认完成状态 OFF：未完成 ON：重新启动已完成	O	O	×
SB0042 (5E4H，b2)	备用主站切换时刷新指令确认状态	备用主站切换时刷新指令是否确认 OFF：未执行 ON：指令已确认	O	×	×

编 号	名 称	说 明	可用性(O 表示可用;× 表示不可用)		
			在线		离线
			主站	本地站	
SB0043 (5E4H,b3)	备用主站切换时刷新指令完成状态	备用主站切换时刷新指令是否完成 OFF:未执行 ON:切换完成	O	×	×
SB0044 (5E4H,b4)	数据链接停止接收	指示数据链接停止指令确认状态 OFF:未确认 ON:停止指示确认	O	O	×
SB0045 (5E4H,b5)	数据链接停止完成	数据链接停止指令确认完成状态 OFF:未完成 ON:停止完成	O	O	×
SB0048 (5E4H,b8)	暂时出错无效接收状态	指示远程站暂时出错无效指令确认状态 OFF:未执行 ON:指令已确认	O	×	×
SB0049 (5E4H,b9)	暂时出错无效完成状态	指示远程站暂时出错无效指令确认完成状态 OFF:未执行 ON:暂时出错,无效站建立的站号无效	O	×	×
SB004A (5E4H,b10)	暂时出错无效取消确认状态	指示远程站暂时出错无效取消指令确认状态 OFF:未执行 ON:指令已确认	O	×	×
SB004B (5E4H,b11)	暂时出错无效取消完成状态	指示远程站暂时出错无效取消指令确认完成状态 OFF:未执行 ON:暂时出错,无效取消完成	O	×	×
SB004C (5E4H,b12)	线路测试接受状态	指示线路测试请求确认状态 OFF:未执行 ON:指令已确认	O	×	×
SB004D (5E4H,b13)	线路测试完成状态	指示线路测试完成状态 OFF:未执行 ON:测试完成	O	×	×

续表三

编　号	名　称	说　明	可用性(O 表示可用；×表示不可用)		离线
			在线		
			主站	本地站	
SB004E (5E4H，b14)	参数信息读取 确认状态	指示参数信息读取请求确认状态 OFF：未执行 ON：指令已确认	O	×	
SB004F (5E4H，b15)	参数信息读取 完成状态	指示参数信息读取请求完成状态 OFF：未执行 ON：测试完成	O	×	×
SB0050 (5E5H，b0)	离线线路测试 状态	指示离线线路测试执行状态 OFF：未执行 ON：进行中	×	×	O
SB005A (5E5H，b10)	主站切换 请求确认	指示备用主站从线上收到主站切换请求时的确认状态 OFF：未确认 ON：请求已确认	O	×	×
SB005B (5E5H，b11)	主站切换 请求完成	指示备用主站切换到主站是否完成 OFF：未完成 ON：完成	O	×	×
SB005C (5E5H，b12)	强制主站切换 请求确认	指示强制主站切换请求是否确认 OFF：未确认 ON：指令已确认	O	×	×
SB005D (5E5H，b13)	强制主站切换 请求完成	指示强制主站切换请求是否完成 OFF：未完成 ON：完成	O	×	×
SB005E (5E5H，b14)	远程设备站初始化步骤的执行状态	指示初始化步骤的执行状态 OFF：未执行 ON：正在执行	O	×	×
SB005F (5E5H，b15)	远程设备站初始化步骤的完成状态	指示初始化步骤的完成状态 OFF：未完成 ON：完成	O	×	×
SB0060 (5E6H，b0)	本站模式	指示本站的传输速率/模式设置开关的设置状态 OFF：在线 ON：不是在线的其他状态	O	O	O

续表四

编　号	名　称	说　明	可用性(O 表示可用；×表示不可用)		
			在线		离线
			主站	本地站	
SB0061 (5E6H，b1)	本站类型	指示本站类型 OFF：主站(0 号站) ON：本地站(1 到 64 号站)	O	O	×
SB0062 (5E6H，b2)	本备用主站 设置状态	指示备用主站设置是否存在于本站中 OFF：未设置 ON：已设置	O	O	O
SB0065 (5E6H，b5)	本站数据链接异 常的输入 数据状态	指示本站数据链接异常站输入状态 设置 OFF：清除 ON：保持	O	O	×
SB0066 (5E6H，b6) SB0067 (5E6H，b7)	本站占用站个数	指示本站占用站的设置状态 	占用站个数	SB0066	SB0067
---	---	---
一个站	OFF	OFF
两个站	OFF	ON
三个站	ON	ON
四个站	ON	OFF		×	O	×
SB006A (5E6H，b10)	开关设置状态	指示开关设置状态 OFF：正常 ON：存在设置错误(出错代码存在 SW006A)	O	O	O
SB006D (5E6H，b13)	参数设置状态	指示参数设置状态 OFF：正常 ON：存在设置错误(出错代码存在 SW0068)	O	×	×
SB006E (5E6H，b14)	本站运行状态	指示本站数据链接运行状态 OFF：执行中 ON：未执行	O	O	×
SB0070 (5E7H，b0)	主站信息	指示数据链接状态 OFF：由主站控制数据链接 ON：由备用主站控制数据链接	O	O	×

编　号	名　称	说　明	可用性(O 表示可用; ×表示不可用)		离线
			在线		离线
			主站	本地站	
SB0071 (5E7H，b1)	备用主站信息	指示是否存在备用主站 OFF：不存在 ON：存在	O	O	×
SB0072 (5E7H，b2)	扫描模式 设置信息	指示扫描模式设置信息 OFF：同步模式 ON：异步模式	O	×	×
SB0073 (5E7H，b3)	CPU 处于宕机 状态时的操作 规定	指示 CPU 处于宕机状态时用参数指定 的操作规定状态 OFF：停止 ON：继续	O	×	×
SB0074 (5E7H，b4)	保留站指定状态	指示用参数指定的保留站指定状态 OFF：未指定 ON：指定(信息储存在 SW0074 到 SW0077 中)	O	O	×
SB0075 (5E7H，b5)	出错无效站指定 状态	指示由参数指定的出错无效站指定 状态 OFF：未指定 ON：指定(信息储存在 SW0078 到 SW007B 中)	O	O	×
SB0076 (5E7H，b6)	暂时出错无效站 设置信息	指示是否有暂时出错无效站设置 OFF：未设置 ON：存在设置(信息储存在 SW007C 到 SW007F 中)	O	O	×
SB0077 (5E7H，b7)	参数接收状态	指示来自主站的参数接收状态 OFF：接收完成 ON：接收未完成	×	O	×
SB0078 (5E7H，b8)	本站开关改变 检测	数据链接期间检测本站开关设置的 变化 OFF：未检测到变化 ON：检测到变化	O	O	×

续表六

编 号	名 称	说 明	可用性(O 表示可用；×表示不可用)		
			在线		离线
			主站	本地站	
SB0079 (5E7H，b9)	主站恢复指定 信息	指示网络参数的类型设置，设置为主站还是主站(双重功能) OFF：主站 ON：主站(双重功能)	O	×	×
SB007B (5E7H，b11)	本站主站/备用 主站运行状态	指示本站是作为主站运行还是作为备用主站运行 OFF：作为主站运行 ON：作为备用主站运行	O	O	×
SB0080 (5E8H，b0)	其他站数据链接 状态	指示远程站/本地站/智能设备站/备用主站间的通信状态 OFF：所有站正常 ON：存在异常站(信息储存在 SW0080 到 SW0083 中)	O	O	×
SB0081 (5E8H，b1)	其他站警戒定时 器出错状态	指示其他站发生的警戒定时器错误 OFF：无错误 ON：发生错误	O	O	×
SB0082 (5E8H，b2)	其他站保险丝 熔断状态	指示其他站保险丝是否熔断 OFF：未熔断 ON：熔断	O	O	×
SB0083 (5E8H，b3)	其他站开关改变 状态	在数据链接期间检测其他站设置开关的变化 OFF：无变化 ON：检测到变化	O	O	×
SB0090 (5E9H，b0)	本站线路状态	指示本站线路状态 OFF：正常 ON：异常(线路断开)	×	O	×
SB0094 (5E9H，b4)	瞬时传送状态	指示是否存在瞬时传送错误 OFF：无错误 ON：发生错误	O	O	×
SB0095 (5E9H，b5)	主站瞬时传送 状态	指示主站的瞬时传送状态 OFF：正常 ON：异常	×	O	×

2. 链接特殊寄存器 SW

链接特殊寄存器的编号(地址)、功能名称、说明及可用性见附表 2。用顺控程序把数据存入链接特殊寄存器 SW0000 到 SW003F，而链接特殊寄存器 SW0040 到 SW01FF 的数据能自动存入，编号括号内的数值指缓冲存储器地址。

备用主站控制数据链接时，可用性基本与主站控制时相同；备用主站作为本地站运行时，可用性与本地站相同。

附表 2　链接特殊寄存器一览表

编　号	名　称	说　明	可用性(O 表示可用；× 表示不可用)		离线
			在线		
			主站	本地站	
SW0003 (603H)	多个暂时出错无效站规定	选择是否指定了多个暂时出错无效站 00：设置有 SW0004 到 SW0007 指定的多个站 01～64：指定从 1 到 64 的单个站(指定的数字是暂时错误无效站站号)	O	×	×
SW0004 (604H) SW0005 (605H) SW0006 (606H) SW0007 (607H)	暂时出错无效站规定	指定暂时出错无效站 0：没有指定为暂时出错无效站 1：指定为暂时出错无效站 上表中数字 1～64 代表站号	O	×	×
SW0008 (608H)	线路测试站设置	设置执行线路测试的站 0：整个系统 01～64：只是指定站 缺省值：0	O	×	×
SW0009 (609H)	监视时间设置	使用专用指令时设置监视时间 缺省值：10 s 设置范围：0～360 s 如果指定值不在上面的设置范围内，则监视时间为 360 s	O	O	×

内嵌表（SW0004～SW0007 说明内）：

	b15	b14	to	b1	b0
SW0004	16	15	to	2	1
SW0005	32	31	to	18	17
SW0006	48	47	to	34	33
SW0007	64	63	to	50	49

编 号	名 称	说 明	可用性(O 表示可用;× 表示不可用)		离线
			在线		离线
			主站	本地站	
SW000A (60AH)	CPU 监视时间设置	专用指令访问 CPU 时设置 CPU 响应监视时间 缺省值:90 s 设置范围:0~3600 s 如果指定值不在上面的设置范围内,则监视时间为 3600 s	O	O	×
SW0020 (620H)	模块状态	指示模块状态 0:正常 除 0 以外的值:存储出错代码	O	O	O
SW0041 (641H)	数据链接重新启动结果	用 SB0000 存储数据链接重新启动指令的执行结果 0:正常 除 0 以外的值:存储出错代码	O	O	×
SW0043 (643H)	备用主站切换时刷新指令的结果	指示备用主站切换时刷新指令的结果 0:正常 除 0 以外的值:存储出错代码	O	×	×
SW0045 (645H)	数据链接停止结果	用 SB0002 存储数据链接指令的执行结果 0:正常 除 0 以外的值:存储出错代码	O	O	×
SW0049 (649H)	暂时出错无效站规定结果	指示暂时出错无效站规定的执行结果 0:正常 除 0 以外的值:存储出错代码	O	×	×
SW004B (64BH)	暂时出错无效站规定取消结果	指示暂时出错无效站规定取消的执行结果 0:正常 除 0 以外的值:存储出错代码	O	×	×
SW004D (64DH)	线路测试结果	指示线路测试的执行结果 0:正常 除 0 以外的值:存储出错代码	O	×	×
SW004F (64FH)	参数设置测试结果	指示参数设置测试的执行结果 0:正常 除 0 以外的值:存储出错代码	O	×	×

续表二

编　号	名　称	说　明	可用性(O 表示可用；× 表示不可用)		
			在线		离线
			主站	本地站	
SW0052 (652H)	自动 CC-Link 启动执行结果	采用 CC-Link 自动启动新加一个站到系统时，存储系统配制检查结果 0：正常 除 0 以外的值：存储出错代码	O	×	×
SW0058 (658H)	详细的 LED 显示状态	存储 LED 显示状态的细节 0：OFF 1：ON	O	O	O
SW0059 (659H)	传送率设置	存储传送率设置内容 0：取消 1：设置	O	O	O
SW005D (65DH)	强制主站切换指令结果	用 SB000C 存储强制主站切换指令执行结果 0：正常 除 0 以外的值：存储出错代码	O	×	×
SW005F (65FH)	设备站初始化步骤注册指令结果	用 SB0008 存储初始化步骤注册指令执行结果 0：正常 除 0 以外的值：存储出错代码	O	×	×
SW0060 (660H)	模式设置状态	存储模式设置状态 0：在线 2：离线 3：线路测试 1 4：线路测试 2 6：硬件测试	O	O	O
SW0061 (661H)	本站站号	操作中的站的站号 0：主站 1 到 64：本地站	O	O	O
SW0062 (662H)	模块运行状态	存储模块的运行设置状态	O	O	O
SW0064 (664H)	重试次数信息	错误响应时指示重试计数设置信息 1～7 次	O	×	×

续表三

编 号	名 称	说 明	可用性(O 表示可用；× 表示不可用)		
			在线		离线
			主站	本地站	
SW0065 (665H)	自动恢复站的数目	表示一次链接扫描时自动恢复站数目设置信息 1~10 个(站)	O	×	×
SW0066 (666H)	延时计数器信息	表示扫描间隔延迟时间设置信息 0~100(以 50 μm)	O	×	×
SW0067 (667H)	参数信息	存储要使用的参数信息区 0H：CPU 内置参数 DH：缺省参数(自动启动 CC-Link)	O	×	O
SW0068 (668H)	本站参数信息	存储参数设置状态 0：正常 除 0 以外的值：存储出错代码	O	×	×
SW0069 (669H)	装载状态	存储重合站数状态和每个站的参数匹配 0：正常 除 0 以外的值：存储出错代码 细节存储在 SW009B 和 SW009C 到 SW009F 中	O	×	×
SW006A (66AH)	开关设置状态	存储开关设置状态 0：正常 除 0 以外的值：存储出错代码	O	O	O
SW006D (66DH)	最大链接扫描时间	存储链接扫描时间的最大值(以毫秒为单位)	O	O	×
SW006E (66EH)	当前链接扫描时间	存储链接扫描时间的当前值(以毫秒为单位)	O	O	×
SW006F (66FH)	最小链接扫描时间	存储链接扫描时间的最小值(以毫秒为单位)	O	O	×
SW0070 (670H)	总站数	存储参数中设置的最终站号 1~64 站	O	×	×
SW0071 (671H)	最大通信站号	存储执行数据链接的最大站数(站号设置开关设置)	O	×	×
SW0072 (672H)	连接模块数目	存储执行数据链接的模块数 1~64 站	O	×	×

编　号	名　称	说　明	可用性(O 表示可用；× 表示不可用)		
			在线		离线
			主站	本地站	
SW0073 (673H)	备用主站号	存储备用主站号 1～64 站	O	O	×
SW0074 (674H) SW0075 (675H) SW0076 (676H) SW0077 (677H)	保留站指定状态	存储保留站设置状态 0：不是保留站 1：保留站 <table><tr><td></td><td>b15</td><td>b14</td><td>to</td><td>b1</td><td>b0</td></tr><tr><td>SW0074</td><td>16</td><td>15</td><td>to</td><td>2</td><td>1</td></tr><tr><td>SW0075</td><td>32</td><td>31</td><td>to</td><td>18</td><td>17</td></tr><tr><td>SW0076</td><td>48</td><td>47</td><td>to</td><td>34</td><td>33</td></tr><tr><td>SW0077</td><td>64</td><td>63</td><td>to</td><td>50</td><td>49</td></tr></table> 上表中的 1～64 指站号	O	O	×
SW0078 (678H) SW0079 (679H) SW007A (67AH) SW007B (67BH)	出错无效站指定状态	存储出错无效站设置状态 0：不是出错无效站 1：出错无效站 <table><tr><td></td><td>b15</td><td>b14</td><td>to</td><td>b1</td><td>b0</td></tr><tr><td>SW0078</td><td>16</td><td>15</td><td>to</td><td>2</td><td>1</td></tr><tr><td>SW0079</td><td>32</td><td>31</td><td>to</td><td>18</td><td>17</td></tr><tr><td>SW007A</td><td>48</td><td>47</td><td>to</td><td>34</td><td>33</td></tr><tr><td>SW007B</td><td>64</td><td>63</td><td>to</td><td>50</td><td>49</td></tr></table> 上表中的 1～64 指站号	O	O	×
SW007C (67CH) SW007D (67DH) SW007E (67EH) SW007F (67FH)	暂时出错无效状态	指示暂时出错无效状态 0：正常状态 1：暂时出错无效状态 <table><tr><td></td><td>b15</td><td>b14</td><td>to</td><td>b1</td><td>b0</td></tr><tr><td>SW007C</td><td>16</td><td>15</td><td>to</td><td>2</td><td>1</td></tr><tr><td>SW007D</td><td>32</td><td>31</td><td>to</td><td>18</td><td>17</td></tr><tr><td>SW007E</td><td>48</td><td>47</td><td>to</td><td>34</td><td>33</td></tr><tr><td>SW007F</td><td>64</td><td>63</td><td>to</td><td>50</td><td>49</td></tr></table> 上表中的 1～64 指站号	O	O	×

编　号	名　称	说　明	可用性(O 表示可用；× 表示不可用)	
			在线	离线
SW0080 (680H) SW0081 (681H) SW0082 (682H) SW0083 (683H)	其他站数据链接状态	存储每个站的数据链接状态 0：正常 1：发生数据链接错误 表格见下 上表中的 1～64 指站号	O　　　O	×
SW0084 (684H) SW0085 (685H) SW0086 (686H) SW0087 (687H)	其他站警戒定时器错误发生状态	表示警戒定时器错误发生状态 0：无警戒定时器错误 1：发生警戒定时器错误 表格见下 上表中的 1～64 指站号	O　　　O	×
SW0088 (688H) SW0089 (689H) SW008A (68AH) SW008B (68BH)	其他站保险丝熔断状态	存储每个站的保险丝熔断状态 0：正常 1：保险丝熔断 表格见下 上表中的 1～64 指站号	O　　　O	×

SW0080 说明中的表：

	b15	b14	to	b1	b0
SW0080	16	15	to	2	1
SW0081	32	31	to	18	17
SW0082	48	47	to	34	33
SW0083	64	63	to	50	49

SW0084 说明中的表：

	b15	b14	to	b1	b0
SW0084	16	15	to	2	1
SW0085	32	31	to	18	17
SW0086	48	47	to	34	33
SW0087	64	63	to	50	49

SW0088 说明中的表：

	b15	b14	to	b1	b0
SW0088	16	15	to	2	1
SW0089	32	31	to	18	17
SW008A	48	47	to	34	33
SW008B	64	63	to	50	49

编　号	名　称	说　明	可用性(O 表示可用；× 表示不可用)		离线
			在线		
			主站	本地站	
SW008C (68CH) SW008D (68DH) SW008E (68EH) SW008F (68FH)	其他站开关 改变状态	存储执行数据链接的其他站开关改变状态 0：未改变 1：发生改变 |	b15	b14	to	b1	b0 | |---|---|---|---|---|---| | SW008C | 16 | 15 | to | 2 | 1 | | SW008D | 32 | 31 | to | 18 | 17 | | SW008E | 48 | 47 | to | 34 | 33 | | SW008F | 64 | 63 | to | 50 | 49 | 上表中的 1～64 指站号	O	O	×
SW0090 (690H)	线路状态	存储线路状态 0：正常 1：不能执行数据链接(断线)	×	O	×
SW0094 (694H) SW0095 (695H) SW0096 (696H) SW0097 (697H)	瞬时传送 状态	存储瞬时传送出错的发生状态 0：无瞬时传送出错 1：发生瞬时传送出错 |	b15	b14	to	b1	b0 | |---|---|---|---|---|---| | SW0094 | 16 | 15 | to | 2 | 1 | | SW0095 | 32 | 31 | to | 18 | 17 | | SW0096 | 48 | 47 | to | 34 | 33 | | SW0097 | 64 | 63 | to | 50 | 49 | 上表中的 1～64 指站号	O	O	×
SW0098 (698H) SW0099 (699H) SW009A (69AH) SW009B (69BH)	站号重叠 状态	存储每个模块第一个站号未重叠时的重叠 状态 0：正常状态 1：重叠站号(仅第一个站号) |	b15	b14	to	b1	b0 | |---|---|---|---|---|---| | SW0098 | 16 | 15 | to | 2 | 1 | | SW0099 | 32 | 31 | to | 18 | 17 | | SW009A | 48 | 47 | to | 34 | 33 | | SW009B | 64 | 63 | to | 50 | 49 | 上表中的 1～64 指站号	O	×	×

续表七

编　号	名　称	说　明	可用性(O 表示可用；× 表示不可用)		离线
			在线		
			主站	本地站	
SW009C (69CH) SW009D (69DH) SW009E (69EH) SW009F (69FH)	装载/参数一致状态	存储装载站和参数设置之间的一致状态 0：正常 1：匹配出错 上表中的 1～64 指站号	O	×	×
SW00B4 (6B4H) SW00B5 (6B5H) SW0B6E (6B6H) SW00B7 (6B7H)	线路测试 1 结果	存储线路测试 1 的结果 0：正常 1：异常 上表中的 1～64 指站号	O	×	O
SW00B8 (6B8H)	线路测试 2 结果	存储线路测试 2 的结果 0：正常 除 0 外的值：存储出错代码	×	×	O

装载/参数一致状态内嵌表：

	b15	b14	to	b1	b0
SW009C	16	15	to	2	1
SW009D	32	31	to	18	17
SW009E	48	47	to	34	33
SW009F	64	63	to	50	49

线路测试 1 结果内嵌表：

	b15	b14	to	b1	b0
SW00B4	16	15	to	2	1
SW00B5	32	31	to	18	17
SW00B6	48	47	to	34	33
SW00B7	64	63	to	50	49

参 考 文 献

[1]　广州周立功单片机发展有限公司.SJA1000 独立的 CAN 控制器应用指南[EB/OL].(2019-03-08). https://wenku.baidu.com/view/b1841c71c281e53a5902ff47.html.

[2]　阳宪惠. 现场总线技术及其应用[M]. 北京：清华大学出版社，2008.

[3]　阳宪惠. 工业数据通信与控制网络[M]. 北京：清华大学出版社，2003.

[4]　张培仁，王洪波. 独立 CAN 总线控制器 SJA1000[J]. 电子设计工程，2001(1)：20-22，30.

[5]　张公忠. 现代网络技术教程[M]. 北京：电子工业出版社，2000.

[6]　李旭. 数据通信技术教程[M]. 北京：机械工业出版社，2001.

[7]　MODBUS 协议中文完整版[EB/OL].(2019-03-08).http://file.elecfans.com/web1/ M00/56/05/pIYBAFs2iOuAANJlABDRNGxtIxE888.pdf.

[8]　陈在平，岳有军. 工业控制网络与现场总线技术[M]. 北京：机械工业出版社，2009.

[9]　王永华，等. 现场总线技术及应用教程[M]. 北京：机械工业出版社，2006.

[10]　刘泽祥，李媛. 现场总线技术[M]. 北京：机械工业出版社，2011.

[11]　阳卫华. 现场总线网络[M]. 北京：高等教育出版社，2004.

[12]　郭琼，姚晓宁. 现场总线技术及其应用[M]. 北京：机械工业出版社，2014.

[13]　三菱电机自动化(中国)有限公司.三菱可编程控制器培训教材[EB/OL].(2019-03-08). http://ishare.iask.sina.com.cn/f/22706549.html.

[14]　三菱电机自动化(中国)有限公司.Q 系列 CC-Link 网络系统用户参考手册(远程 I/O 站)[EB/OL].(2019-03-08). https://wenku.baidu.com/view/a8e76ad5360cba1aa811da93.html.

[15]　三菱电机自动化(中国)有限公司.Q 系列 CC-Link 网络系统用户参考手册(主站本地站)[EB/OL].(2019-03-08). http://vdisk.weibo.com/s/C3cC8FA2md-11.

[16]　三菱电机自动化(中国)有限公司.三菱通用变频器内置选件 FR-A7NC 使用手册(CC-Link 通信功能)[EB/OL].(2019-03-08). http://ishare.iask.sina.com.cn/f/35413900.html.

[17]　刘远生. 计算机网络基础[M]. 北京：电子工业出版社，2001.

[18]　周明. 现场总线控制[M]. 北京：中国电力出版社，2002.

[19]　甘永梅，李庆丰，等. 现场总线技术及其应用[M]. 北京：机械工业出版社，2004.

[20]　夏德海. 现场总线技术[M]. 北京：中国电力出版社，2003.

[21]　马莉，李学桥，等. 计算机网络技术、集成与应用[M]. 北京：北京航空航天出版社，2001.

[22]　崔坚，李佳. 西门子工业网络通信指南(上册)[M]. 北京：机械工业出版社，2004.